"十四五"职业教育国家规划教材

"十二五"职业教育国家规划教材

可编程控制器及网络控制技术

（第二版）

<table>
<tr><td></td><td></td><td>张文明</td><td>蒋正炎</td><td>主　编</td></tr>
<tr><td>曹建军</td><td>王一凡</td><td>姚庆文</td><td>黄晓伟</td><td>副主编</td></tr>
<tr><td></td><td></td><td>陈东升</td><td>夏建春</td><td>参　编</td></tr>
<tr><td></td><td></td><td></td><td>吕景泉</td><td>主　审</td></tr>
</table>

U0316546

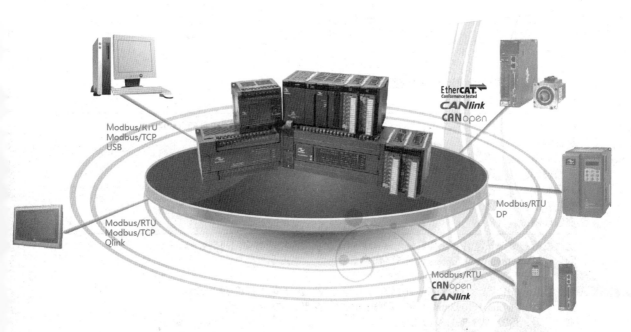

中国铁道出版社有限公司

CHINA RAILWAY PUBLISHING HOUSE CO., LTD.

内 容 简 介

本书是常州纺织服装职业技术学院与汇川技术股份有限公司共同开发、原教育部高职高专自动化技术类专业教学指导委员会规划并指导编写的面向"双师型"教师和行业企业技术人员、服务于机电和自动化类专业职业能力培养的项目化教材。

本书以对标三菱 FX2N 的中国品牌汇川 H2U 可编程控制器为基础,以 H2U 网络通信解决方案为特色。全书共由 10 个项目组成:PLC 的基础知识,PLC 基本指令及应用,状态编程法及应用,功能指令及应用,程序控制类指令及应用,脉冲输出和高速计数器指令及应用,FX2N 系列 PLC 模拟量模块及应用,PLC 网络通信技术及应用,人机界面 HMI 技术及应用,PLC 技术的应用。每个项目又分为若干个任务。

本书适合作为机电一体化技术、电气自动化技术、生产过程自动化、机电安装工程、机械制造及自动化、楼宇自动化、数控技术(数控维修技术)、光伏新能源等专业高职及高职本科的教材,也可作为相关工程技术人员培训和自修的参考书。

图书在版编目(CIP)数据

可编程控制器及网络控制技术/张文明,蒋正炎主编. —2 版. —北京:中国铁道出版社,2015.7(2025.1 重印)
"十二五"职业教育国家规划教材 全国高职高专院校机电类专业规划教材
ISBN 978-7-113-19326-3

Ⅰ. ①可… Ⅱ. ①张… ②蒋… Ⅲ. ①可编程序控制器-高等职业教育-教材②计算机网络-自动控制系统-高等职业教育-教材 Ⅳ. ①TP332.3②TP273

中国版本图书馆 CIP 数据核字(2014)第 229123 号

书　　名:可编程控制器及网络控制技术
作　　者:张文明　蒋正炎

策　　划:何红艳　　　　　　　　　　　　　编辑部电话:(010) 63560043
责任编辑:何红艳
编辑助理:绳　超
封面设计:付　巍
封面制作:白　雪
责任校对:王　杰
责任印制:赵星辰

出版发行:中国铁道出版社有限公司(100054,北京市西城区右安门西街 8 号)
网　　址:https://www.tdpress.com/51eds
印　　刷:三河市兴达印务有限公司
版　　次:2012 年 2 月第 1 版　2015 年 7 月第 2 版　2025 年 1 月第 12 次印刷
开　　本:787mm×1092mm 1/16　印张:19.25　字数:478 千
书　　号:ISBN 978-7-113-19326-3
定　　价:38.00 元

第二版前言

党的二十大报告指出，"教育、科技、人才是全面建设社会主义现代化国家的基础性、战略性支撑。必须坚持科技是第一生产力、人才是第一资源、创新是第一动力，深入实施科教兴国战略、人才强国战略、创新驱动发展战略，开辟发展新领域新赛道，不断塑造发展新动能新优势"。

本书是原教育部高职高专自动化技术类专业教学指导委员会规划的项目化教材，面向教师和行业企业技术人员，服务于机电和自动化类专业职业能力培养，由常州纺织服装职业技术学院、常州工业职业技术学院、深圳市汇川技术股份有限公司等联合编写。

目前可编程控制器技术的应用越来越广泛，被誉为工业现代化的三大支柱之一，对提升设备自动化水平、提高生产设备精度和生产效率、保证产品质量均具有重要意义，特别是可编程控制器的网络功能应用，不仅在远程控制、信息采集、联网运行方面体现了优越性，也为管控一体化提供了通信技术保障。

编写背景

本书坚持基于工作过程导向的项目化教学改革方向，坚持将行业企业典型、实用、操作性强的工程项目引入课堂，坚持发挥行动导向教学的示范辐射作用。

书中围绕软硬件对标三菱 FX2N 的汇川 H2U 技术为核心，以 PLC 网络通信解决方案为特色，以项目组织内容，紧扣"典型性、实用性、先进性、操作性"原则，集技术知识、实践技能于一体，理实一体化、易学、易懂、易上手，力求达到提高学生学习兴趣和效率的目的，使学生掌握可编程控制技术的基本应用技能。

基本内容

本书在第一版基础上进行修订，重新编写了项目 9，共由 10 个项目组成，每个项目又分为若干个任务。项目 1 介绍了 PLC 的基础知识；项目 2 介绍了 PLC 基本指令及应用知识；项目 3 介绍了状态编程法及其应用；项目 4 介绍了功能指令及应用；项目 5 介绍了程序控制指令应用；项目 6 介绍了脉冲输出和高速计数器指令及应用；项目 7 介绍了 FX2N 系列 PLC 模拟量模块及应用；项目 8 介绍了 PLC 网络通信技术及应用；项目 9 介绍了人机界面（HMI）技术及应用；项目 10 介绍了 PLC 技术的应用。

本书由张文明、蒋正炎任主编，曹建军、王一凡、姚庆文、黄晓伟任副主编，陈东升、夏建春参加了本书的编写。具体编写分工如下：张文明编写前言、内容简介，策划教材结构框架、章节内容及编写体例；蒋正炎编写项目 1、项目 2、项目 3、项目 7；曹建军编写项目 4、项目 5；夏建春编写项目 6；黄晓伟编写项目 8；黄晓伟、王一凡共同编写项目 9；陈东升编写项目 10 中任务 1～任务 3、任务 7；张文明编写项目 10 中任务 4；姚庆文编写项目

10 中的任务 5、任务 6。全书由张文明策划指导，王一凡、黄晓伟协助统稿。本书由吕景泉主审。

在本书编写过程中，得到了汇川技术股份有限公司、中国铁道出版社有限公司和常州纺织服装职业技术学院、常州工业职业技术学院等单位领导的大力支持，在此表示衷心的感谢！

限于编者的经验、水平以及时间，书中难免存在不足和缺陷，敬请广大读者批评指正。

编　者

2023年12月

第一版前言

本书是教育部高职高专自动化技术类专业教学指导委员会规划的项目化教材，面向教师和行业企业技术人员，服务于机电和自动化类专业职业能力培养，由常州纺织服装职业技术学院、常州轻工职业技术学院、深圳市汇川技术股份有限公司等联合编写。

目前可编程控制器技术的应用越来越普及，被誉为工业现代化的三大支柱之一，对提升设备自动化水平、提高生产设备精度和生产效率、保证产品质量均具有重要意义，特别是可编程控制器的网络功能应用，不仅在远程控制、信息采集、联网运行方面体现了优越性，同时也为管控一体化提供了通信技术保障。

编写背景

本书坚持基于工作过程导向的项目化教学改革方向，坚持将行业企业典型、实用、操作性强的工程项目引入课堂，坚持发挥行动导向教学的示范辐射作用。

围绕指令与硬件兼容的三菱 FX2N 和汇川 H2U 技术为核心，以 PLC 网络通信解决方案为特色，以项目组织内容，紧扣"典型性、实用性、先进性、操作性"原则，集技术知识、实践技能于一体，理实一体化，易学、易懂、易上手，力求达到提高学生学习兴趣和效率的目的，使学生能掌握可编程控制技术的基本应用技能。

基本内容

本套教材共由十个项目组成，每个项目又分为若干个任务，包括任务预备知识、应用举例或训练举例，每个任务还设计了相关思考与练习。项目 1 讲解了 PLC 的基础知识；项目 2 主要详细介绍了 PLC 基本指令应用；项目 3 讲解了状态编程法及其应用；项目 4 讲解了功能指令及应用；项目 5 讲解了程序控制指令应用；项目 6 主要讲解脉冲输出和高速计数器指令及应用；项目 7 主要介绍 FX2N 系列 PLC 模拟量模块与应用项目；项目 8 主要介绍了可编程控制器网络通信技术及应用；项目 9 讲解了人机界面 HMI 技术应用；项目 10 列举 PLC 技术典型工程应用。附录中提供了 FX2N、汇川指令对照表。

本书撰写分工如下：张文明副教授负责撰写教材前言、摘要，并与姚庆文副教授共同策划教材结构框架、章节内容及编写体例；姚庆文副教授撰写项目 1、项目 2 及项目 10 中的任务 5、6；蒋正炎讲师撰写项目 3、项目 7；曹建军讲师撰写项目 4、项目 5；夏建春讲师撰写项目 6；黄晓伟工程师撰写项目 8；王一凡讲师撰写项目 9；陈东升工程师撰写项目 10 中任务 1、2、3；张文明副教授撰写项目 10 任务 4；温惠萍高级实验师撰写项目 10 任务 7；周保廷高级工程师撰写附录三菱汇川指令对照表。全书由张文明副教授策划指导统稿，教育部高职高专自动化技术类专业教学指导委员会主任委员吕景泉教授和汇川技术股份有限公司胡年华高工主审。

在本教材编写过程中，得到了汇川技术股份有限公司、教育部高职高专自动化技术类专业教学指导委员会、中国铁道出版社和常州纺织服装职业技术学院、常州轻工职业技术学院、韶关市第二技师学院等单位领导的大力支持，在此表示衷心的感谢！

限于编者的经验、水平以及时间，书中难免在内容和文字上存在不足和缺陷，敬请批评指正。

编　者

2011年12月6日

项目 1

PLC 基础知识简介

可编程控制器（PLC）被公认为是现代工业自动化三大支柱（PLC、机器人、CAD/CAM）之一。本项目主要讲述 PLC 性能规格、结构类型、基本组成及工作原理。学生应学会 PLC 安装接线、GX Developer 编程软件的使用，了解与三菱 PLC 硬件兼容、性价比较高的具有自主知识产权的汇川 PLC。

任务 1　认识 PLC

任务目标

1. 了解 PLC 的产生、发展及应用；
2. 掌握常规电气控制系统与 PLC 控制系统的异同；
3. 了解三菱和汇川 PLC 及性能。

二十大报告
知识拓展 1

1　PLC 的定义

可编程逻辑控制器，英文全称 Programmable Logical Controller，缩写为 PLC 或 PC。但由于 PC 容易和个人计算机（Personal Computer）的英文缩写 PC 混淆，故人们习惯用 PLC 作为可编程控制器的英文缩写。它是一个以微处理器为核心的数字运算操作电子系统装置，专为在工业现场应用而设计，采用可编程的存储器，用以在其内部存储执行逻辑运算、顺序控制、定时/计数和算术运算等操作指令，并通过数字式或模拟式的输入/输出接口，控制各种类型的机械、生产或过程。PLC 是微机技术与传统继电器–接触器控制技术相结合的产物，它克服了继电器–接触器控制系统中的机械触点接线复杂、可靠性低、功耗高、通用性和灵活性差等缺点，充分利用了微处理器的优点，又兼顾了现场电气操作维修人员的技能与习惯，特别是 PLC 的程序编制，不需要专门的计算机编程语言知识，而是采用一套以继电器梯形图为基础的简单指令形式，使用户程序编制形象、直观、方便易学，调试与查错也很方便。用户在购买到所需的 PLC 后，只须按照说明书的提示，做少量的接线和简易的用户程序编制工作，就可灵活方便地将 PLC 应用于生产实践中。

PLC 这门新兴控制技术一直处在发展中，所以至今尚未对其下最后的定义。国际电工委员会（IEC）曾先后于 1982 年 11 月、1985 年 1 月和 1987 年 2 月发布了可编程控制器标准草案的第一、第二、第三稿。在第三稿定义中 IEC 特别地强调了可编程控制器有以下特点：

① 数字运算操作的电子系统——也是一种计算机（即工业计算机）。
② 专为在工业环境下应用而设计。
③ 面向用户的指令系统——编程方便。

④ 具备逻辑运算、顺序控制、定时/计数控制和算术操作功能。

⑤ 具有数字量或模拟量输入/输出控制功能。

⑥ 易于与控制系统连成一体。

⑦ 易于扩展。

2 PLC 的发展概况及发展方向

PLC 的产生源于美国汽车制造业飞速发展的需要。20 世纪 60 年代后期，汽车型号更新速度加快，原先的汽车制造生产线使用的继电器–接触器控制系统，尽管具有原理简单、使用方便、部件动作直观、价格便宜等诸多优点，但由于它的控制逻辑由元器件的固有布线方式来决定（又称硬接线逻辑或硬逻辑），因此缺乏变更控制过程的灵活性，不能满足用户快速改变控制方式的要求，无法适应汽车换代、周期迅速缩短的需要。

20 世纪 40 年代产生的电子计算机，在 20 世纪 60 年代已得到迅猛发展，虽然小型计算机已开始运用于工业生产的自动控制过程中，但由于原理复杂，又需要专业的程序设计语言，致使一般电气工作人员难以掌握和使用。

1968 年，美国通用汽车公司设想将上述两者的长处有机地结合起来，提出了新型电气控制装置的 10 点招标要求，其中包含：

① 它的继电器控制系统设计周期短、更改容易、接线简单、成本低。

② 它能把计算机的功能和继电器–接触器控制系统的优点有机地结合起来，但编程又比计算机简单易学、操作方便。

③ 系统通用性强等。

美国数字设备公司（DEC）结合计算机和继电器–接触器控制系统两者的优点，按招标要求完成了其研制工作，并在美国通用汽车公司的自动生产线上试用成功，从而诞生了世界上第一台可编程控制器。

（1）国外 PLC 发展概况

PLC 自问世以来，经过几十年的发展，在美、德、日等工业发达国家已成为重要的产业之一，其世界总销售额不断上升、生产厂家不断涌现、品种不断翻新，在产量、产值大幅度上升的同时价格则不断下降。

（2）技术发展动向

① 产品规模向大、小两个方向发展。大：I/O 点数达 14 336 点、32 位微处理器、多 CPU 并行工作、大容量存储器、扫描高速化；小：整体结构向小型模块化发展，增加了配置的灵活性，降低了成本。

② PLC 在闭环过程控制中的应用日益广泛。

③ 不断加强通信功能。

④ 新器件和模块不断推出。高档的 PLC 除了主要采用 CPU 以提高处理速度外，还有带处理器的 EPROM 或 RAM 的智能 I/O 模块、高速计数模块、远程 I/O 模块等专用化模块。

⑤ 编程工具丰富多样，功能不断提高，编程语言趋向标准化。有各种简单或复杂的编程器及编程软件，采用梯形图、功能图、语句表等编程语言，亦有高档的 PLC 指令系统。

⑥ 发展容错技术。

⑦ 追求软硬件的标准化。

（3）国产 PLC 发展及应用概况

我国的 PLC 产品的研制和生产经历了 4 个阶段：

① 顺序控制器阶段（1973—1979 年）。

② 1 位微处理器为主的工业控制器阶段（1979—1985 年）。

③ 8 位微处理器为主的可编程控制器阶段（1985—2000 年）。

④ ARM 处理器为主的可编程控制器阶段（2000 年以后）。

目前，PLC 在国内的各行业也有了极大的应用，技术含量也越来越高。

3 PLC 的几种流派简介

由于 PLC 的优点显著，它一诞生，便立即受到世界上各工业发达国家的高度关注。从 20 世纪 70 年代初开始，PLC 的生产已发展成一个巨大的产业。据不完全统计，现在世界上有 PLC 及其网络的生产厂商 200 余家，所生产的 PLC 品种有 400 多种。PLC 产品的产量和销量在工业控制装置一直高居首位，迄今为止，世界市场对 PLC 的需求仍在稳步上升，以 20 世纪 90 年代以来的市场情况为例，全世界的 PLC 销售额已达百亿美元，而且一直保持 15% 的年增长率。

PLC 的厂家众多，尤其是 PLC 品种繁多且指令系统互不兼容，这给广大的用户在学习、选择、使用、开发 PLC 等方面带来了不少困难。为了给广大用户寻求克服这些困难的途径，可将 PLC 产品按地域分为三大流派。由于同一地域的 PLC 产品，相互借鉴比较多，相互影响也比较大，技术渗透比较深，面临的主要市场相同，用户要求接近，因此同一流派的 PLC 产品呈现出较多的相似性，而不同流派的 PLC 产品则差异明显。

目前 PLC 产品按地域可分为三大流派：一种流派是美国产品，另一种流派是欧洲产品，还有一种流派是日本产品。美国和欧洲的 PLC 产品是在相互隔离情况下独立研究开发的，因此美国和欧洲的 PLC 产品有明显的差异性；而日本的 PLC 产品是由美国引进的，对美国的 PLC 产品有一定的继承性，但日本的主推产品定位在小型 PLC 上。美国和欧洲以大中型 PLC 闻名，而日本则以小型 PLC 著称。

（1）美国 PLC 产品

美国是 PLC 的生产大国，有 100 多家 PLC 制造商，著名的有 A-B 公司、通用电气（GE）公司、莫迪康（MODICON）公司、得州仪器（TI）公司、西屋公司等。其中 A-B 公司是美国最大的 PLC 制造商，其产品占美国 PLC 市场的一半。

A-B 公司产品规格齐全、种类丰富，其主推的大中型 PLC 产品是 PLC-5 系列。该系列为模块式结构，当 CPU 模块为 PLC-5/10、PLC-5/12、PLC-5/15、PLC-5/25 时，属于中型 PLC，I/O 点配置范围为 256 ~ 1 024 点；当 CPU 模块为 PLC-5/20、PLC-5/30、PLC-5/40、PLC-5/60、PLC-5/40L、PLC-5/60L 时，属于大型 PLC，I/O 点最多可配置到 3 072 点。该系列中 PLC-5/250 功能最强，最多可配置 8 096 个 I/O 点。A-B 公司的小型 PLC 产品有 SLC500 系列等。

GE 公司的代表产品是小型机 GE-I、GE-I/J、GE-I/P 等，除 GE-I/J 外，均采用模块式结构。GE-I 用于开关量控制系统，最多可配置 112 个 I/O 点；GE-I/J 是更小型化的产品，其 I/O 点最多可配置 96 点。GE-I/P 是 GE-I 的增强型产品，增加了部分功能指令（数据操作指令）、功能模块（A/D、D/A 等）和远程 I/O 功能等，其 I/O 点最多可配置 168 点。中型机 GE-III 比 GE-I/P 增加了中断、故障诊断等功能，最多可配置 400 个 I/O 点。大型机 GE-V 比 GE-III 增加

项目 ① PLC 基础知识简介

了部分数据处理、表格处理、子程序控制等功能，并具有较强的通信功能，最多可配置 2 048 个 I/O 点；GE-VI/P 最多可配置 4 000 个 I/O 点。图 1-1 为 GE 公司 PLC 外形图。

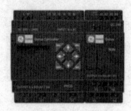

（a）Durus PLC 控制器　　　　　　　　　（b）PAC Systems RX3i 控制器

图 1-1　GE 公司 PLC 外形图

（2）欧洲 PLC 产品

德国的西门子公司、AEG 公司，法国的 TE 公司都是欧洲著名的 PLC 制造商。德国西门子公司的电子产品以性能精良而久负盛名，在大中型 PLC 产品领域与美国的 A-B 公司齐名。

西门子 PLC 主要产品是 S5、S7 系列。在 S5 系列中，S5-90U、S-95U 属于微型整体式 PLC；S5-100U 是小型模块式 PLC，最多可配置 256 个 I/O 点；S5-115U 是中型 PLC，最多可配置 1 024 个 I/O 点；S5-115UH 是大型 PLC，它是由 2 台 S5-115U 组成的双机冗余系统，最多可配置 4 096 个 I/O 点，模拟量可达 300 多路。而 S7 系列是西门子公司在 S5 系列 PLC 基础上推出的产品，其性能价格比较高，其中 S7-200 系列属于微型 PLC，S7-300 系列属于中小型 PLC，S7-400 系列属于中高性能的大型 PLC。图 1-2 为西门子 PLC 外形图。

（a）S7-200 系列 PLC　　　　　　　　　（b）S7-300 系列 PLC

图 1-2　西门子 PLC 外形图

（3）日本 PLC 产品

日本以小型 PLC 最具特色，在小型机领域中颇具盛名，某些用欧美的中型机或大型机才能实现的控制，日本的小型机就可以解决，在开发较复杂的控制系统方面明显优于欧美的小型机，所以格外受用户欢迎。日本有许多 PLC 制造商，如三菱、欧姆龙、松下、富士、日立、东芝等，在世界小型 PLC 市场上，日本的产品约占 70% 的份额。

三菱公司的 PLC 是较早进入中国市场的产品。其小型机 F1/F2 系列是 F 系列的升级产品，早期在我国的销量也不小。F1/F2 系列加强了指令系统，增加了特殊功能单元和通信功能，比 F 系列有了更强的控制能力。继 F1/F2 系列之后，20 世纪 80 年代末三菱公司又推出 FX 系列，该系列在容量、速度、特殊功能、网络功能等方面都有了全面的加强。FX2 系列是在 20 世纪 90 年代开发的整体式高功能小型机，它配有各种通信适配器和特殊功能单元。FX2N 是高功能整体式小型机，它与 FX2 系列相比，各种功能都有了全面的提升。近年来还不断推出满足不同要求的微型 PLC，如 FX0S、FX1S、FX0N、FX1N、FX3U 及 α 系列等产品。

三菱公司的大中型机有 A 系列、QnA 系列、Q 系列，它们具有丰富的网络功能，I/O 点数可达 8 192 点。其中 Q 系列具有超小的体积、丰富的机型、灵活的安装方式、双 CPU 协同处理、多存储器、远程口令等特点，是三菱公司现有产品中性能较好的 PLC。图 1-3 为三菱公司 PLC 外形图。

（a）FX3U 系列 PLC　　　　　　　　　（b）Q 系列 PLC

图 1-3　三菱公司 PLC 外形图

欧姆龙公司的 PLC 产品中，大、中、小、微型规格齐全。微型机以 SP 系列为代表，其体积小、速度极快。小型机有 P 型、H 型、CPM1A 系列、CPM2A 系列、CPM2C 系列、CQM1 系列等。P 型机现已被性价比更高的 CPM1A 系列所取代，CPM2A/2C、CQM1 系列内置 RS-232-C 接口和实时时钟，并具有软 PID 功能，CQM1H 是 CQM1 的升级产品，中型机有 C200H、C200HS、C200HX、C200HG、C200HE 和 CS1 系列。C200H 是前些年畅销的高性能中型机，它有配置齐全的 I/O 模块和高功能模块，具有较强的通信和网络功能。C200HS 是 C200H 的升级产品，指令系统更丰富、网络功能更强。C200HX/HG/HE 是 C200HS 的升级产品，有 1 148 个 I/O 点，其容量是 C200HS 的 2 倍，速度是 C200HS 的 3.75 倍，有品种齐全的通信模块，是适应信息化的 PLC 产品。CS1 系列具有中型机的规模、大型机的功能，是一种极具推广价值的新机型。大型机有 C1000H、C2000H、CV（CV500/CV1000/CV2000/CVM1）等。C1000H、C2000H 可单机或双机热备运行，安装有带电插拔模块，C2000H 可在线更换 I/O 模块；CV 系列中除 CVM1 外，均采用结构化编程，易读、易调试，并具有更强大的通信功能。

（4）国产 PLC 产品

我国也有许多厂家、科研所从事 PLC 的研制与开发，目前国产品牌主要有汇川、台达、永宏、和利时、信捷、安控、亚锐等。

深圳汇川技术股份有限公司生产的 PLC 有 H0U、H1U、H2U 等系列，以及其他主要产品如低压变频器、一体化及专机、伺服系统、永磁同步电动机、新能源产品等，主要服务于装备制造业、节能环保、新能源三大领域，产品广泛应用于电梯、起重、机床、金属制品、电线电缆、塑胶、印刷包装、纺织化纤、建材、冶金、煤矿、市政等行业。该公司在低压变频器市场的占有率在国产品牌厂商中名列前茅，其中一体化及专机产品在多个细分行业处于业内首创或领先地位。

虽然将地域作为 PLC 产品流派划分的标准并不十分科学，但广大用户可从"同一流派的 PLC 产品呈现出较多的相似性，而不同流派的 PLC 产品则差异明显"的特征中得出其中的实用价值。广大 PLC 用户完全不必在众多的 PLC 产品面前应接不暇，而可以在每一流派中，针对在我国最具影响力、最具代表性的 PLC 产品入手，相对比较容易地对该流派中的 PLC 产品有所了解，并举一反三、触类旁通。

项目①　PLC 基础知识简介

4 PLC 的发展趋势

（1）向高速度、大容量方向发展

为了提高 PLC 的处理能力，要求 PLC 具有更好的响应速度和更大的存储容量。目前，有的 PLC 的扫描速度为 0.1ms/千步左右。PLC 的扫描速度已成为很重要的一个性能指标。

在存储容量方面，有的 PLC 最高可达几十兆字节。为了扩大存储容量，有的公司已使用了磁棒存储器或硬盘。

（2）向超大型或超小型方向发展

当前中小型 PLC 比较多，为了适应市场的不同需要，今后 PLC 要向多品种方向发展，特别是向超大型或超小型方向发展。现已有 I/O 点数达 14 336 点的超大型 PLC，其使用 32 位处理器、多 CPU 并行工作和大容量存储器，功能较强。

小型 PLC 由整体结构向小型模块化结构发展，可以使配置更加灵活，为了市场需要已开发了各种简易、经济的超小型及微型 PLC，最小配置的 I/O 点数为 8~16 点，以适应单机及小型自动控制的需要，如三菱公司 A 系列的 PLC。

（3）大力开发智能模块，加强联网通信能力

为满足各种自动化控制系统的要求，近年来不断开发出许多功能模块，如高速计数模块、温度控制模块、远程 I/O 模块、通信和人机接口模块等。这些带 CPU 和存储器的智能 I/O 模块既扩展了 PLC 的功能，也扩大了 PLC 的应用范围。

加强联网通信能力是 PLC 技术进步的潮流。PLC 的联网通信有两类：一类是 PLC 之间的联网通信，各 PLC 生产厂商都有自己的专有联网手段；另一类是 PLC 与计算机之间的联网通信，一般 PLC 都有专用通信模块与计算机通信。为了加强联网通信能力，PLC 生产厂商之间也在协商制定通用的通信标准，以便构成更大的网络系统，PLC 已成为集散控制系统（DCS）不可缺少的重要组成部分。

（4）增强外部故障的检测与处理能力

根据统计资料表明：在 PLC 控制系统的故障中，CPU 故障占 5%，I/O 接口故障占 15%，输入设备故障占 45%，输出设备故障占 30%，线路故障占 5%。前两项共 20% 的故障属于 PLC 的内部故障，它可通过 PLC 本身的软硬件实现检测、处理；而其余 80% 的故障属于 PLC 的外部故障。因此，PLC 生产厂商都在致力于研制、开发用于检测外部故障的专用智能模块，进一步提高系统的可靠性。

（5）编程语言多样化

在 PLC 系统结构不断发展的同时，PLC 的编程语言也越来越丰富，功能也在不断提高。除了大多数 PLC 使用的梯形图语言外，为了适应各种控制要求，出现了面向顺序控制的步进编程语言、面向过程控制的流程图语言、与计算机兼容的高级语言（如 BASIC、C 语言）等。多种编程语言的并存、互补与发展是 PLC 进步的一种表现。

5 PLC 的主要优点

（1）编程简单

PLC 用于编程的梯形图与传统的继电器-接触器式电路图有许多相似之处，对于具有一定电工知识和文化水平的人员，都可以在较短的时间内学会编程的步骤和方法。

（2）可靠性高

PLC是专门为工业控制而设计的，在设计与制造过程中均采用了诸如屏蔽、滤波、无机械触点、精选元器件等多层有效的抗干扰措施，因此可靠性很高，其平均故障时间间隔为20 000 h以上。此外，PLC还具有很强的自诊断功能，可以迅速方便地检查判断出故障，协助工程技术人员缩短检修时间。

（3）通用性好

PLC品种多，档次也多，可由各种组件灵活组合成不同的控制系统，以满足不同的控制要求。同一台PLC只要改变软件就可实现控制不同的对象或不同的控制要求。在构成不同的PLC控制系统时，只需在PLC的输入/输出端子接上不同的与之相应的输入信号和输出设备，PLC就能接收输入信号和输出符合要求的控制信号。

（4）功能强

PLC能进行逻辑、定时、计数和步进等控制，能完成A/D（模-数）与D/A（数-模）转换、数据处理和通信联网等任务，具有很强的功能。随着PLC技术的迅猛发展，各种新的功能模块不断得到开发，PLC的功能也日益齐全，应用领域也得到了进一步拓展。

（5）体积小、质量小、易于实现机电一体化

由于PLC采用半导体集成电路，因此具有体积小、质量小、功耗低的特点。

（6）设计、施工和调试周期短

PLC以软件编程来取代硬件接线，由它构成的控制系统结构简单，安装使用方便，而且商品化的PLC模块功能齐全，程序的编制、调试和修改也很方便，因此可大大缩短PLC控制系统的设计、施工和投产周期。

6 PLC 的特点

为适应在工业环境下使用，与一般控制装置相比较，PLC具有以下特点：

（1）可靠性高，抗干扰能力强

工业生产对控制设备的可靠性要求如下：

① 平均故障时间间隔长。

② 故障修复时间（平均修复时间）短。

任何电子设备产生的故障，通常分为以下两种：

① 偶发性故障。由于外界恶劣环境如电磁干扰、超高温、超低温、过电压、欠电压、振动等引起的故障，这类故障只要不引起系统部件的损坏，一旦环境条件恢复正常，系统也随之恢复正常。但对PLC而言，受外界影响后，内部存储的信息可能被破坏。

② 永久性故障。由于元器件不可恢复的破坏而引起的故障。如果能限制偶发性故障的发生条件，能使PLC在恶劣环境中不受影响或能把影响的后果限制在最小范围，在恶劣条件消失后PLC能自动恢复正常，这样就能提高平均故障时间间隔；或是在PLC上增加一些诊断措施和适当的保护手段，在永久性故障出现时，能很快查出故障发生点，并将故障限制在局部，这样就能降低PLC的平均修复时间。为此，各PLC的生产厂商在硬件和软件方面采取了多种措施，使之除了本身具有较强的自诊断能力，能及时给出出错信息，停止运行，等待修复外，还使PLC具有很强的抗干扰能力。

故障处理措施：

① 硬件措施。主要模块均采用大规模或超大规模集成电路，大量开关动作由无触点的电子存储器完成，I/O 系统设计有完善的通道保护和信号调整电路。详述如下：

a. 屏蔽。对电源变压器、CPU、编程器等主要部件，采用导电、导磁良好的材料进行屏蔽，以防外界干扰。

b. 滤波。对供电系统及输入线路采用多种形式的滤波，如 LC 或 Π 型滤波网络，以消除或抑制高频干扰，也削弱了各种模块之间的相互影响。

c. 电源调整与保护。微处理器所需的 +5 V 电源，采用多级滤波，并用集成稳压调整器进行调整，以适应交流电网的电压波动和过电压、欠电压的影响。

d. 隔离。在微处理器与 I/O 电路之间，采用光电、电磁隔离措施，有效地隔离 I/O 端口与 CPU 之间的电联系，减少故障和误动作，I/O 端口之间亦彼此隔离。

e. 采用模块式结构。这种结构有助于在出现故障情况后短时修复。一旦查出某一模块出现故障，能迅速更换，使系统恢复正常工作，同时也有助于加快查找故障原因。

② 软件措施有极强的自检及保护功能：

a. 故障检测。软件定期地检测外界环境，如掉电、欠电压、锂电池电压过低及强干扰信号等，以便及时进行处理。

b. 信息保护与恢复。当偶发性故障条件出现时，不破坏 PLC 内部的信息，一旦故障条件消失，就可恢复正常，继续原来的程序工作。所以，PLC 在检测到故障条件时，立即把现有状态存入存储器，软件配合对存储器进行封闭，禁止对存储器的任何操作，以防存储信息被冲掉。

c. 设置警戒时钟（即把关定时器，WTD，俗称看门狗）。如果程序每次循环执行时间超过了 WTD 规定的时间，预示程序进入死循环，立即报警。

d. 加强对程序的检查和检验。一旦程序有错，立即报警，并停止执行。

e. 对程序及动态数据进行电池后备。停电后，利用后备电池供电，有关状态及信息就不会丢失。

PLC 的出厂试验项目中，有一项就是抗干扰试验，要求它承受幅值为 1 000 V，上升时间为 1 ns，脉冲宽度为 1 s 的干扰脉冲。一般平均故障时间间隔为几十万到上千万小时，集成系统平均故障时间间隔为 4 万至 5 万小时，甚至更长时间。

（2）通用性强，控制程序可变，使用方便

PLC 品种齐全的各种硬件装置，可以组成满足各种要求的控制系统，用户不必自己再设计和制作硬件装置。用户在硬件确定以后，在生产工艺流程改变或生产设备更新的情况下，不必改变 PLC 的硬件设备，只需要改编程序就可以满足要求。因此，PLC 除应用于单机控制外，在工厂自动化中也被大量采用。

（3）功能强，适应面广

现代 PLC 不仅有逻辑运算、计时、计数、顺序控制等功能，还具有数字量和模拟量的输入/输出、功率驱动、通信、人机对话、自检、记录显示等功能。它既可控制一台生产机械、一条生产线，又可控制一个生产过程。

（4）编程简单，容易掌握

目前，大多数 PLC 仍采用与继电器控制形式相似的"梯形图编程方式"，既继承了传统控制线路的清晰直观，又考虑到大多数工厂和企业电气技术人员的读图习惯及编程水平，非常容易被接受和掌握。梯形图语言的编程元件符号和表达方式与继电器控制电路原理图相当接近。通过阅读 PLC 的用户手册或短期培训，电气技术人员和技术工人很快就能学会用梯形图编制控制程序。PLC 同时还提供了功能图、语句表等编程语言。

PLC 在执行梯形图程序时，用解释程序将它翻译成机器语言然后执行（PLC 内部增加了解释程序）。这与直接执行汇编语言编写的用户程序相比，执行梯形图程序的时间要长一些，但对于大多数机电控制设备而言，完全可以满足控制要求。

（5）减少了控制系统的设计及施工的工作量

由于 PLC 采用软件来取代继电器控制系统中大量的中间继电器、时间继电器、计数器等器件，控制柜的设计安装接线工作量大为减少。同时，PLC 的用户程序可以在实验室模拟调试，更减少了现场的调试工作量。并且，由于 PLC 的低故障率及很强的监视功能，模块化等，使维修也极为方便。

（6）体积小、质量小、功耗低、维护方便

PLC 是将微电子技术应用于工业设备的产品，其结构紧凑、坚固、体积小、质量小、功耗低，并且由于 PLC 的强抗干扰能力，易于装入设备内部，是实现机电一体化的理想控制设备。以三菱公司的 F1-40M 型 PLC 为例，其外形尺寸仅为 305 mm × 110 mm × 110 mm，质量为 2.3 kg，功耗小于 25 W，而且具有很好的抗振、适应环境温度与湿度变化的能力。现在三菱公司又有 FX 系列 PLC，与其超小型品种 F1 系列相比，它的面积为 F1 的 47%，体积为 F1 的 36%，在系统的配置上既固定又灵活，输入/输出范围为 24 ~ 128 点。

7 继电器控制系统与 PLC 控制系统的比较

PLC 控制系统既然能替代继电器控制系统，那么它们两者相比到底有何不同之处呢？图 1-4 和图 1-5 所示为继电器控制系统与 PLC 控制系统的功能框图及上述两种控制系统的具体控制电路。

由图 1-4 可以看出，任何一个继电器控制系统或 PLC 控制系统，都是由输入部分、输出部分和控制部分组成的，这是两者的共同之处。

由图 1-5（a）和图 1-5（c）可以看出，PLC 梯形图和继电器控制电路的符号基本类似，连接形式（串并联形式）基本相同，所反映的输入/输出逻辑关系也基本一致。但应指出的是，两者之间也有很多不同点。图 1-5（h）为实现该继电器控制电路功能的 PLC 控制系统接线图。

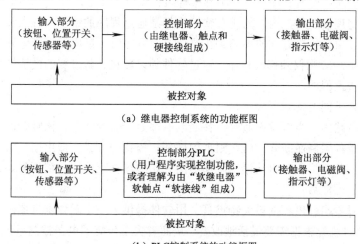

（a）继电器控制系统的功能框图

（b）PLC控制系统的功能框图

图 1-4　继电器控制系统和 PLC 控制系统比较

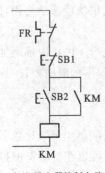 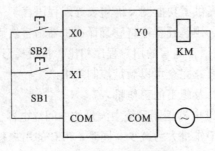 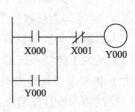

（a）继电器控制电路 　　　　（b）PLC 控制系统接线图 　　　　（c）PLC 梯形图

图 1-5　长动电路的继电器控制和 PLC 控制比较

（1）构成器件不同

继电器控制电路中的继电器是真实的物理器件，是由硬件实物构成的。而 PLC 中的继电器，则是虚拟的逻辑器件，是由软件构成的，每个继电器其实是 PLC 内部存储单元中的一位，故称为"软继电器"。

（2）触点情况不同

继电器控制电路中的常开（动合）、常闭（动断）触点由实物的结构决定，而 PLC 中常开、常闭触点则由软件决定，即由存储器中相应位的状态"1"或"0"来决定。因此，继电器控制电路中每个继电器的触点数量是有限的，而 PLC 中每个软继电器的触点数量则是无限的，也就是说用户可以无限次地调用 PLC 内部的软触点（由此不难理解光盘上所记录的数据状态"1"或"0"可以被无限次地调用的道理）；继电器控制电路中触点的使用寿命是有限的，而 PLC 中各软继电器触点的使用寿命则是无限的。

（3）作用电流方式不同

继电器控制电路中有实际的物理电流存在，是可以用电流表直接测得的；而 PLC 梯形图中的工作电流是一种信息流，其实质是程序的执行过程，称为"软电流"或"能流"。

（4）接线方式不同

继电器控制电路中的所有接线都必须逐根连接，缺一不可，而 PLC 中的接线除输入/输出端需要进行实际物理接线外，内部的所有软接线都是通过程序的编制（触点和线圈的串并联结构）来完成的。由于接线方式的不同，在改变控制程序时，继电器控制电路必须改变其实际的物理接线，而 PLC 则仅须修改程序，通过软件加以改接，其改变的灵活性及其速度是继电器控制电路无法比拟的。

（5）工作方式不同

继电器控制电路中，当电源接通时，各继电器都处于受约状态，该吸合的都吸合，不该吸合的因受某种条件限制而断开；PLC 则采用循环扫描执行方式，即由第一阶梯形图开始，依次执行至最后一阶梯形图，再从第一阶梯形图开始继续往下执行，周而复始，因此从激励到响应有一个时间的滞后。

通过比较可以看出，PLC 的最大特点是，用软件提供了一个随要求迅速改变的"接线网络"，使整个控制过程能根据需要灵活地改变，从而省去了传统继电器控制系统中拆线、接线的大量烦琐费时的机械工作。

8 PLC 的应用范围

目前，PLC 已广泛应用于冶金、石油、化工、建材、机械制造、电力、汽车、轻工、环保及文化娱乐等行业，随着 PLC 性能价格比的不断提高，其应用领域仍将不断扩大。从应用类型看，PLC 的应用大致可归纳为以下几个方面：

（1）开关量逻辑控制

利用 PLC 最基本的逻辑运算、定时、计数等功能实现开关量逻辑控制，可以取代传统的继电器控制，用于单机控制、多机群控制、自动生产线等，例如，机床、注塑机、印刷机械、装配生产线、电镀流水线及电梯的控制等，这是 PLC 最基本的应用，也是 PLC 最广泛的应用领域。

（2）运动控制

大多数 PLC 都能拖动步进电动机或伺服电动机的单轴或多轴位置控制模块，这一功能广泛用于各种机械设备，如对各种机床、装配机械、机器人等进行运动控制。

（3）过程控制

大中型 PLC 都具有多路模拟量 I/O 模块和 PID 控制功能，有的小型 PLC 也具有模拟量输入功能，所以 PLC 可实现模拟量控制，而且具有 PID 控制功能的 PLC 可构成闭环控制，用于过程控制。这一功能已广泛用于锅炉、反应堆、水处理、酿酒，以及闭环位置控制和速度控制等方面。

（4）数据处理

现代的 PLC 都具有数学运算，数据传送、转换、排序和查表等功能，可进行数据的采集、分析和处理，同时可通过通信接口将这些数据传给其他智能装置，如计算机数值控制（CNC）设备，进行数据处理。

（5）通信联网

PLC 的通信包括 PLC 与 PLC、PLC 与上位计算机、PLC 与其他智能设备之间的通信，PLC 系统与通用计算机可直接或通过通信处理单元、通信转换单元相连构成网络，以实现信息的交换，并可构成"集中管理、分散控制"的多级分布式控制系统，满足工厂自动化（FA）系统发展的需要。

练习与提高

1. PLC 有何特点？
2. 查阅资料，了解西门子、三菱、欧姆龙、汇川这 4 种 PLC 的特点及性价比。
3. 查阅资料，了解 PLC 在各行各业中的应用。

任务2　PLC 的基本构成及工作原理

任务目标

1. 了解 PLC 的基本构成及部件的主要作用；
2. 掌握 PLC 的工作原理；

3. 了解 PLC 各种编程语言。

1 PLC 的基本构成

PLC 的核心是一台单板机（即 CPU 板），在单板机的外围配置了相应的接口电路（硬件），在单板机中配置了监控程序（软件）。图 1-6 为 PLC 的基本结构框图。

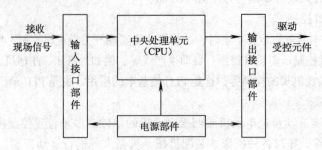

图 1-6   PLC 的基本结构框图

（1）中央处理单元（CPU）

PLC 中的 CPU 是 PLC 的核心，起神经中枢的作用，每台 PLC 至少有一个 CPU，它按 PLC 的系统程序赋予的功能接收并存储用户程序和数据，用扫描的方式采集由现场输入装置送来的状态或数据，并存入规定的寄存器中，同时，诊断电源和 PLC 内部电路的工作状态和编程过程中的语法错误等。进入运行后，从用户程序存储器中逐条读取指令，经分析后再按指令规定的任务产生相应的控制信号，去指挥有关的控制电路。

与通用计算机一样，CPU 主要由控制器、运算器、寄存器及实现它们之间联系的数据、控制及状态总线构成，还有外围芯片、总线接口及有关电路。它确定了进行控制的规模、工作速度、内存容量等。内存主要用于存储程序及数据，是 PLC 不可缺少的组成单元。

CPU 的控制器控制 CPU 工作，由它读取指令、分析指令及执行指令。但工作节奏由振荡信号控制。

CPU 的运算器用于进行数字或逻辑运算，在控制器指挥下工作。

CPU 的寄存器参与运算，并存储运算的中间结果，它也是在控制器指挥下工作的。

CPU 虽然划分为以上几个部分，但 PLC 中的 CPU 芯片实际上就是微处理器，由于电路的高度集成，对 CPU 内部的详细分析已无必要，只要弄清它在 PLC 中的功能与性能，能正确地使用它就可以了。

CPU 模块的外部表现就是它的工作状态的种种显示、接口及设定或控制开关。一般来说，CPU 模块总要有相应的状态指示灯，如电源显示、运行显示、故障显示等。箱体式 PLC 的主箱体也有这些显示。它的总线接口，用于接 I/O 模块或底板；内存接口，用于安装内存；外设接口，用于接外围设备。有的还有通信口，用于进行通信。CPU 模块上还有许多设定开关，用以对 PLC 进行设定，如设定起始工作方式、内存区等。

（2）I/O 模块

PLC 的对外功能，主要是通过各种 I/O 模块与外界联系的，按 I/O 点数确定模块规格及数量，I/O 模块可多可少，但其最大数受 CPU 所能管理的基本配置的能力，即受最大的底板或机架槽数限制。I/O 模块集成了 PLC 的 I/O 电路，其输入暂存器反映输入信号状态，输出点反映输出锁存器状态。

（3）电源模块

有些 PLC 中的电源是与 CPU 模块合二为一的，有些是分开的，其主要用途是为 PLC 各模块的集成电路提供工作电源。同时，有的还为输入电路提供 24 V 的工作电源。电源按其输入类型有：交流电源 220 V 或 110 V；直流电源 24 V。

（4）底板或机架

大多数模块式 PLC 使用底板或机架，其作用是：电气上，实现各模块间的联系，使 CPU 能访问底板上的所有模块；机械上，实现各模块间的连接，使各模块构成一个整体。

（5）PLC 的外围设备

外围设备是 PLC 系统不可分割的一部分，它有四大类：

① 编程设备：有简易编程器和智能图形编程器，用于编程、对系统进行一些设定、监控 PLC 及 PLC 所控制的系统的工作状况。编程器是 PLC 开发应用、监测运行、检查维护不可缺少的器件，但它不直接参与现场控制运行。

② 监控设备：有数据监视器和图形监视器。直接监视数据或通过画面监视数据。

③ 存储设备：有存储卡、存储磁带、软磁盘或只读存储器，用于永久性地存储用户数据，使用户数据不丢失，如 EPROM、EEPROM 写入器等。

④ 输入/输出设备：用于接收信号或输出信号，一般有条码读入器、输入模拟量的电位器、打印机等。

（6）PLC 的通信联网

PLC 具有通信联网的功能，它使 PLC 与 PLC 之间、PLC 与上位计算机以及其他智能设备之间能够交换信息，形成一个统一的整体，实现分散集中控制。现在几乎所有的 PLC 新产品都有通信联网功能，它和计算机一样具有 RS-232 接口，通过双绞线、同轴电缆或光缆，可以在几千米甚至几十千米的范围内交换信息。

当然，PLC 之间的通信网络是各厂家专用的，PLC 与计算机之间的通信，一些生产厂家采用工业标准总线，并向标准通信协议靠拢，这将使不同机型的 PLC 之间、PLC 与计算机之间可以方便地进行通信与联网。

了解了 PLC 的基本结构，我们在购买 PLC 时就有了一个基本配置的概念，做到既经济又合理，尽可能发挥 PLC 所提供的最佳功能。

2 PLC 的工作原理

PLC 虽具有微机的许多特点但它的工作方式却与微机有很大不同。微机一般采用等待命令的工作方式，如常见的键盘扫描方式或 I/O 扫描方式，有键按下或 I/O 动作则转入相应的子程序，无键按下则继续扫描。PLC 则采用循环扫描工作方式，在 PLC 中用户程序按先后顺序存放，例如，CPU 从第一条指令开始执行程序，直至遇到结束符后又返回第一条，如此周而复始不断循环。这种工作方式是在系统软件控制下，顺次扫描各输入点的状态，按用户程序进行运算处理，然后顺序向输出点发出相应的控制信号。整个工作过程可分为 5 个阶段：自诊断、通信处理、扫描输入、执行程序、刷新输出，其工作过程示意图如图 1-7 所示。

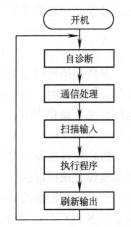

图 1-7　PLC 工作过程示意图

① 每次扫描用户程序之前，都先执行故障自诊断程序。自诊断内容为 I/O 部分、存储器、CPU 等，若发现异常停机，则显示出错；若自诊断正常，则继续向下扫描。

② PLC 检查是否有与编程器、计算机等的通信请求，若有则进行相应处理，如接收由编程器送来的程序、命令和各种数据，并把要显示的状态、数据、出错信息等发送给编程器进行显示。如果有与计算机等的通信请求，也在这段时间完成数据的接收和发送任务。

③ PLC 以扫描方式依次读入所有输入状态和数据，并将它们存入 I/O 映像区中的相应单元内。输入采样结束后，转入用户程序执行和输出刷新阶段。在这两个阶段中，即使输入状态和数据发生变化，I/O 映像区中的相应单元的状态和数据也不会改变。因此，如果输入是脉冲信号，则该脉冲信号的宽度必须大于一个扫描周期，才能保证在任何情况下，该输入均能被读入。

④ PLC 总是按由上而下的顺序依次扫描用户程序（梯形图）。在扫描每一条梯形图时，又总是先扫描梯形图左边的由各触点构成的控制电路，并按先左后右、先上后下的顺序对由触点构成的控制电路进行逻辑运算，然后根据逻辑运算的结果，刷新该逻辑线圈在系统 RAM 存储区中对应位的状态；或者刷新该输出线圈在 I/O 映像区中对应位的状态；或者确定是否要执行该梯形图所规定的特殊功能指令。

即在用户程序执行过程中，只有输入点在 I/O 映像区内的状态和数据不会发生变化，而其他输出点和软设备在 I/O 映像区或系统 RAM 存储区内的状态和数据都有可能发生变化，而且排在上面的梯形图，其程序执行结果会对排在下面的凡是用到这些线圈或数据的梯形图起作用；相反，排在下面的梯形图，其被刷新的逻辑线圈的状态或数据只能到下一个扫描周期才能对排在其上面的程序起作用。

在程序执行的过程中如果使用立即 I/O 指令则可以直接存取 I/O 点。即使用 I/O 指令，输入过程映像寄存器的值不会被更新，程序直接从 I/O 模块取值，输出映像寄存器会被立即更新，这与立即输入有些区别。

⑤ 当扫描用户程序结束后，PLC 就进入输出刷新阶段。在此期间，CPU 按照 I/O 映像区内对应的状态和数据刷新所有的输出锁存电路，再经输出电路驱动相应的外设。这时，才是 PLC 的真正输出。

PLC 经过 5 个阶段的工作过程，称为 1 个扫描周期，完成 1 个扫描周期后，又重新执行上述过程，扫描周而复始地进行。在不考虑通信处理因素时，扫描周期 T 的大小为

$$T=（读入一点时间×输入点数）+（运算速度×程序步数）+$$
$$（输出一点时间×输出点数）+ 故障诊断时间$$

显然扫描时间主要取决于程序的长短，一般每秒可扫描数十次以上，这对于工业设备通常没有扫描影响。但对控制时间要求严格，响应速度要求快的系统，就应该精确地计算响应时间，细心编排程序，合理安排指令的顺序，以尽可能减少扫描周期造成的响应延时等不良影响。

PLC 与继电器控制的主要区别之一就是工作方式不同。继电器是按"并行"方式工作的，也就是说是按同时执行的方式工作的，只要形成电流通路，就可能有几个电器同时动作。而 PLC 是以反复扫描的方式工作的，它是循环地连续逐条执行程序，任一时刻它只能执行一条指令，即 PLC 是以"串行"方式工作的。这种串行工作方式可以避免继电器控制的触点竞争和时序失配问题。

3 PLC 的编程语言

PLC 的用户程序是设计人员根据控制系统的工艺控制要求，通过 PLC 编程语言的编制设计的。根据国际电工委员会制定的工业控制编程语言标准（IEC 1131-3）。PLC 的编程语言包括以下 5 种：梯形图语言（LD）、指令表语言（IL）、功能模块图语言（FBD）、顺序功能流程图语言（SFC）及结构化文本语言（ST）。

（1）梯形图语言（LD）

梯形图语言是 PLC 程序设计中最常用的编程语言，它是与继电器电路类似的一种编程语言。由于电气设计人员对继电器控制较为熟悉，因此，梯形图语言得到了广泛的应用。

梯形图语言的特点：与电气操作原理图相对应，具有直观性和对应性；与原有继电器控制相一致，电气设计人员易于掌握。

梯形图语言与原有的继电器控制的不同点：梯形图中的电流不是实际意义的电流，内部的继电器也不是实际存在的继电器，应用时，需要与原有继电器控制的概念区别对待。

继电器原理图与梯形图的对比如图 1-8 所示。

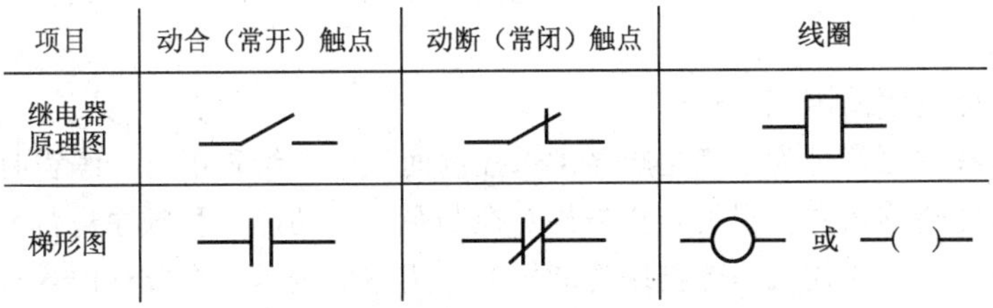

项目	动合（常开）触点	动断（常闭）触点	线圈
继电器原理图			
梯形图			

图 1-8　继电器原理图与梯形图的对比

（2）指令表语言（IL）

指令表语言是与汇编语言类似的一种助记符编程语言，它和汇编语言一样由操作码和操作数组成。在无计算机的情况下，适合采用 PLC 手持编程器对用户程序进行编制。同时，指令表语言与梯形图语言一一对应，在 PLC 编程软件下可以相互转换。图 1-9 所示为梯形图与对应的指令表。

指令表语言的特点：采用助记符来表示操作功能、容易记忆、便于掌握；在手持编程器的键盘上采用助记符表示，便于操作，可在无计算机的场合进行编程设计；与梯形图有一一对应关系。其特点与梯形图语言基本一致。

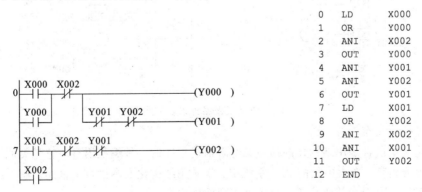

```
0   LD    X000
1   OR    Y000
2   ANI   X002
3   OUT   Y000
4   ANI   Y001
5   ANI   Y002
6   OUT   Y001
7   LD    X001
8   OR    Y002
9   ANI   X002
10  ANI   X001
11  OUT   Y002
12  END
```

图 1-9　梯形图与对应的指令表

（3）功能模块图语言（FBD）

功能模块图语言是与数字逻辑电路类似的一种 PLC 编程语言。采用功能模块图的形式来表示模块所具有的功能，不同的功能模块有不同的功能。西门子 S7-200 系列 PLC 的功能模块图语言如图 1-10 所示。

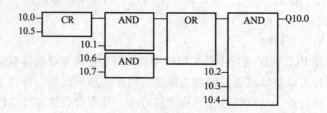

图 1-10　功能模块图语言

功能模块图语言的特点：以功能模块为单位，分析理解控制方案简单容易；功能模块是用图形的形式表达功能的，直观性强，具有数字逻辑电路基础的设计人员容易掌握；对规模大、控制逻辑关系复杂的控制系统，由于功能模块图能够清楚表达功能关系，使编程调试时间大大减少。

（4）顺序功能流程图语言（SFC）

顺序功能流程图语言是为了满足顺序逻辑控制而设计的编程语言。编程时将顺序流程动作的过程分成步和转移条件，根据转移条件对控制系统的功能流程顺序进行分配，一步一步地按照顺序动作。每一步代表一个控制功能任务，用方框表示。在方框内含有用于完成相应控制功能任务的梯形图逻辑。这种编程语言使程序结构清晰，易于阅读及维护，大大减轻编程的工作量，缩短编程和调试时间。用于系统规模较大，程序关系较复杂的场合。图 1-11 是功能流程编程语言（含梯形图、指令表）的示意图。

顺序功能流程图语言的特点：以功能为主线，按照功能流程的顺序分配，条理清楚，便于理解；避免了梯形图或其他语言不能顺序动作的缺陷，同时也避免了用梯形图语言对顺序动作编程时，由于机械互锁造成用户程序结构复杂、难以理解的缺陷；用户程序扫描时间也大大缩短。

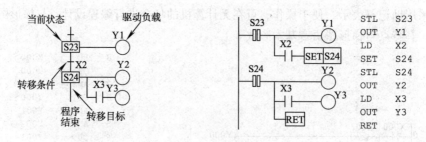

图 1-11　功能流程编程语言的示意图

（5）结构化文本语言（ST）

结构化文本语言是用结构化的描述文本来描述程序的一种编程语言。它是类似于高级语言的一种编程语言。在大中型的 PLC 系统中，常采用结构化文本语言来描述控制系统中各个变量的关系。主要用于其他编程语言较难实现的用户程序编制。

结构化文本语言采用计算机的描述方式来描述系统中各种变量之间的各种运算关系，完成所需的功能或操作。大多数 PLC 制造商采用的结构化文本语言与 BASIC 语言、PASCAL 语言或 C 语言等高级语言相类似，但为了应用方便，在语句的表达方法及语句的种类等方面都进行了简化。

结构化文本语言的特点：采用高级语言进行编程，可以完成较复杂的控制运算；需要有一定的计算机高级语言的知识和编程技巧，对工程设计人员要求较高，程序直观性和操作性较差。

图 1-12 所示为西门子 S7-SLC 语言。

```
IF      I1.1    THEN
        N: = 0 ;
        SUM: = 0 ;
        OK: = FALSE ;        //SET OK FLAG TO FALSE
ELSEIF    START =TRUE    THEN
        N :  =   N+1 ;
        SUM: =   SUM+N ;
ELSE
        OK: = FALSE ;
END_IF ;
```

图 1-12　西门子 S7-SLC 语言

练习与提高

1. 简述 PLC 的组成与部件功能及作用。

2. PLC 的工作原理是什么？

3. 查阅资料，学习国际电工委员会制定的工业控制编程语言标准（IEC 1131-3）。

任务 3　三菱 FX2N 系列 PLC

任务目标

1. 了解三菱 PLC 的型号与主要技术指标；

2. 掌握 FX2N 系列 PLC 的输入/输出接口，以及硬件安装与接线；

3. 掌握 FX2N 系列 PLC 软元件的功能与使用。

1　FX2N 系列 PLC 的命名

（1）FX2N 系列 PLC 的命名方式

FX2N 系列 PLC 采用一体化的箱体式结构。所有电路都装在一个箱体内，其体积小、结构紧凑、安装方便。为了便于灵活配置输入/输出点数，FX2N 系列的产品由基本单元（主机）和扩展单元构成。FX2N 系列 PLC 还有很多专用的特殊功能单元，例如模拟量的 I/O 单元、高速计数单元、位置控制单元、凸轮控制单元等，大多数单元通过单元的扩展口与 PLC 主机连接。某些特殊功能单元是通过 PLC 的编程口连接，还有的通过主机上并联的适配器接入，这不影响原系统的扩展。

FX2N 系列 PLC 由基本单元、扩展单元、扩展模块及特殊适配器等构成。基本单元内有存储器和 CPU，基本单元为必用装置，扩展单元是在要增加 I/O 点数时使用的装置。利用扩展单元，是以 8 位位单元增加 I/O 点数，也可以只增加输入或只增加输出点数。FX2N 系列 PLC 的最大输入/输出点数为 256 点。

① FX2N 系列 PLC 的基本单元：

FX2N － □□　　　M　　　□　　　□

系列序号　I/O 总点数　基本单元　输出形式　其他区分

基本单元型号见表 1-1。

表 1-1　基本单元型号

I/O 总点数	输入点数	输出点数	AC 电源，DC 输入		
			继电器输出	晶闸管输出	晶体管输出
16	8	8	FX2N-16MR-001	—	FX2N-16MT-001
32	16	16	FX2N-32MR-001	FX2N-32MS-001	FX2N-32MT-001
48	24	24	FX2N-48MR-001	FX2N-48MS-001	FX2N-48MT-001
64	32	32	FX2N-64MR-001	FX2N-64MS-001	FX2N-64MT-001
80	40	40	FX2N-80MR-001	FX2N-80MS-001	FX2N-80MT-001
128	64	64	FX2N-128MR-001	—	FX2N-128MT-001

② FX2N 系列 PLC 的扩展单元及扩展模块：

FX2N － □□　　　E　　　□　　　□

系列序号　I/O 总点数　扩展设备　输出形式　其他区分

扩展单元型号见表 1-2。

表 1-2　扩展单元型号

I/O 总点数	输入点数	输出点数	AC 电源，DC 输入		
			继电器输出	晶闸管输出	晶体管输出
32	16	16	FX2N-32ER	FX2N-32ES	FX2N-32ET
48	24	24	FX2N-48ER	—	FX2N-48ET

（2）FX2N 系列 PLC 特殊扩展功能单元型号

特殊功能板和特殊功能模块型号见表 1-3。

表 1-3　特殊功能板和特殊功能模块型号

区　分	型　号	名　称	占有点数		供电电流 /mA
			输　入	输　出	
特殊功能板	FX2N-8AV-BD	容量适配器	—		20
	FX2N-422BD	RS-422 通信板	—		60
	FX2N-285BD	RS-485 通信板	—		60
	FX2N-232BD	RS-232 通信板	—		20
	FX2N-CNV-BD	FX0N 用适配器连接板	—		—
特殊模块	FX0N-3A	2 路模拟输入 1 路模拟输出	—	8	30
	FX0N-16NT	M-NET/MINI 用（绞合导线）	8	8	20
	FX2N-4AD	4 路模拟输入	—	8	30
	FX2N-4DA	4 路模拟输出	—	8	30

区　分	型　号	名　称	占 有 点 数			供电电流
			输　入	输　出		/mA
特殊模块	FX2N-4AD-PT	4 路温度传感器输入（Pt100）	—	8	—	30
	FX2N-4AD-TC	4 路温度传感器输入（热电偶）	—	8	—	30
	FX2N-1HC	50 kHz 两相高速计数器	—	8	—	90
	FX2N-1PG	100 kpps 脉冲输出模块	—	8	—	55
	FX-2321F	RS-232 通信接口	16		8	40
	FX-16NP	M-NET/MINI 用（光纤）	16		8	80
	FX-16NT	M-NET/MINI 用（绞合导线）	8	8	8	80
	FX-16NP-S3	M-NET/MINI-S3 用（光纤）	8	8	8	80
	FX-16NP-S3	M-NET/MINI-S3 用（绞合导线）	—	8	—	80
	FX-2DA	2 路模拟输出	—	8	—	30
	FX-4DA	4 路模拟输出	—	8	—	30
	FX-4AD	4 路模拟输入	—	8	—	30
	FX-2AD-PT	2 路温度输入（Pt100）	—	8	—	30
	FX-4AD-TC	4 路传感器输入（热电偶）	—	8	—	40
	FX-1HC	50 kHz 两相高速计数器	—	8	—	70
	FX-1PG	100 kpps 脉冲输出模块	—	8	—	55
	FX-1D1F	1D1F 接口	8	8	8	130
特殊单元	FX-1GM	定位脉冲输出单元（1 轴）	—	8	—	自给
	FX-10GM	定位脉冲输出单元（1 轴）	—	8	—	自给
	FX-20GM	定位脉冲输出单元（2 轴）	—	8	—	自给

（3）型号名称组成符号的含义

① I/O 总点数。基本单元、扩展单元的输入/输出点数。

② 输出形式：

R：继电器输出（有干接点，交流、直流负载两用）；

S：三端双向晶闸管开关元件输出（无干接点，交流负载用）；

T：晶体管输出（无干接点，直流负载用）。

③ 其他区分：

无符号：AC 100 V/200 V 电源，DC 24 V 输入（无输出）。

④ 输入/输出形式：

R：DC 输入 4 点、继电器输出 4 点的组合；

X：输入专用（无输出）；

YR：继电器输出专用（无输入）；

YS：三端双向晶闸管开关元件输出专用（无输入）；

YT：晶体管输出专用（无输入）。

项目 1　PLC 基础知识简介

2 FX2N 系列 PLC 的安装与接线

（1）FX2N 系列 PLC 的硬件指标

硬件指标包括一般指标、输入特性和输出特性。为了适应工业现场的恶劣条件，可编程控制器对环境的要求很低，一般的工业现场都能满足这些要求。表 1-4 所示为 FX2N 系列 PLC 的一般技术指标。

表 1-4　FX2N 系列 PLC 的一般技术指标

环境温度	0 ~ 55℃	
环境湿度	RH：35% ~ 89%（不结露）	
抗振	JIS C0911 标准 10 ~ 55 Hz　0.5 mm（最大 2g）3 轴方向各 2 h	
抗冲击	JIS C0912 标准 10g　3 个坐标轴方向各 3 次	
抗噪声干扰	用噪声仿真器产生电压为 1 000 V、噪声脉冲宽度为 1 μs、频率为 30 ~ 100 Hz 的噪声，在此噪声干扰下 PLC 能够正常工作	
耐压	AC 1 500 V，1 min	各端子与接地端之间
绝缘电阻	5 MΩ 以上	
接地	第 3 种接地，不能接地时，亦可浮空	
使用环境	禁止腐蚀性气体，严禁尘埃	

以上技术指标都是比较保守的，实测结果远远高出以上标准。随着元器件技术水平提高，这些技术指标还在不断地提高。

（2）输入特性和输出特性

I/O 单元是 PLC 与工业控制现场各类信号及负载连接的接口部件，输入单元将外部信号送入 PLC，同时对输入信号起到电气隔离、滤波等作用，输出单元用于连接负载，起电气隔离、驱动等作用。

I/O 单元分为开关量 I/O 和模拟量 I/O，下面对开关量 I/O 进行说明。

① 开关量输入接口。开关量输入接口的内部结构及外部接线如图 1-13 所示。

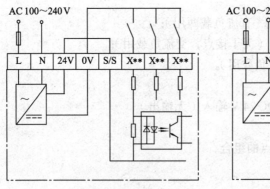
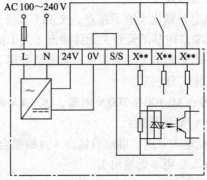

（a）漏型输入接线　　　　　　　　　　（b）源型输入接线

图 1-13　开关量输入接口的内部结构及外部接线（FX3U 系列）

② 开关量输出接口。PLC 的输出接口有 3 种形式：一种是继电器输出型（可驱动直流和交流负载）；一种是晶体管输出型（可驱动直流负载）；还有一种是晶闸管输出型（可驱动交

流负载）。3 种开关量输出接口的内部结构及外部接线如图 1-14 所示。

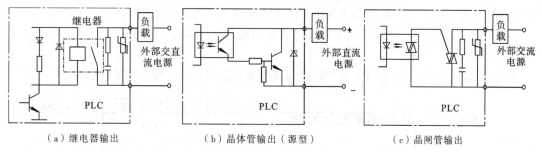

（a）继电器输出　　　　（b）晶体管输出（源型）　　　　（c）晶闸管输出

图 1-14　开关量输出接口的内部结构与外部接线

（3）PLC 的安装

PLC 的安装固定常有两种方式：其一是直接利用机箱上的安装孔，用螺钉将机箱固定在控制柜的背板或面板上；其二是利用 DIN 导轨安装，这需要先将 DIN 导轨固定好，再将 PLC 及各种扩展单元卡上 DIN 导轨。安装时还要注意在 PLC 周围留足散热及接线的空间。图 1-15 所示为 FX2N 机及扩展设备在 DIN 导轨上安装的情况。

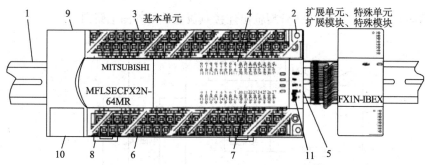

图 1-15　FX2N 机及扩展设备在 DIN 导轨上安装的情况

1—DIN 导轨，35mm 宽；2—安装孔（32 点以下 2 个，以上 4 个）；3—电源、辅助电源，输入信号用装卸式端子台；4—输入口指示灯；5—扩展单元、扩展模块、特殊单元、特殊模块接线插座盖板；6—输出用装卸式端子台；7—输出口指示灯；8—DIN 导轨装卸中卡子；9—面板盖；10—外转设备接线插座盖板；11—电源、运行出错指示灯

外电源连接注意事项：

① 基本单元和扩展单元的交流电源要相互连接，接到同一交流电源上，输入公共端 S/S（COM）也要相互连接。基本单元和扩展单元的电源必须同时接通与断开。

② 基本单元与扩展单元的 +24 V 输出端子不能互相连接。

③ 基本单元和扩展单元的接地端子互相连接，由基本单元接地。用截面面积大于 2 mm² 导线在基本单元的接地端子上按第 3 种方式（接地电阻 ≤100 Ω）接地，但不能与强电系统共地。

④ 为防止电压降低，建议电源使用截面面积 2 mm² 以上的导线，导线要绞合使用，并且由隔离变压器供电。有的在电源线上加入低通滤波器，把高频噪声滤除后再给可编程控制器供电。应把可编程控制器的供电线路与大的用电设备或会产生较强干扰的用电设备（如晶闸管整流器、弧焊机等）的供电线路分开。

⑤ 直流供电的 PLC，其内部 24 V 输出不能使用。

（4）PLC 的外围接线

① 输入电路的连接：

有源开关量的连接：如光电开关等传感器开关器件，其输入部分接直流电源（可接 PLC 的内部 24 V 输出电源），其输出部分接在输入端和输入公共端两点之间。

无源开关量的连接：无源开关量接在输入端和输入公共端两点之间。

② 输出电路的连接：

继电器输出：图 1-16 是继电器型输出连接交流负载和直流负载的外围电路图。

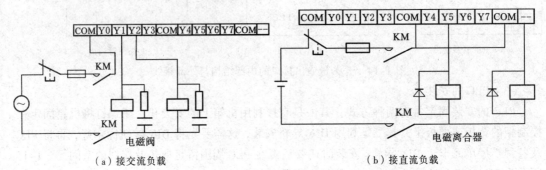

（a）接交流负载　　　　　　　　　　　　　（b）接直流负载

图 1-16　继电器型输出连接交流负载和直流负载的外围电路图

晶体管输出：图 1-17 是晶体管型输出连接直流负载的外围电路图。

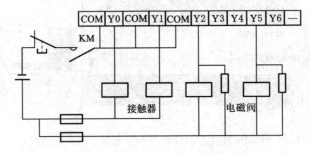

图 1-17　晶体管型输出外围电路图

输入/输出电路连接注意事项：

① 不要对空端子接线。

② 对继电器输出，使用 5~15 A 的熔断器；对晶体管输出，第 4 点应使用 1～2 A 的熔断器。

③ 为实现紧急停止，可使用 PLC 的外部开关切断负载。

④ 使用晶体管输出或晶闸管输出时，由于漏电流，可能产生输出设备的误动作，这时应在负载两端并联 1 个泄放电阻器。泄放电阻器的电阻值：$R < V_{ON}/I$（kΩ）。其中，V_{ON} 为负荷的开启电压（V），I 为输出漏电流（mA）。

⑤ 在输出端接感性负载（如电磁继电器、电磁阀等）时，应在负载两端并联 1 个阻容回路或二极管。二极管的阴极与电源正极连接。对于直流负载，可以在负载线圈两端并联二极管来抑制；对于交流负载，可以在负载线圈两端并联 1 个阻容回路来吸收。图 1-16 中二极管的反向耐压为负载电压的 3 倍以下，平均整流电流为 1 A。对阻容回路，电阻器的电阻值为 50 Ω，电容器的电容值为 0.47 μF，电压为 500 V。

3 FX2N 系列 PLC 的软元件

FX 系列产品，它内部的编程元件，也就是支持该机型编程语言的软元件，按通俗叫法分别称为继电器、定时器、计数器等，但它们与真实元件有很大的差别，一般称它们为"软继电器"。这些编程用的继电器，它的工作线圈没有工作电压等级、功耗大小和电磁惯性等问题；触点没有数量限制、没有机械磨损和电蚀等问题。它在不同的指令操作下，其工作状态可以无记忆，也可以有记忆，还可以作脉冲数字元件使用。

一般情况下，X 代表输入继电器，Y 代表输出继电器，M 代表辅助继电器，T 代表定时器，C 代表计数器，S 代表状态继电器，D 代表数据寄存器，K/H 代表常数，P/I 代表指针，V/Z 代表变址寄存器。

（1）输入继电器（X）

PLC 的输入端子是从外部开关接收信号的窗口，PLC 内部与输入端子连接的输入继电器是用光电隔离的电子继电器，它们的编号与接线端子编号一致（按八进制输入），线圈的吸合或释放只取决于 PLC 外部触点的状态。内部有常开/常闭两种触点供编程时随时使用，且使用次数不限，输入电路的时间常数一般小于 10 ms。各基本单元都是八进制输入的地址，输入为 X0 ~ X7，X10 ~ X17，X20 ~ X27，它们一般位于机器的上端。

（2）输出继电器（Y）

PLC 的输出端子是向外部负载输出信号的窗口。输出继电器的线圈由程序控制，输出继电器的外部输出主触点接到 PLC 的输出端子上供外部负载使用，其余常开/常闭触点供内部程序使用。输出继电器的电子常开/常闭触点使用次数不限。输出电路的时间常数是固定的。各基本单元都是八进制输出，输出为 Y0 ~ Y7，Y10 ~ Y17，Y20 ~ Y27，它们一般位于机器的下端。

（3）辅助继电器（M）

辅助继电器和继电器控制系统中的中间继电器作用相似，仅供中间运算处理使用，不能直接驱动外部负载，要驱动外部负载只能通过输出继电器。辅助继电器包括以下几种类型：

① 通用辅助继电器。编号为 M0～M499，共 500 点（除了输入/输出继电器用八进制编号，其他元件均采用十进制编号）。图 1-18（a）中 M300 只作为启保停作用，不驱动外部负载。

② 保持辅助继电器。编号为 M500～M1023，共 524 点。保持继电器用后备锂电池供电，所以在电源中断时能够保持它们原来的状态不变。保持辅助继电器可以用参数设置方法改为非掉电保持。

③ 掉电保持专用的辅助继电器。编号为 M1024～M3071。

④ 特殊辅助继电器。编号为 M8000～M8255，共 256 点。这些特殊辅助继电器具有特定的功能，它们可分为只读式和读写式两大类。只读式特殊辅助继电器用户只能在程序中用其触点，不能驱动；读写式特殊辅助继电器用户可以在程序中驱动，并可以读取其状态。下面介绍几种常用的特殊辅助继电器。

a. 运行监控继电器 M8000。当 PLC 运行时，M8000 自动处于接通状态。当 PLC 停止运行时，M8000 处于断开状态。

b. 初始化脉冲继电器 M8002。当 PLC 一开始运行时，M8002 就接通，自动发出宽度为一个扫描周期的单窄脉冲信号。

項目 1 PLC 基础知识简介

c. 100 ms 时钟脉冲发生器 M8012。另外，M8011 为 10 ms 时钟脉冲发生器、M8013 为 1s 时钟脉冲发生器。

d. 禁止全部输出继电器 M8034。在执行程序时，一旦 M8034 接通，则所有输出继电器的输出自动断开，使 PLC 禁止所有输出。但此时，PLC 内部程序仍正常执行，并不受影响。

图 1-18（b）中 M8000 运行时常开触点为 ON，使 Y0 一直保持输出，M8002 控制的 Y1，肉眼无法观察到 STOP 到 RUN 瞬间的初始脉冲，为验证初始脉冲的存在，故在 M8002 加入 Y1 自锁；而 M8013 使 Y2 显示为 1 s 周期的闪烁效果。

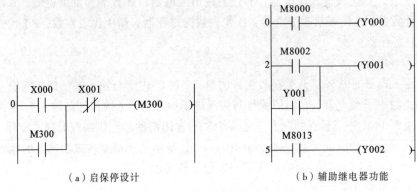

（a）启保停设计　　　　　　（b）辅助继电器功能

图 1-18　辅助继电器的作用

（4）定时器（T）

在 PLC 内的定时器是根据时钟脉冲的累积形式，当所计时间达到设定值时，其输出触点动作，时钟脉冲有 1 ms、10 ms、100 ms。定时器可以用用户程序存储器内的常数 K 作为设定值，也可以用数据寄存器（D）的内容作为设定值。在后一种情况下，一般使用有掉电保护功能的数据寄存器。即使如此，若备用电池电压降低时，定时器或计数器往往会发生误动作。

定时器通道范围如下：

100 ms 定时器 T0～T199，共 200 点，设定值 0.1～3 276.7 s；

10 ms 定时器 T200～T245，共 46 点，设定值 0.01～327.67 s；

1 ms 积算定时器 T245～T249，共 4 点，设定值 0.001～32.767 s；

100 ms 积算定时器 T250～T255，共 6 点，设定值 0.1～3 276.7 s；

定时器的应用如图 1-19 所示。

当 X0 接通时，定时器 T0 延时 3 s（30 × 100 ms =3 s）后触点动作，接通 Y0 输出得电；同时定时器 T2 延时 1.23 s（123 × 10 ms = 1.23s）后触点动作，接通 Y1 输出得电；当驱动输入 X0 断开或发生停电时，定时器就复位，输出触点也复位。

每个定时器只有 1 个输入，它与常规定时器一样，线圈通电时，开始计时；断电时，自动复位，不保存中间数值。定时器有 2 个数据寄存器，一个为设定值寄存器，另一个是现时值寄存器，编程时，由用户设定累积值。

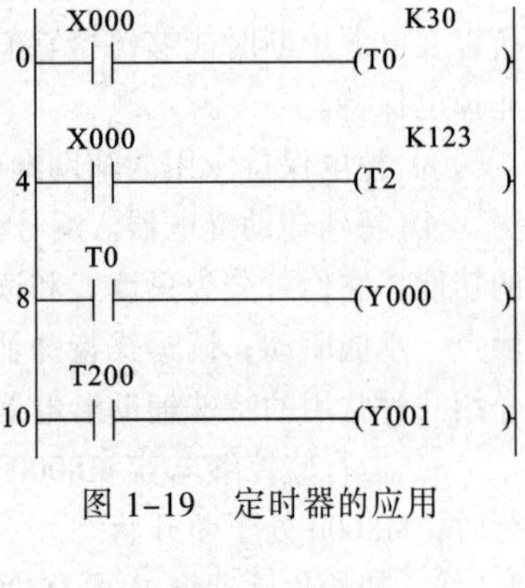

图 1-19　定时器的应用

（5）计数器（C）

FX2N 系列 PLC 中的 16 位增计数器，是 16 位二进制加法计数器，它是在计数信号的上升沿进行计数，它有 2 个输入，一个用于复位，另一个用于计数。每个计数脉冲上升沿使得现时值寄存器加 1，当现时值与设定值相等时，计数器常开触点闭合。直到复位控制信号的上升沿输入时，触点才断开，设定值又写入，再次进入计数状态。

其设定值在 K1～K32767 范围内有效。

设定值 K0 与 K1 含义相同，即在第一次计数时，其输出触点就动作。

计数器按长度分为 16 位计数器和 32 位计数器；按计数信号频率的不同分为通用计数器和高速计数器；按计数功能又可分为递加计数器或递减计数器。

① 16 位加计数器：编号为 C0～C199。设定值为 1～32 767，其中 C0～C99 是通用型的；而 C100～C199 是断电保持型的。

② 32 位双向计数器：编号为 C200～C234。设定值为–2 147 483 648～2 147 483 647。其中 C200～C219 为通用型，C220～C234 为断电保持型。

计数器的加减功能由内部辅助继电器 M8200～M8234 设定，特殊辅助继电器闭合（置 1）时为递减计数；断开时为递加计数。两相输入计数器的两相输入是 A 信号和 B 信号，它们决定于计数器是加计数器还是减计数器。

③ 高速计数器：高速计数器的地址为 C235～C255 共 21 点，均为 32 位加/减计数器。

由 X0 控制计数器复位，计数输入 X1 每次驱动 C0 线圈时，计数器的当前值加 1。当第 10 次执行线圈指令时，计数器 C0 的输出触点动作。之后即使计数器输入 X1 再动作，计数器的当前值保持不变，如图 1-20 所示。

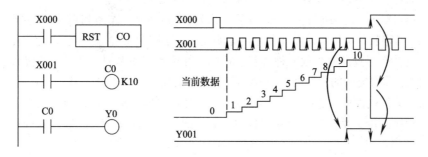

图 1-20　计数器使用

注意：当复位输入 X0 接通（ON）时，执行 RST 指令，计数器的当前值为 0，输出触点也复位。另外计数器 C100～C199，即使发生停电，当前值与输出触点的动作状态或复位状态也能保持。

（6）状态继电器（S）

状态继电器是 PLC 在顺序控制系统中实现控制的重要内部元件。它可与后面介绍的步进顺序控制指令 STL 组合使用，运用顺序功能图编制高效易懂的程序。状态继电器与辅助继电器一样，有无数的常开触点和常闭触点，在顺控程序内可任意使用。

有关状态继电器的功能及应用在项目 3 中讲述。

（7）数据寄存器（D）

数据寄存器是计算机必不可少的元件，用于存放各种数据。FX2N 系列 PLC 中每个数据寄存器都是 16 位（最高位为正、负符号位）的，也可用 2 个数据寄存器合并起来存储 32 位数据（最高位为正、负符号位），具体功能及应用在项目 4 中讲述。

1. 简述 PLC 选型、安装与接线注意事项。
2. 简述 FX3U-48MT-001 型 PLC 型号含义。
3. 简述 PLC 的输入/输出类型分类和外围接线，并举例。
4. 总结 FX2N 系列 PLC 软元件的使用。

任务 4　GX Developer 编程软件

 任务目标

1. 了解 GX Developer 编程软件；
2. 使用 GX Developer 编程软件进行编程、下载和仿真；
3. 掌握可编程控制器与计算机下载硬件的连接。

1　GX Developer 编程软件介绍

三菱 PLC 编程软件有多个版本，主要有早期的 FXGP/DOS 和 FXGP/WIN-C 及现在常用的 GPP For Windows 和 GX Developer（简称 GX），实际上 GX Developer 是 GPP For Windows 的升级版，相互兼容，但界面更友好，功能更强大，使用更方便。

这里介绍 GX Developer 软件，它适用于 Q 系列、QnA 系列、A 系列以及 FX 系列 PLC 等。GX Developer 编程软件可以编写梯形图程序和状态转移图程序（全系列），它支持在线和离线编程功能，它具有参数设置，软元件注释、声明、注解和程序监视、测试、故障诊断、检查等功能。此外，具有突出的运行写入功能，而不必频繁操作 STOP/RUN 开关，方便程序调试。GX Developer 编程软件可以直接设定 CC-Link 及其他三菱网络的参数，能方便地实现监控、故障诊断、程序的传送及复制、删除和打印功能。此外，GX Developer 编程软件还具有以下特点：

（1）操作简便

① 标号编程。用标号编程制作程序的话，就不需要认识软元件的号码而能够根据标号做成标准程序。用标号编程做成的程序能够依据汇编从而作为实际的程序来使用。

② 功能块。功能块是以提高顺序程序的开发效率为目的而开发的一种功能。把开发顺序程序时反复使用的顺序程序回路块零件化，使得顺序程序的开发变得容易，此外，零件化后，能够防止将其运用到其他顺序程序使得顺序输入错误。

③ 宏。只要在任意的回路模式上加上名字（宏定义名）登录（宏登录）到文档，然后输入简单的命令，就能够读出登录过的回路模式，变更软元件就能够灵活使用了。

（2）能够用各种方法和 PLC 的 CPU 连接

① 经由串行通信口与 PLC 的 CPU 连接。

② 经由 USB 接口与 PLC 的 CPU 连接。

③ 经由 MELSEC NET/10（H）与 PLC 的 CPU 连接。

④ 经由 MELSEC NET（II）与 PLC 的 CPU 连接。

⑤ 经由 CC-Link 与 PLC 的 CPU 连接。

⑥ 经由 Ethernet 与 PLC 的 CPU 连接。

⑦ 经由计算机接口与 PLC 的 CPU 连接。

2 GX Developer 编程软件的安装

首先找到 GX Developer 安装目录中 EnvMEL 子目录，进入该子目录，执行该目录下的 SETUP.EXE 文件，安装 GX Developer 编程软件的运行环境。

退出 EnvMEL 子目录，回到 GX Developer 安装目录，执行该目录下的 SETUP.EXE 文件，在该安装向导下输入相关信息及序列号完成安装。

3 GX Developer 编程软件的使用

下面通过一个具体的实例介绍用 GX Developer 编程软件在计算机上编制程序及运行过程。

（1）新建项目

打开 GX Developer 编程软件界面，执行"创建新工程"菜单中"PLC 系列"和"PLC 类型"命令，设置程序类型为"梯形图"，并设置程序文件的驱动器/路径和工程名等，如图 1-21 所示。

（2）梯形图程序的编制

单击编辑窗口中的"写入模式"或按功能键【F2】，进入写入模式，选择梯形图显示，即程序在编辑区中以梯形图的形式显示。

梯形图的绘制有两种方法：一种方法是用键盘操作，即通过键盘输入完整的指令；另一种方法是用鼠标和键盘操作，即用鼠标选择工具栏中的图形符号，再键入其软元件和元件号。

梯形图编制完成后，在写入 PLC 之前，必须进行转换（按功能键【F4】），转换完成后编辑区不再是灰色状态，则可以存盘或传送。

梯形图编辑界面如图 1-22 所示。

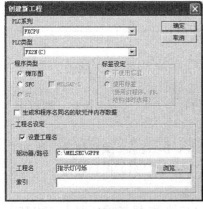

图 1-21　新建梯形图程序

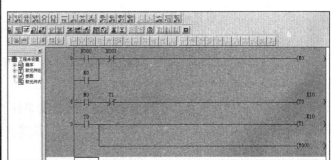

图 1-22　梯形图编辑界面

（3）指令方式编制程序

指令方式编制程序即直接输入指令的编程方式，并以指令的形式显示。输入指令的操作与上述介绍的用键盘输入指令的方法完全相同，只是显示不同。指令表程序不需要转换，且可在梯形图显示与指令表显示之间切换（快捷键【Alt+F1】）。

指令表编辑界面如图 1-23 所示。

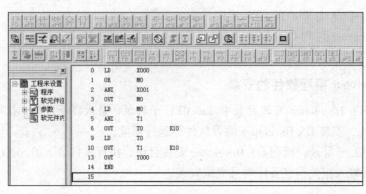

图 1-23　指令表编辑界面

（4）程序的离线仿真

在编制完程序后，进行梯形图逻辑测试，单击  按钮启动，在启动结束后进入"菜单启动"，执行"继电器内存监视"命令，在新打开窗口后启动时序图，并进行软元件登录，把所要监控的软元件登录在时序图左侧，按照一定顺序排列。单击监视状态，开始程序监控，双击操作输入信号，选择图表表示范围，观察监控元件的时序图，设置界面如图 1-24 所示。

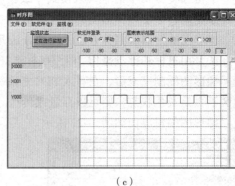

（a）　　　　　　　　　　（b）　　　　　　　　　　（c）

图 1-24　梯形图逻辑测试

（5）程序的传送

程序编制完成后，将程序写入到 PLC 的 CPU 中，或将 PLC 中 CPU 的程序读到计算机中，一般需要以下几步：

① PLC 与计算机连接。正确连接计算机（已安装好了 GX Developer 编程软件）和 PLC 的编程电缆（专用电缆），特别是 PLC 端口方向，按照通信口引脚排列方向轻轻插入，不要弄错方向或强行插入，否则容易造成损坏。

② 通信设置。程序编制完成后，执行"在线"菜单中"传输设置"命令，双击"PC I/F"右侧的  图标，弹出图 1-25 所示的对话框，在"PC I/F 串口详细设置"对话框中需要设置连接端口的类型、端口号、传输速度，然后单击"确认"按钮。

③ 程序写入与读出。程序写入到 PLC，执行"在线"菜单中"写入 PLC"命令，则弹出图 1-26 所示对话框，在出现的对话框中选中主程序（以及 PLC 参数、软元件注释），再单击"执行"按钮并按向导完成操作。若要读出 PLC 程序，其操作与程序写入操作相似。

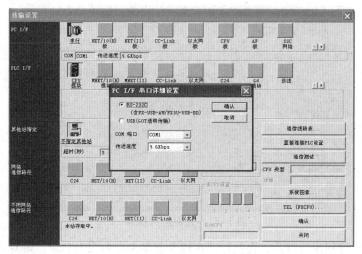

图 1-25　通信设置

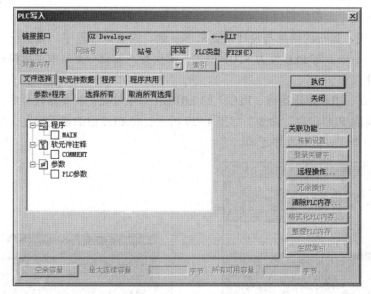

图 1-26　程序写入

PLC 在 STOP 模式下，执行"在线"菜单中"读出 PLC"命令，将 PLC 中的程序发送到计算机中。

传送（写入或读出）程序时，应注意以下问题：

a. 计算机的 RS-232-C 端口及 PLC 之间必须用指定的电缆及转换器连接。

b. PLC 必须在 STOP 模式下，才能执行程序传送。

c. 执行完"PLC 写入"后，PLC 中的程序将被丢失，原来的程序将被读入的程序所替代。

d. 在"PLC 读取"时，程序必须在 RAM 或 EEPROM 内存保护关断的情况下读取。

（6）程序的运行及监控

① 运行。执行"在线"菜单中"远程操作"命令，将 PLC 设为 RUN 模式，程序运行，如图 1-27 所示。

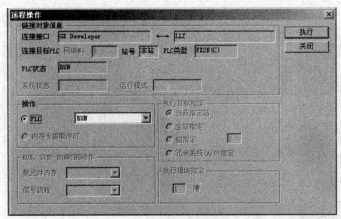

图 1-27 远程运行操作

② 监控。执行程序运行后，再执行"在线"菜单中"监视"命令，可对 PLC 的运行过程进行监控。结合控制程序，操作有关输入信号，观察输出状态，如图 1-28 所示。

（7）程序的调试

程序运行过程中出现的错误有两种：

① 一般错误：运行的结果与设计的要求不一致，需要修改程序。先执行"在线"菜单中"远程操作"命令，将 PLC 设为 STOP 模式，再执行"编辑"菜单中"写模式"命令，再从上面编辑程序操作。

② 致命错误：PLC 停止运行，PLC 上的 ERROR 指示灯亮，需要修改程序。先执行"在线"菜单中"清除 PLC 内存"命令，如图 1-29 所示；将 PLC 内的错误程序全部清除后，再从上面编辑程序操作，直到程序正确。

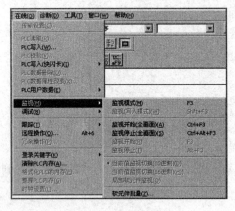

图 1-28 监控操作

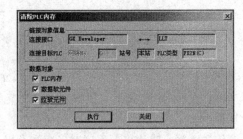

图 1-29 清除 PLC 内存操作

练习与提高

1. 参考任务 4，学习使用 GX Developer 编程软件。

2. 查阅资料，学习三菱 FXGPWM 编程软件的使用。

3. 查阅资料，了解三菱 FXGPWM 编程软件与 GX Developer 编程软件的使用区别和优缺点。

任务 5　汇川 H2U 系列 PLC

🐰 任务目标

1. 了解汇川 H2U 系列 PLC 的型号与主要性能指标；
2. 掌握汇川 H2U 系列 PLC 的输入/输出接口，以及硬件安装与接线；
3. 掌握汇川 H2U 系列 PLC 的功能与使用，利用汇川技术网站 www.inovance.cn 获取最新资料。

1 汇川 H2U 系列 PLC 的主要性能指标

（1）汇川 PLC 的产品族谱

汇川 PLC 的产品族谱如图 1-30 所示。

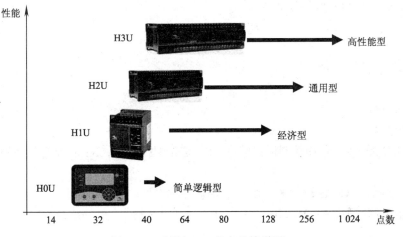

图 1-30　汇川 PLC 的产品族谱图

汇川 PLC 主流产品是 H0U（简单逻辑型）、H1U（经济型）和 H2U（通用性），H3U（高性能型）也即将上市。

其中 H2U 系列 PLC 完全通过了业界国际标准 IEC 61131-2 的第三方测试，通过了以下测试：

① 电磁抗扰与兼容优于业界测试指标。

② 通过了极限工作温度、防护、抗振动测试。

③ 符合《UL 安规》检查规范。

④ 长期的测试完善，确保了绝对不死机、无误动；对比试验表明，抗扰指标高于国外竞争产品。

（2）汇川 H2U 系列 PLC 的优势

与同行竞争机型相比，汇川 H2U 系列 PLC 的功能优势有：

① 执行速度更快，有助于更复杂系统的控制，用户程序容量空间达 24 千步，无需扩展；标配 2 路通信端口和常用协议，方便实用。运行同样的用户程序，比竞争机型快 1 倍以上。

② 高速输入通道最多可达 6 路，频率可达 100 kHz；高速输出通道最多可达 5 路，频率可

达 100 kHz；高速计数采用硬件方式，不影响执行速度；扩展模块，均提供标准型号和远程型号。

③ 与同行机型相比，汇川 H2U 系列 PLC 对用户程序提供了更严密的保护。无论何种途径，其他用户均无法访问到密码信息；采用 PLC 内部密码检验方式，无法截获密码；密码可采用 8 位字符或数字组合，其组合数比纯数字组合多出几个数量级；PLC 对密码屡试次数有限制，超过一定次数即锁定密码，限制再试，增加了破解难度。

④ 汇川 H2U 系列 PLC 采用了中国工程师最为熟悉的编程指令，兼容的外形尺寸，让用户的引入成本最低。用户无须重新学习编程方法，直接进行使用；已有的设计程序和安装结构，可直接沿用；已有的设计文档和资料，无须重新编写；已有的工具和资源投入，可同时使用。

⑤ 支持多种通信。包括了通信并机协议、MODBUS 主从协议、CC-Link 总线，可以与各种 HMI 通信连接，与各种组态软件通信连接，用 CAN 总线连接远程扩展模块。

（3）汇川 H2U 系列 PLC 的型号命名

汇川 H2U 系列 PLC 的型号命名如下：

$$H2U-32\ 32MPRA-X$$

①② ③ ④ ⑤⑦ ⑧

① 汇川控制器。

② 系列号。

③ 输入点数。

④ 输出点数。

⑤ 模块分类。M：通用控制器主模块；P：定位型控制器；N：网络型控制器；E：扩展模块。

⑥ 输出类型。R：继电器输出型；T：晶体管输出型。

⑦ 供电电源类型。A：AC 220 V 输入；B：AC 110 V 输入；C：AC 24 V 输入；D：DC 24 V 输入。

⑧ 衍生版本号。

（4）汇川 H2U 系列 PLC 已上市的主机型号

汇川 H2U 系列 PLC 已上市的主机型号如下：

H2U-1616MR/MT：32 点主机；

H2U-2416MR/MT：40 点主机；

H2U-3624MR/MT：60 点主机；

H2U-3232MR/MT：64 点主机；

H2U-3232MTQ：64 点主机；

H2U-4040MR/MT：80 点主机；

H2U-6464MR/MT：128 点主机；

注：MR 为继电器输出型；MT 为晶体管输出型。

2 汇川 H2U 系列 PLC 的硬件功能

（1）汇川 H2U 系列 PLC 主机性能

汇川 H2U 系列 PLC 主机性能见表 1-5。

表 1-5　汇川 H2U 系列 PLC 主机性能

项　　　目		H2U 系　列
运算控制方式		循环扫描方式、中断命令
输入/输出控制方式		批处理方式，有 I/O 立即刷新指令
程序语言		梯形图、指令列表、顺序功能图
最大存储容量		24 千步（含注释和文件寄存器）
指令种类	基本顺控/步进梯形图	顺控 27 条/步进 2 条
	应用指令	128 种 300 多条
运算速度	基本指令	0.26μs/指令
	应用指令	1μs 至数百微秒
输入输出点数	扩展并用时输入点数	256 点（八进制编码）
	扩展并用时输出点数	256 点（八进制编码）
	扩展并用时总点数	256 点

（2）汇川 H2U 系列 PLC 的硬件及扩展

汇川 H2U 系列 PLC 的硬件及扩展示意图如图 1-31 所示。

各种扩展板卡　　　　　　　　　　　　　　　最多可接 8 个功能模块

图 1-31　汇川 H2U 系列 PLC 的硬件及扩展示意图

汇川 H2U 系列 PLC 硬件模块有基本单元、扩展单元、扩展模块及特殊适配器等。常用扩展功能模块有模拟量模块、I/O 模块、通信模块等。右侧最多可接 8 个功能模块，左侧可接通信模块。表 1-6 为汇川 H2U 系列 PLC 扩展功能模块列表。

表 1-6　汇川 H2U 系列 PLC 扩展功能模块列表

I/O 模块	H2U-0016ERN：16 点继电器输出模块
	H2U-0016ETN：16 点晶体管输出模块
	H2U-1600ENN：16 点输入扩展模块
模拟量模块	H2U-4AD：4 路模拟量输入模块
	H2U-4DA：4 路模拟量输出模块
	H2U-4PT：4 路 Pt100 输入模块
	H2U-4TC：4 路热电偶输入模块
	H2U-4AM：2 入 2 出模拟量模块
	H2U-6AM：4 入 2 出模拟量模块
	H2U-2AD：2 输入模拟量模块
	H2U-2DA：2 输出模拟量模块

其他模块	H2U-232-BD：RS-232 通信扩展卡
	H2U-CAN-BD：CAN BUS 通信扩展卡
	H2U-3A-BD：2AD/1DA 模拟量扩展卡
	H2U-485IF-BD：RS-485 隔离通信扩展卡

（3）H2U 系列 PLC 的输入特性

① 漏型信号：输入信号有效时，由 X 端口向外取电流，如图 1-32（a）所示。外部将 "SS" 端与 "24 V" 端连接，即成为漏型方式，开关信号由 X - COM 输入。

② 源型信号：输入信号有效时，由 X 端口向内灌电流，如图 1-32（b）所示。对于输出电平状态的检测，需要采用源型输入方式。

外部将 "SS" 端与 "COM" 端连接，即成为源型方式，开关信号由 24 V - X 输入。

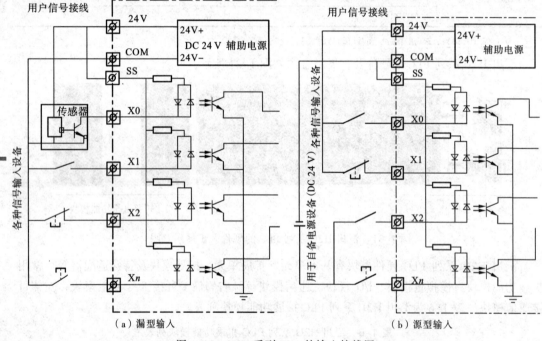

（a）漏型输入　　　　　　　　　　　　　　　（b）源型输入

图 1-32　H2U 系列 PLC 的输入接线图

③ X0~X7 端口功能：可作为高速计数器输入端口、可作为中断输入、可用于脉冲捕捉、可作为普通计数器的输入、可作为普通输入。输入端口速度特性见表 1-7。

表 1-7　输入端口速度特性

输入端口	端口类型	脉冲最高频率	用　　途
X0~X5	高速	100 kHz	高速计数、中断输入、脉冲捕捉、普通逻辑输入
X4~X7	中速	10 kHz	计数输入、中断输入、脉冲捕捉、普通逻辑输入
X10~X377	低速	30 Hz	普通逻辑输入

注：高速端口、中速端口的数量分配与 H2U 控制器的具体型号有关。

④ 输入计数器类型：

a. 单相单计数：计数器只需要 1 个脉冲（X）输入端，由对应特别系统 M 变量设定为增计数，还是减计数，如表 1-8 所示，对于 C□□□，当 M8□□□接通（置 1）时为减计数；当 M□□□断开（置 0）时为加计数。

b. 单相双计数：计数器有 2 个脉冲（X）输入端，其中一个输入端为增计数，另一个输入端为减计数，如表 1-9 所示。

c. 双相双计数：计数器有 2 个脉冲（X）输入端，分别称为 A 输入端和 B 输入端，运行中根据 A 和 B 的脉冲计数，而 A 与 B 脉冲的相位决定计数的方向，如表 1-9 所示。

表 1-8　单相单计数输入

分配输入	单相单计数输入										
	C235	C236	C237	C238	C239	C240	C241	C242	C243	C244	C245
X0	U/D						U/D			U/D	
X1		U/D					R			R	
X2			U/D					U/D			U/D
X3				U/D				R			R
X4					U/D				U/D		
X5						U/D			R		
X6										S	
X7											S

表 1-9　单相双计数和双相双计数输入

分配输入	单相双计数输入					双相双计数输入				
	C246	C247	C248	C249	C250	C251	C252	C253	C254	C255
X0	U	U		U		A	A		A	
X1	D	D		D		B	B		B	
X2		R		R		R	R		R	
X3			U		U			A		A
X4			D		D			B		B
X5			R		R			R		R
X6				S					S	
X7					S					S

（4）H2U 系列 PLC 的输出特性

① 继电器输出型（R）：可驱动 AC 220 V 负载，电流较大，但动作频率不能太高，使用寿命与负载电流有关。常用于驱动中间继电器、接触器。

② 晶体管输出型（T）：动作频率高，使用寿命长，但只能驱动 DC 24 V 以内的负载，电流较小。常用于控制步进、伺服驱动器、中间继电器。

③ 输出触点的保护：当驱动感性负载时，通过外加续流元件，减少触点端口的过电压发生，避免电火花，既可延长触点使用寿命，也可减少对外电磁干扰，如图 1-33 所示。

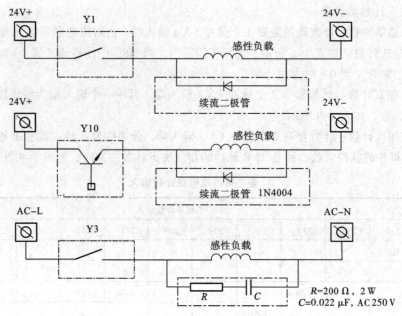

图 1-33　感性负载的输出保护

3　汇川 H2U 系列 PLC 的软件增强功能

将同系列 PLC 的指令支持和使用功能进行对比，汇川 H2U 系列 PLC 都有一定的优势，并且其中一些指令都做了功能的增加，下面只列举一些功能增强的指令进行解释，具体应用将在后续项目中介绍。

（1）高速指令的增强功能

对于不同版本的汇川 H2U 系列 PLC，支持高速指令的输出端口数量也是不一样的，其中 MTQ 版本比 MT 版本提供了更多的高速处理端口，如表 1-10 所示。

表 1-10　高速指令支持端口

指　令	2416MT/3624MT 支持的输出端口	1616MT/3232MT/6464MT 支持的输出端口	MTQ 支持的输出端口
PLSY	Y0、Y1	Y0、Y1、Y2	Y0、Y1、Y2、Y3、Y4
PLSR	Y0、Y1	Y0、Y1、Y2	Y0、Y1、Y2、Y3、Y4
PLSV	Y0、Y1	Y0、Y1、Y2	Y0、Y1、Y2、Y3、Y4
PWM	Y0、Y1	Y0、Y1、Y2	Y0、Y1、Y2、Y3、Y4
DRVI	Y0、Y1	Y0、Y1、Y2	Y0、Y1、Y2、Y3、Y4
DRVA	Y0、Y1	Y0、Y1、Y2	Y0、Y1、Y2、Y3、Y4
ZRN	Y0、Y1	Y0、Y1、Y2	Y0、Y1、Y2、Y3、Y4

高速指令的功能见表 1-11。

表 1-11　高速指令的功能

指　　令	M 标志为 ON 时指令的增强功能
SPD	X0 ~ X5 可用于 32 位脉冲计数功能
PLSY	可以在运行中更改输出脉冲个数

指　　　令	M 标志为 ON 时指令的加强功能
PLSY	可以实现脉冲输出完成中断
PLSR	可以在运行中更改输出脉冲个数和加、减速时间
DRVI	在驱动特殊位为 ON，可以立刻启动下条脉冲输出指令，不需要上条能流无效的处理
DRVA	可以实现脉冲输出，完成中断
高速计速器中断	高速计速器多用户中断（最多支持 24 个：I507~I530）

（2）外部 I/O 的增强功能

外围设备读写指令 FROM/TO 中扩展模块的地址编号。详述如下：

在本地扩展模块中，取值范围 0~7，最靠近主模块的为 0，依次编号，最多允许有 8 个本地扩展模块。适用于本地模拟量模块、温度模块等，不能用于本地数字量扩展模块，如图 1-34 所示。

在远程扩展模块中，取值范围为模块通信站号+100，最多允许有 62 个远程扩展模块。适用于所有远程扩展模块，包括远程数字量扩展模块，需要注意本地数字量模块和远程数字量模块的使用区别。

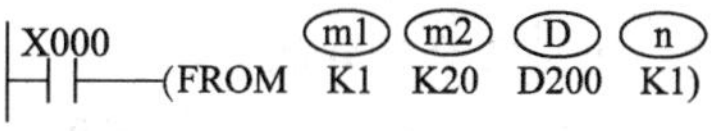

```
X000       m1  m2  D   n
├─┤├──(FROM K1  K20 D200 K1)
```
图 1-34　本地扩展模块读操作

在访问本地扩展模块中，当 X0 为 ON 时，将#1 号特殊模块中的第 20 号地址（16 位宽度）的内容读出到 PLC 的 D200 寄存器中，一次读取一笔（n=1）；当 X0 为 OFF 时，不执行操作。

访问远程扩展模块，假设访问的是 H2U-4ADR，如图 1-35 所示，其中：

K101 表示"100+通信站号 1"；远程模块在使用 FROM/TO 指令时，增加站号偏移 100。

K9 表示 4AD 模块的 BFM9。

D200 表示读出的 BFM9 的存放地址。

K1 表示读取 1 个 16 位 BFM。

图 1-36 所示为远程扩展模块实例。

```
X000       m1   m2  D    n
├─┤├──(FROM K101 K9  D200 K1)
```
图 1-35　远程扩展模块读操作

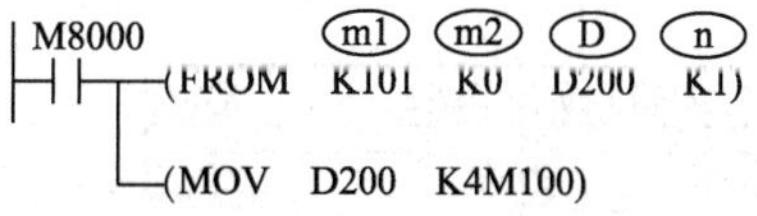

```
M8000      m1   m2  D    n
├─┤├──(FROM K101 K0  D200 K1)
       │
       └──(MOV  D200 K4M100)
```
图 1-36　远程扩展模块实例

这里介绍远程数字量扩展模块 H2U-1600ENDR 的访问方法，因为 16 点的输入模块用 1 个 BFM 区代表了所有的输入点，即 BFM 区的 K0（1 个寄存器）的每个位即为每个输入点，故可以将模块的状态读取回来后用 MOV D200 K4M100 来分别取位，此时 M100~M107 为远程模块的 X0~X7，M108~M115 为远程模块的 X10~X17，可以通过读取 M100~M115 就能读取 X0~X17 的状态，注意：为了保证能读取到数字量扩展模块输入点的最新状态，请使用 M8000 来驱动 FROM 指令，在每个扫描周期都能更新。

4　GX Developer 进行 H2U 编程

汇川 H2U 系列 PLC 兼容 FX1N 和 FX2N 的全部指令，也集合了这两个系列各自的功能优点，如 FX1N 系列的高速 I/O 处理与定位功能，FX2N 系列的高执行速度、浮点运算功能，有些 H3U 特有的定位功能在 H2U 中也能够使用，这些指令在汇川公司的 AutoShop 编程软件中可以自由地使用，因此推荐用户使用 AutoShop 进行 H1U/H2U 编程。

为方便用户的使用，H2U 各型号产品按出厂时的设置，GX Developer 读取时其默认的型号见表 1-12。

表 1-12　GX 读取时其默认的型号

出厂状态 GX Developer 默认的型号	汇川型号				
FX1N	H2U-2416MR	H2U-2416MT	H2U-3624MR	H2U-3624MT	H2U-3232MTQ
FX2N	H2U-1616MR	H2U-1616MT	H2U-3232MR	H2U-3232MT	
	H2U-4040MR	H2U-4040MT	H2U-6464MR	H2U-6464MT	

若用 GX Developer 编程，会受 GX Developer 固有的约束限制，如高速指令只能在 FX1N 型号中使用，浮点运算只能在 FX2N 型号中使用，最大用户程序容量也受 8 000 步或 16 000 步的限制等。熟悉 GX Developer 的用户，使用 GX Developer 编程软件对 H2U 编程，作为过渡，也是一个较好的方法。

首次用 GX Developer 编程软件进行编程下载程序时，必须选择对应的型号，否则会报型号错误。

汇川 H2U 全系列型号的 PLC，都提供了类型转换功能，例如可以把默认 FX1N 的 PLC 转换成 FX2N 的 PLC，也可以把默认 FX2N 的 PLC 转换成 FX1N 的 PLC 在 GX Developer 编程环境中把 FX2N 型转换或 FX1N 型的具体操作如下：

① 在 GX Developer 编程环境中，新建 FX2N 的工程；通过 SC-09 型编程电缆将 PC 与 H2U 连接后，再给 PLC 通电，将 H2U 的运行开关置于 STOP 状态。这样 GX Developer 就可以与 H2U 正常通信了。

② 双击"PLC 参数"命令，如图 1-37（a）所示。

③ 设为希望的型号，输入大写字符 FX1N，就可以转换成 FX1N 型（若填写大写字符 FX2N，则会转换成 FX2N 型），如图 1-37（b）所示。

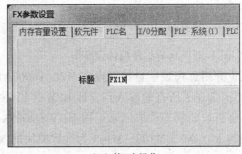

（a）第2步操作　　　　　　　（b）第3步操作

图 1-37　GX Developer 编程操作

④ 只下载 PLC 参数，完成后对 PLC 重新通电，PLC 系统自动转为 FX1N 类型。

⑤ GX Developer 编程环境中，重新建立一个 FX1N 的工程，就可以进行正常编程，下载调试了，就如使用 FX1N 系列 PLC 一样。

注意：此时若还是用 FX2N 的工程进行编程下载，GX Developer 就会报机型错误了。

修改为 FX2N 的方法与上述操作相似，只是需要先建立 FX1N 的工程，在 PLC 名中填写的字符为 FX2N，其他步骤一样。

修改下载完毕，若不在 GX Developer 编程环境中选择正确的型号，会无法正常通信，如同使用 FX1N 或 FX2N 的控制器一样。

修改类型后，H2U 会记忆该设置，若不再修改其类型，可不用再设置。

每次用户编写程序，程序 PLC 名的标题中不能为空，建议每次新建工程，要明确填写"FX1N"，以防误下载"PLC 参数"，将之改回了 FX2N 型。

修改这些设置，对于 H2U 控制器再使用 AutoShop 编程软件没有影响。

5 AutoShop 编程软件的使用

AutoShop 编程软件为汇川控制技术公司研发的编程后台软件，在该软件环境下，可进行 H1U/H2U 系列 PLC 用户程序的编写、下载和监控等操作。

（1）编程与用户程序下载

AutoShop 编程软件提供了梯形图、步进梯形图、SFC、指令表等编程语言，用户可选用自己熟悉的编程语言进行编程，根据 PLC 应用系统的控制工艺要求，设计程序。编程过程中，可随时进行编译，及时检查和修正编程错误。AutoShop 编辑界面如图 1-38 所示。

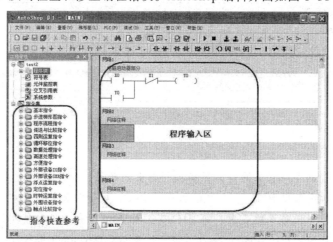

图 1-38　AutoShop 编辑界面

在工具栏中 从左往右功能依次为编译、全部编译、运行、停止、下载、上载、监控、在线修改。

在程序输入区中编写梯形图，程序设计完毕后，在 PLC 和计算机正常连接，并已通电的情况下，单击 按钮将程序进行编译，信息窗口中提示编译信息和通信信息，如果没有错误了即可下载用户程序，程序下载完毕，将 PLC 上 RUN/STOP 拨动开关拨至 RUN 位置，PLC 即可开始运行用户程序。

在 PLC 运行用户程序时，单击 按钮即可进行运行的停止和运行命令操作；单击 按钮可在线监控 PLC 内各种继电器和寄存器的状态和读数，并在当前编程界面上显示出来，方便程序调试。

（2）软件的编程功能

在图 1-39 所示的"工程管理"窗口中，提供了一些快捷的编辑功能：

① 主程序（MAIN）、子程序（SBR_01）、中断子程序（INT_01）独立编写，可以右击"程序块"进行"插入子程序"和"插入中断子程序"，如图 1-39 所示。

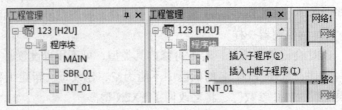

图 1-39　程序结构

② 逐行注释，极大方便程序阅读与存档。

③ "符号表"允许给变量定义别名，提高编程效率，减少出错。

④ "交叉引用表"方便程序检查和分析阅读。

⑤ 所有指令均提供了"指令向导"，编程时无须时刻查阅手册。

⑥ "信息输出窗口"可提示程序每一个错误位置，使得编程查错变得轻松，如图 1-40 所示。

⑦ 实时监控功能方便程序调试。

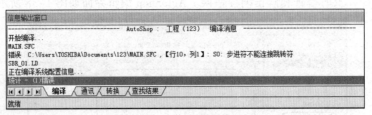

图 1-40　信息输出窗口

练习与提高

1. 查阅汇川官方网站，了解汇川与汇川产品、应用案例。

2. 对比汇川 H2U 系列 PLC 和三菱 PLC，从硬件和软件功能叙述各自优缺点。

3. 参考任务 5 的要求，练习汇川 AutoShop 编程软件的使用。

4. 比较汇川 AutoShop 编程软件与三菱 GX Developer 编程软件的使用区别和优缺点。

5. 使用三菱 GX Developer 编程软件对汇川 H2U 系列 PLC 进行通信。

项目②

↩PLC 基本指令及应用知识

本项目通过传送带运输机控制、搅拌机控制、太阳能电池板追光控制、彩灯缩环点亮控制、真空加料机控制、自动包装机控制等任务训练，掌握 FX2N 系列 PLC 基本指令、应用及编程方法。

任务1　触点类指令及应用

任务目标

1. 了解 PLC 触点类指令分类及应用；
2. 掌握 PLC 长动、点动控制电路的设计与调试；
3. 掌握传送带运输机的控制。

二十大报告
知识拓展2

1 预备知识

（1）基本逻辑指令的分类

① FX2N 系列 PLC 共有 27 条基本指令（逻辑控制、顺序控制）。

② FX2N 系列 PLC 共有 2 条步进指令（顺序控制）。

③ FX2N 系列 PLC 共有 200 多条功能指令。

说明：基本指令在编程器上有对应指令输入键，功能指令在编程器上没有对应的指令输入键，这些指令必须通过功能键输入，如 FNC（01），其中括号内的 01 表示功能号。

（2）基本逻辑指令的组成

PLC 指令的组成：操作码、操作数。

操作码：用助记符表示，用来表明要执行的功能（如 LD 表示取、OR 表示或等）。

操作数：用来表示操作的对象。

操作数一般是由标识符和参数组成。

标识符表示操作数的类别，参数表明操作数的地址或设定一个预制值。如：

LD　X000

LD 为指令（操作码）；X000 为编程元件（操作数）；X 为软元件标识符；0 为参数编号。

（3）逻辑取、取反、输出指令（LD、LDI、OUT）

LD、LDI、OUT 功能见表 2-1。

表 2-1　LD、LDI、OUT 功能

梯 形 图	指 令	功 能	操 作 元 件	程 序 步 长
⊢⊢⊢	LD	读取第一个常开触点	X、Y、M、S、T、C	1

续表

梯　形　图	指　令	功　　能	操作元件	程　序　步　长
─┤／├─	LDI	读取第一个常闭触点	X、Y、M、S、T、C	1
─（　）─	OUT	驱动输出线圈	Y、M、S、T、C	Y、M：1；特 M：2；T：3；C：3~5

图 2-1 所示为 LD、LDI、OUT 实例梯形图与指令表。

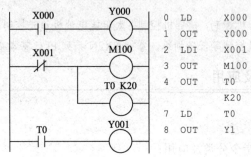

图 2-1　LD、LDI、OUT 实例梯形图与指令表

说明：

① LD（取指令）：将常开触点接到母线上，代表一个逻辑行（块）的开始。

② LDI（取反指令）：将常闭触点接到母线上，代表一个逻辑行（块）的开始。

③ OUT（输出指令）：驱动线圈输出，用于驱动输出继电器（Y）、辅助继电器（M）、状态继电器（S）、定时器（T）、计数器（C），不能驱动输入继电器（X）。

④ OUT 指令可以并行输出多次。

⑤ 操作元件：X 为输入继电器；Y 为输出继电器；M 为辅助继电器；S 为状态继电器；T 为定时器；C 为计数器。

（4）触点串联指令（AND、ANI）

AND、ANI 功能见表 2-2。

表 2-2　AND、ANI 功能

梯　形　图	指　令	功　　能	操作元件	程　序　步　长
─┤├─┤├─	AND	串联 1 个常开触点	X、Y、M、S、T、C	1
─┤├─┤／├─	ANI	串联 1 个常闭触点	X、Y、M、S、T、C	1

图 2-2 所示为 AND、ANI 实例梯形图与指令表。

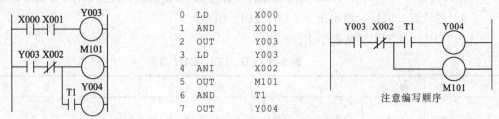

图 2-2　AND、ANI 实例梯形图与指令表

说明：

① AND、ANI 指令用于触点的串联连接，串联触点个数不限，该指令可以重复使用。

② 连续输出时注意输出顺序，否则要用分支电路指令 MPS、MRD、MPP。

③ 图形编程器和打印机的功能有限，尽量做到 1 行不超过 10 个触点和 1 个线圈，连续输出总共不超过 24 行。

（5）触点并联指令（OR、ORI）

OR、ORI 功能见表 2-3。

表 2-3　OR、ORI 功能

梯　形　图	指　令	功　能	操　作　元　件	程　序　步　长
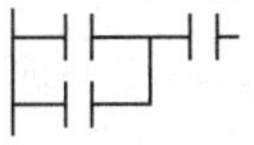	OR	与 1 个常开触点并联	X、Y、M、S、T、C	1
	ORI	与 1 个常闭触点并联	X、Y、M、S、T、C	1

图 2-3 所示为 OR、ORI 实例梯形图与指令表。

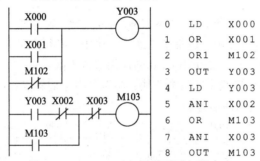

```
0   LD    X000
1   OR    X001
2   OR1   M102
3   OUT   Y003
4   LD    Y003
5   ANI   X002
6   OR    M103
7   ANI   X003
8   OUT   M103
```

图 2-3　OR、ORI 实例梯形图与指令表

说明：OR、ORI 指令用于 1 个触点的并联连接，该指令可以重复使用，建议并联总共不超过 24 行，串联块的并联要用块或（ORB）指令。

（6）电路块串、并联指令（ORB、ANB）

ORB、ANB 功能见表 2-4。

表 2-4　ORB、ANB 功能

梯　形　图	指　令	功　能	操作元件	程序步
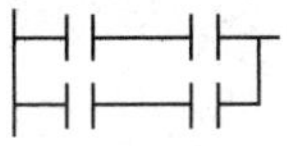	ORB	串联电路块的并联	无	1
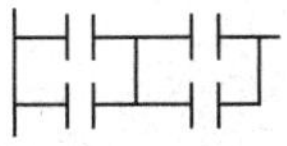	ANB	并联电路块的串联	无	1

① ORB 将串联电路块并联（串联电路块：将两个以上的触点串联连接的电路块）。

图 2-4 所示为 ORB 实例梯形图。

图 2-4　ORB 实例梯形图

说明：图 2-4 的左图和右图实现的逻辑控制功能相同，但右图的 X0 触点与 X2 触点既不是串联又不是并联，而是与 X1 形成一个串联电路块，故应使用 ORB 指令。

图 2-5 所示为 ORB 实例梯形图与指令表。

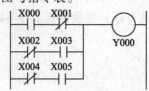

方法 1：			方法 2：		
0	LD	X000	0	LD	X000
1	ANI	X001	1	ANI	X001
2	LDI	X002	2	LDI	X002
3	AND	X003	3	AND	X003
4	ORB		4	LDI	X004
5	LDI	X004	5	AND X005	
6	AND	X005	6	ORB	
7	ORB		7	ORB	
8	OUT	Y000	8	OUT	Y000

图 2-5　ORB 实例梯形图与指令表

说明：ORB 指令可成批使用，但集中（连续）使用时必须少于 8 次（LD、LDI 指令只能连续使用 8 次），如方法 2；方法 1 中 ORB 的使用次数不限。

② ANB 将并联电路块串联（并联电路块：将两个以上的触点并联连接的电路块）。

图 2-6 所示为 ANB 实例梯形图。

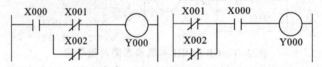

图 2-6　ANB 实例梯形图

说明：图 2-6 的左图和右图实现的逻辑控制功能相同，同理，X1 与 X2 构成一个并联电路块，故应使用 ANB 指令与 X0 连接。为了使编程简化，建议尽量采取左图的梯形图编制顺序，故称为"单元件往右串联"的规则。

图 2-7 所示为 ANB 实例梯形图与指令表。

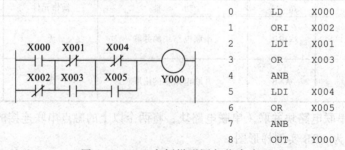

0	LD	X000
1	ORI	X002
2	LDI	X001
3	OR	X003
4	ANB	
5	LDI	X004
6	OR	X005
7	ANB	
8	OUT	Y000

图 2-7　ANB 实例梯形图与指令表

说明：ANB 指令也可成批使用，集中（连续）使用时必须少于 8 次。

图 2-8 所示为 ANB、ORB 实例梯形图与指令表。

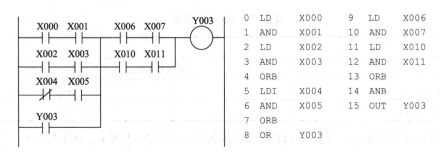

図 2-8　ANB、ORB 实例梯形图与指令表

说明：

a. ANB 和 ORB 指令是不带操作元件的指令。

b. ANB 和 ORB 指令可以重复使用，但集中（连续）使用时必须少于 8 次。

注意：单个触点与前面电路并联或串联时不能用电路块指令。

2 传送带运输机控制训练

（1）控制要求

传送带运输机是一种利用摩擦驱动、以连续方式运输物料的机械。应用它可以将物料在一定的输送线上，从最初的供料点到最终的卸料点间形成一种物料的输送流程。传送带运输机由传送带、托辊、滚筒及驱动、制动、张紧、改向、装载、卸载、清扫等装置组成，具有输送量大、输送距离长、输送平稳，物料与传送带没有相对运动，噪声较小等优点，故被广泛应用。

传送带运输机的基本控制要求是实现电动机启、停控制，手动操作，必要时可以加入保护及指示。传送带运输机实物图如图 2-9 所示。

通常传送带运输机可由接触器控制电路实现长动控制功能，如图 2-10 所示。改为 PLC 控制时，主电路可以保持基本不变，控制电路的功能由 PLC 实现。

图 2-9　传送带运输机实物图

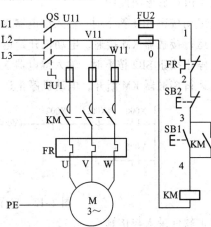

图 2-10　长动控制电路图

（2）I/O 地址分配

I/O 地址分配见表 2-5。

表 2-5　I/O 地址分配

输　入		输　出	
启动按钮 SB1	X0	接触器 KM	Y0
停止按钮 SB2	X1		
热继电器 FR	X2		

根据 I/O 地址分配表，再设计 PLC 的 I/O 接线图，如图 2-11 所示。按图接线后，当输入元件动作时，其通、断状态会经 PLC 中的输入接口电路转换为 1、0 信号，送到 PLC 中的 CPU 处理，CPU 根据用户编写的程序进行运算，获得相应的输出状态，向输出接口电路发送输出信号 1 或 0，输出接口电路将 1、0 信号变为输出的通、断信号，控制图 2-11 中的输出元件动作，带动主电路工作，完成相应的控制。

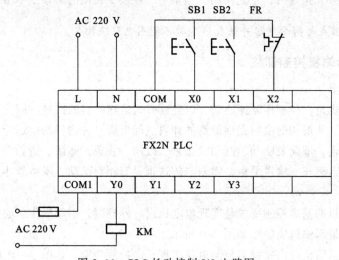

图 2-11　PLC 长动控制 I/O 电路图

（3）PLC 梯形图设计

当启动按钮 SB1 按下时，输入继电器 X0 得电，X0 常开触点接通，输出继电器 Y0 得电，电动机运行接触器 KM 接通，电动机开始运行，与此同时，Y0 常开触点接通，实现自锁。

当停止按钮 SB2 按下时，输入继电器 X1 得电，X1 常闭触点断开，输出继电器 Y0 失电，电动机运行接触器 KM 断开，电动机停止运行。启保停梯形图和指令表如图 2-12 所示。

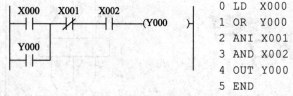

图 2-12　启保停梯形图和指令表

（4）软件录入与仿真

程序输入：打开 GX Developer 编程软件→创建新文件→选择 PLC 系列、类型、梯形图编程方法，设置工程名→选择梯形图/列表切换（进入梯形图状态）→选择写入/读出模式（进入写入状态）→选择图形输入上述程序→输入完毕→变换（或按【F4】）。

离线仿真：进入仿真模式（软元件测试）→在弹出的新窗口选择"菜单启动"命令→选择"寄存器内存监视"命令→在弹出的新窗口选择时序图→在时序图窗口选择"监控状态"→双击相应的输入按钮仿真运行程序→退出仿真模式。

将程序写入 PLC 中方法：计算机与 PLC 连接→PLC 设为 STOP 状态→在编程界面选 PLC 写入→写入程序→PLC 设为 RUN 状态→操作相应的输入元件，观测执行情况。

（5）拓展练习

长动控制电路一般要求加入过载保护，而增加点动功能便于运输机短时试车或调整，方便现场操作。本拓展练习要求在实现长动控制的基础上增加点动功能。

① I/O 地址分配。增加点动和过载保护功能时，需要增加 2 路输入信号。过载保护可以通过增加热继电器实现，一般可将热继电器的常开触点接入 PLC 输入端。

I/O 地址分配见表 2-6。

表 2-6　I/O 地址分配

输　　　入		输　　　出	
长动启动按钮 SB1	X0	接触器 KM	Y0
停止按钮 SB2	X1		
点动按钮 SB3	X2		
FR 辅助触点	X3		

② PLC 的外围接线图如图 2-13 所示。

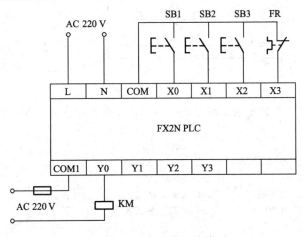

图 2-13　PLC 的外围接线图

③ PLC 梯形图设计。在原来长动控制电路的基础上，增加点动和过载保护功能。在长动控制停止时，点动控制才能起作用。此时，当点动按钮 SB3 按下时，输入继电器 X2 得电，其常开触点闭合，输出继电器 Y0 得电，电动机运行；当点动按钮 SB3 断开时，输入继电器 X2 失电，其常开触点断开，输出继电器 Y0 失电，电动机停止运行。

当电动机过载时，热继电器动作，X3 常闭触点断开，输出继电器 Y0 失电，电动机停止运行。

图 2-14 所示为点长动梯形图和指令表。

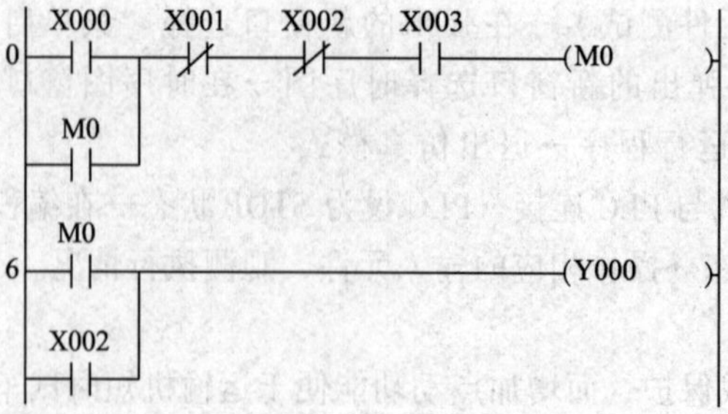

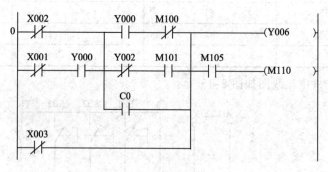

```
     X000  X001  X002  X003
  0 ─┤├──┤/├──┤/├──┤├──────(M0 )
     M0
    ─┤├─
     M0
  6 ─┤├────────────────────(Y000)
     X002
    ─┤├─
```

```
0  LD   X000
1  OR   M0
2  ANI  X001
3  ANI  X002
4  AND  X003
5  OUT  M0
6  LD   M0
7  OR   X002
8  OUT  Y000
9  END
```

图 2-14　点长动梯形图和指令表

④ 思考与创新。传送带运输机运行和停止时，如何显示传送带运输机的运行和停止工作状态？怎样在不同的地点，实现传送带运输机的停机？

练习与提高

1. 根据图 2-15 所示梯形图写出指令表。

```
     X002           Y000  M100
  0 ─┤├─────────────┤├──┤/├────────(Y006)
     X001  Y000  Y002  M101  M105
    ─┤/├──┤├──┤/├──┤├──┤├──────────(M110)
                 C0
                ─┤├─
     X003
    ─┤/├─
```

图 2-15　梯形图

2. 指出以下指令表中的错误，再根据正确的指令表画梯形图。

```
0  LD   X004        6  AND  X007
1  OR   X006        7  OR   M103
2  ORI  M102        8  ANI  X010
3  ORB              9  ANB
4  OUT  Y006       10  OR   M110
5  LDI  Y005       11  OUT  M103
12 END
```

3. 编写两套程序，控制要求分别如下：

① 启动时，电动机 M1 先启动，电动机 M1 启动后，才能启动电动机 M2；停止时，电动机 M1、M2 同时停止。

② 启动时，电动机 M1、M2 同时启动；停止时，只有在电动机 M2 停止后，电动机 M1 才能停止。

4. 用 X0～X11 这 10 个键输入十进制数 0～9，将它们用二进制的形式存放在 Y0～Y3 中，用触点和线圈指令设计编码电路。

5. 设计抢答器控制程序。要求：有 4 路输入开关 X1、X2、X3、X4，实现优先抢答控制。用数码管显示抢中的组号。主持人按下复位按钮，数码管熄灭。

6. 某系统有两种工作方式：手动和自动。现场的输入设备有：6个行程开关（SQ1~SQ6）和2个按钮（SB1~SB2）仅供自动程序使用，6个按钮（SB3~SB8）仅供手动程序使用，4个行程开关（SQ7~SQ10）为手动、自动两程序共用。现有FX2N-20MR型PLC，其输入点12个（X0~X13），是否可以使用？若可以，试画出相应的外部输入硬件接线图。

任务2　堆栈与主控指令及应用

🐿 任务目标

1. 了解PLC堆栈与主控指令及应用；
2. 掌握PLC正反转、手动丫/△控制电路的设计与调试；
3. 掌握搅拌机的控制。

1　预备知识

（1）堆栈（多重输出）指令（MPS、MRD、MPP）

MPS、MRD、MPP功能见表2-7。图2-16所示为堆栈存储器读写。

表2-7　MPS、MRD、MPP功能

梯　形　图	指　　令	功　　能	操作元件	程序步长
MPS	MPS	进栈	无	1
MRD	MRD	读栈	无	1
MPP	MPP	出栈	无	1

说明：

① MPS/MRD/MPP指令的功能是将连接点的结果（位）按堆栈的形式存储。

MPS进栈指令：将MPS指令前的运算结果送入栈中。

MRD读栈指令：读出栈的最上层数据。

MPP出栈指令：读出栈的最上层数据，并清除。

说明：

a. 每执行一次MPS指令，将原有数据按顺序下移一层，留出最上层存放新的数据。

b. 每执行一次MPP指令，将原有数据按顺序上移一层，原先最上层数据被覆盖掉。

c. 执行MRD指令，数据不进行移动。

② 堆栈的深度为11个。

③ 用于带分支的多元件输出电路。

④ MPS和MPP指令必须成对使用，且连续使用次数应少于11次。

⑤ MPS和MPP指令遵循"先进后出、后进先出"的次序。

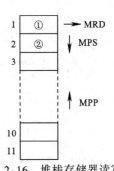

图2-16　堆栈存储器读写

MPS、MRD、MPP 实例梯形图与指令表如图 2-17 所示。

0	LD	X000	9	MPP	
1	OUT	Y000	10	AND	X004
2	LD	X002	11	OUT	Y002
3	MPS		12	LD	X005
4	AND	X003	13	ANI	X006
5	OUT	Y001	14	OUT	Y003
6	MRD				
7	AND	X010			
8	OUT	M0			

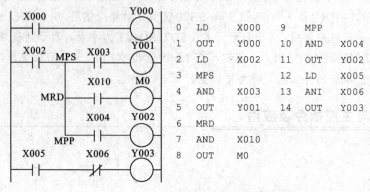

图 2-17　MPS、MRD、MPP 实例梯形图与指令表

说明：

a. 使用栈指令母线没有移动，故栈指令后的触点不能用 LD。

b. MPS 与 MPP 指令可以嵌套使用，但不应大于 11 层；同时 MPS 与 MPP 指令应成对出现。

例如：单个分支程序（一层栈电路）如图 2-18 所示。分支点的确定，分别在 X000 后，插入 MPS、MRD 和 MPP 指令。

0	LD	X000	6	OUT	Y001
1	MPS		7	MPP	
2	AND	X001	8	AND	X003
3	OUT	Y000	9	OUT	Y002
4	MRD				
5	AND	X002			

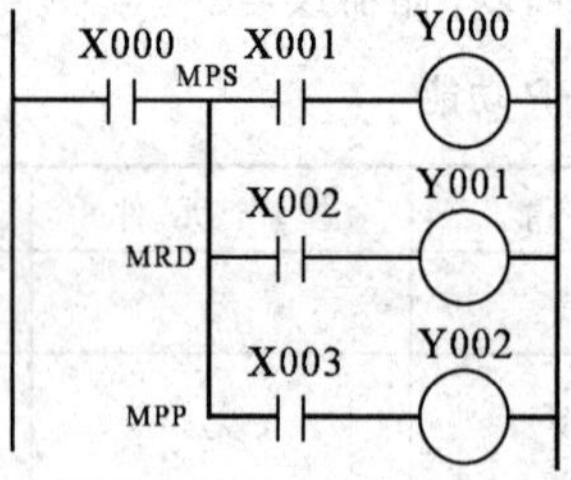

图 2-18　一层栈电路实例梯形图与指令表

例如：多个分支程序（二层栈电路）如图 2-19 所示。分支点的确定，分别在 X0、X1 和 X4，插入 MPS 和 MPP 指令，在二层栈电路中注意进出顺序。

0	LD	X000	9	MPP	
1	MPS		10	AND	X004
2	AND	X001	11	MPS	
3	MPS		12	AND	X005
4	AND	X002	13	OUT	Y002
5	OUT	Y000	14	MPP	
6	MPP		15	AND	X006
7	AND	X003	16	OUT	Y003
8	OUT	Y001			

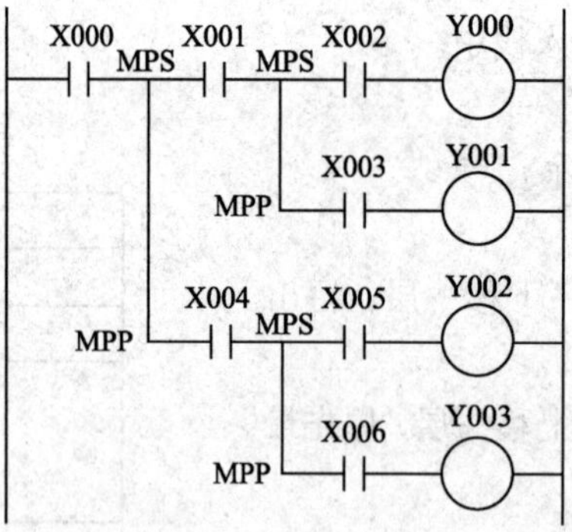

图 2-19　二层栈电路实例梯形图与指令表

例如：多个分支程序（二层栈电路）如图 2-20 所示。分支点的确定，分别在 X0、X1 和 X10 后，插入 MPS 和 MPP 指令，在二层栈电路中注意进出顺序。

说明：用软件生成梯形图再转换成指令表时，编程软件会自动加入 MPS、MRD、MPP 指令。写入指令表时，必须由用户来写入 MPS、MRD、MPP 指令。

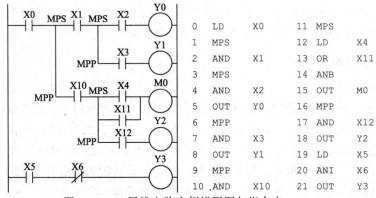

0	LD	X0	11	MPS	
1	MPS		12	LD	X4
2	AND	X1	13	OR	X11
3	MPS		14	ANB	
4	AND	X2	15	OUT	M0
5	OUT	Y0	16	MPP	
6	MPP		17	AND	X12
7	AND	X3	18	OUT	Y2
8	OUT	Y1	19	LD	X5
9	MPP		20	ANI	X6
10	AND	X10	21	OUT	Y3

图 2-20　二层栈电路实例梯形图与指令表

（2）主控触点指令与主控复位指令（MC/MCR）

MC/MCR 功能见表 2-8。

表 2-8　MC/MCR 功能

梯　形　图	指　令	功　能	操　作　元　件	程序步长
┤├ ─ MC Nx Y M	MC	主控电路块起点	M 除特殊辅助继电器外	3
── MCR Nx	MCR	主控电路块终点	M 除特殊辅助继电器外	2

MC（主控指令）：母线转移，MC 指令只能用于输出继电器 Y 和辅助继电器 M（不包括特殊辅助继电器）。

MCR（主控复位指令）：母线复位，主控区结束。

MC/MCR 指令：用于许多线圈同时受一个或一组触点控制，以节省存储单元。主控触点在梯形图中与一般触点垂直。

MC/MCR 实例梯形图与指令表如图 2-21 所示。

说明：

① MC　N0　M100 指令中 N 表示母线的第几次转移，M 用来存储母线转移前触点的运算结果，在这里 M0=X000。若母线转移时用了 M100，则在程序中就不允许再出现 M100 线圈，否则可能导致双线圈输出。

当输入 X0 为 ON 时，执行从 MC 到 MCR 的指令；当输入 X0 为 OFF 时，Y1 和 Y2 不得电。

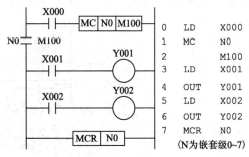

0	LD	X000
1	MC	N0
2		M100
3	LD	X001
4	OUT	Y001
5	LD	X002
6	OUT	Y002
7	MCR	N0

（N 为嵌套级 0~7）

图 2-21　MC/MCR 实例梯形图与指令表

a. 积算式定时器、计数器、用 SET/RST 指令驱动的元件，在 MC 触点断开后可以保持断开前状态不变。

b. 非积算式定时器、用 OUT 指令驱动的元件全为 OFF。

② MC 指令后，母线移到 MC 触点之后，主控指令 MC 后面的任何指令均以 LD 或 LDI 指令开始，MCR 指令使母线返回。

③ 通过更改 M 的地址号，MC、MCR 指令可嵌套使用，最多可嵌套 8 层（N0～N7），N0 为最高层，N7 为最低层，返回指令 MCR 由低层开始复位。

2 搅拌机控制训练

（1）控制要求

搅拌机是一种带有叶片的轴在圆筒或槽中旋转，将多种原料进行搅拌混合，使之成为一种混合物或适宜稠度的机器。搅拌机分为许多种类（见图 2-22），以下介绍几种系列：

① 低速升降偏心搅拌机。广泛应用于涂料、固体进行搅拌分散、溶解的高效设备，并广泛应用于涂料、油墨、颜料、胶黏剂等化工产品，该机设备是由液压系统、主传动、搅拌系统、导向机构、电控箱 5 部分组成，设备的各部分结构紧凑、合理。

② 混凝土搅拌机。搅拌由齿圈转动，工作时正转搅拌、反转出料，可搅拌塑性和半干硬性混凝土，适用于一般建筑工地、桥梁工程及各种混凝土构件厂。

（a）低速升降偏心搅拌机　　　　（b）混凝土搅拌机　　　　（c）多功能液压搅拌机

图 2-22　各种类型的搅拌机

③ 多功能液压搅拌机。它是一种集搅拌分散、混合为一体的多功能高效设备，适用于聚合物锂离子电池液、液态锂离子电池液、电子电极浆料、黏合剂、模具胶、硅酮密封剂、聚氨酯密封剂、厌氧胶、油漆、油墨、颜料、化妆品、药膏等电子、化工、食品、制药、建材、农药行业的液与液及固与液物料的混合、反应、分散、溶解、均质、乳化等工艺。

本项目要求对搅拌电动机进行正反转运行控制、手动丫/△运行控制。

（2）控制方式

① 由继电器控制电路实现的电动机正反转电路。通常搅拌机可由接触器控制电路实现正反转功能，如图 2-23 所示。改为 PLC 控制时，主电路保持不变，控制电路的功能由 PLC 实现。

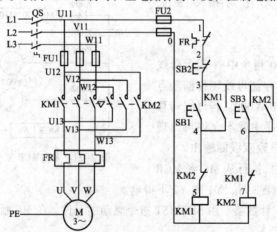

图 2-23　正反转控制电路图

② 由继电器控制电路实现的电动机丫/△运行控制电路。一般情况下，当电动机功率小于 7.5 kW 时，可直接启动，超过该功率，通常要采用降压启动。降压启动的方法有：定子绕组串联

电阻器降压启动、丫/△降压启动、自耦变压器降压启动等。搅拌机需要进行降压启动。

由接触器控制电路实现搅拌机丫/△运行控制功能，如图 2-24 所示。改为 PLC 控制时，主电路不变，控制电路的功能由 PLC 实现。

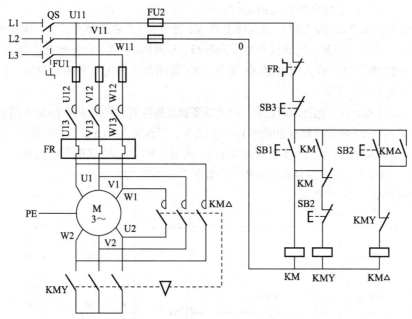

图 2-24　手动丫/△控制电路图

（3）电动机正反转电路的 PLC 设计、接线与调试

① I/O 地址分配见表 2-9。

表 2-9　I/O 地址分配

输	入	输	出
正转启动按钮 SB1	X0	正转接触器 KM1	Y0
停止按钮 SB2	X1	反转接触器 KM2	Y1
反转启动按钮 SB3	X2		

② 正反转控制 PLC 的外围接线图如图 2-25 所示。

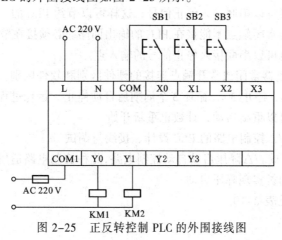

图 2-25　正反转控制 PLC 的外围接线图

③ PLC 梯形图设计。当正转启动按钮 SB1 按下时，输入继电器 X0 得电，X0 常开触点接通，输出继电器 Y0 得电，电动机接通正向电源，电动机开始正向运行，与此同时，Y0 常开触点接通，实现自锁。当停止按钮 SB2 按下时，输入继电器 X1 得电，X1 常闭触点断开，输出继电器 Y0 失电，电动机停止正向运行。

当反转启动按钮 SB3 按下时，输入继电器 X2 得电，X2 常开触点接通，输出继电器 Y1 得电，电动机接通反向电源，电动机开始反向运行，与此同时，Y1 常开触点接通，实现自锁。当停止按钮 SB2 按下时，输入继电器 X1 得电，X1 常闭触点断开，输出继电器 Y1 失电，电动机停止反向运行。

电动机的正转和反转不允许同时进行，因此需要加互锁控制。方法是将 Y0 的常闭触点串联到 Y1 的回路中，再将 Y1 的常闭触点串联到 Y0 的回路中，可保证 Y0、Y1 不同时接通。

Y0、Y1 软件互锁：Y0、Y1 不能同时为 ON，确保 KM1、KM2 线圈不能同时得电。

X0、X2 机械联锁：正、反转切换方便，能实现"正-反"切换运行。

设计梯形图如图 2-26 所示。

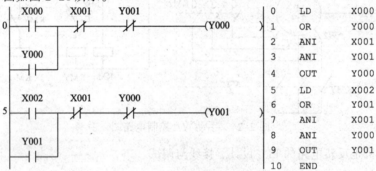

图 2-26　PLC 正反转控制梯形图及指令表

④ 思考与创新：

a. 正反转切换时 PLC 高速，而机械触点动作低速（短弧），造成瞬间短路；当接触器发生熔焊而粘接时，发生相间短路。

可以加入 KM1、KM2 硬件互锁：机械响应速度较慢，动作时间往往大于程序执行的一个扫描周期。

b. 过载保护问题：

手动复位热继电器可以串联接入停止信号，这样可以节约 PLC 的一个输入点。

自动复位热继电器常闭触点不能接在 PLC 的输出回路，必须接在输入回路，可以是占用单独的一个输入点，也可以串联接入停止信号的输入点。

c. 自动复位热继电器常闭或常开触点连接的硬件区别和软件区别。要求电动机正转 3 s，停止 2 s，然后反转 2 s，停止 3 s，循环 3 个周期后自动停止。运行过程中，按下停止按钮，电动机立即停止，并可以重新启动，计数也重新开始。

（4）电动机手动Y/△控制电路的 PLC 设计、接线与调试

采用 3 个接触器完成Y/△降压启动自动控制电路，此种控制电路适用于功率在 13～55 kW 之间的△形接法的电动机实现降压启动。

① I/O 地址分配见表 2-10。

表 2-10   I/O 地址分配

输	入	输	出
启动按钮 SB1	X0	电源接触器 KM1	Y0
Y/△切换按钮 SB2	X1	Y形运行接触器 KMY	Y1
停止按钮 SB3	X2	△形运行接触器 KM△	Y2

② PLC 的外围接线图。在主电路，如图 2-27 所示的情况下，实现用 PLC 的控制电路，3 个接触器的动作功能由 PLC 来控制，加入了 Y/△切换按钮 SB2。

③ PLC 梯形图设计。电动机从降压启动状态切换到运行状态时，3 个接触器动作过程是启动时 KM1 和 KM2 得电，延时后变成 KM1 和 KM3 得电。其中关键在于必须在 KM2 完全断开后，才允许接通 KM3，其处理方法有两种：

一种方法是如图 2-28 所示，在切换开始时使 Y1 处于 OFF 状态，KM2 断开，与此同时，启动一个 300 ms 的定时器，定时器时间到，使 Y2 接通为 ON 状态，接通 KM3；

另一方法是把 KM2 的一个常开辅助触点连到 PLC 的一个输入点，仅当 PLC 接收到 KM2 已断开，从而其常开触点也断开的信号后才允许 Y1 接通为 ON 状态。

可试用以上两种方法编程，并加以比较。

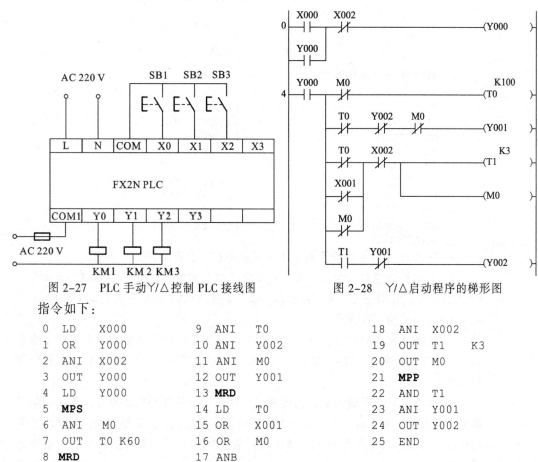

图 2-27   PLC 手动 Y/△控制 PLC 接线图   图 2-28   Y/△启动程序的梯形图

指令如下：

0	LD	X000	9	ANI	T0	18	ANI	X002
1	OR	Y000	10	ANI	Y002	19	OUT	T1 K3
2	ANI	X002	11	ANI	M0	20	OUT	M0
3	OUT	Y000	12	OUT	Y001	21	**MPP**	
4	LD	Y000	13	**MRD**		22	AND	T1
5	**MPS**		14	LD	T0	23	ANI	Y001
6	ANI	M0	15	OR	X001	24	OUT	Y002
7	OUT	T0 K60	16	OR	M0	25	END	
8	**MRD**		17	ANB				

该程序中出现的 LD Y000 后的分支点使用堆栈指令实现。

④ 思考与创新：

a. 考虑到机械式接触器线圈触点动作有响应时间，故把 3 个接触器之间转换的动作加入很短的延时，对其工作顺序设定为如下：KM2+→延时 0.5 s→KM1+→延时 5 s→KM1-→延时 0.5 s→KM2-→延时 0.5 s→KM3+→延时 0.5 s→KM1+。"+"表示线圈得电，"-" 表示线圈失电。

b. 设置 1 个指示灯，要求在Y/△降压启动期间，指示灯闪烁，闪烁周期为 1 s，闪烁次数为 5 次。

c. 硬件上是否需要加互锁？

练习与提高

1. 根据图 2-29 所示梯形图写出指令表。

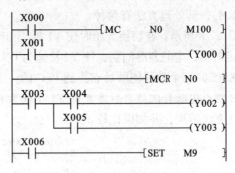

图 2-29 梯形图

2. 根据指令表画梯形图。

0	LD	X000
1	MPS	
2	LD	X001
3	OR	X002
4	ANB	
5	OUT	Y000
6	MRD	
7	LDI	X003
8	AND	X004
9	LD	X005
10	ANI	X006
11	ORB	
12	ANB	
13	OUT	Y001
14	MPP	
15	AND	X007
16	OUT	Y002
17	LD	X010
18	ORI	X011
19	ANB	
20	OUT	Y003

3. 正反转、Y/△启动控制应用在哪些场合？试收集资料并举例。

4. 电动机的控制。控制要求：有 2 台三相异步电动机 M1 和 M2，M1 启动后，M2 才能启动；M1 停止后，M2 延时 30 s 后才能停止；M2 还可进行点动（与 M1 状态无关）。试设计梯形图程序。

5. 工作台自动往返控制程序。控制要求：正反转启动信号 X0、X1，停车信号 X2，左右限位开关 X3、X4，输出信号 Y0、Y1。要求程序中有互锁功能。试设计梯形图程序。

6. 单按钮双路单通控制。控制要求：使用 1 个按钮控制 2 盏灯，第 1 次按下时第 1 盏灯亮，第 2 盏灯灭；第 2 次按下时第 1 盏灯灭，第 2 盏灯亮；第 3 次按下时两盏灯都灭。按钮信号为 X1，第 1 盏灯信号为 Y1，第 2 盏灯信号为 Y2。试设计梯形图程序。

任务3 执行类指令及应用

任务目标

1. 了解执行类指令及应用；
2. 掌握追踪传感器的应用和 PLC 追踪控制原理与方法；
3. 掌握太阳能电池板追光控制。

1 预备知识

（1）置位、复位指令（SET、RST）

SET、RST 功能见表 2-11。

表 2-11 SET、RST 功能

梯 形 图	指 令	功 能	操作元件	程序步长
├─┤ ├─[SET]	SET	动作接通并保持	Y、M、S	Y, M: 1; S, 特 M: 2
├─┤ ├─[RST]	RST	动作断开, 寄存器清零	Y、M、S、T、C、D、V、Z	Y, M: 1; S, 特 M: 2

D：数据寄存器。

V、Z：变址寄存器。

SET（置位指令）：保持线圈得电。

RST（复位指令）：保持线圈失电。

SET、RST 实例梯形图、指令表及波形图如图 2-30 所示。

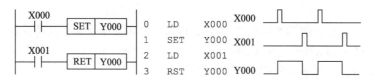

图 2-30 SET、RST 实例梯形图、指令表及波形图

注意：X0 一接通 Y0 得电，即使再断开，Y0 仍继续保持得电。同理 X1 一接通即使再断开，Y0 也将保持失电。

说明：

① 对同一元件可以多次使用 SET、RST 指令，最后一次执行的指令决定当前的状态。

② RST 指令可以用来复位积算定时器 T246～T255 和计数器。

如不希望计数器和积算定时器具有断电保持功能，可在用户程序开始运行时用初始化脉冲 M8002 复位。

③ 任何情况下，RST 指令都优先执行，在 RST 和 SET 同时触发时复位优先。

（2）上升沿微分、下降沿微分指令（PLS、PLF）

PLS、PLF 功能见表 2-12。

表 2-12　PLS、PLF 功能

梯 形 图	指 令	功 能	操作元件	程序步长
┤├ PLS	PLS	上升沿微分输出	Y、M	2
┤├ PLF	PLF	下降沿微分输出	Y、M	2

说明：

① PLS（上升沿微分指令）：仅在驱动输入的上升沿，使线圈得电一个扫描周期。

② PLF（下降沿微分指令）：仅在驱动输入的下降沿，使线圈得电一个扫描周期。

注意：OUT、SET 和 RST、PLS 和 PLF 指令在执行结果上的不同。3 类指令程序及波形图如图 2-31 所示。

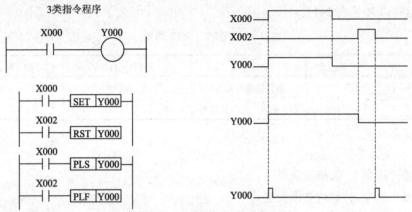

图 2-31　3 类指令程序及波形图

说明：

① PLS、PLF 指令只能用于输出继电器 Y 和辅助继电器 M（不包括特殊辅助继电器）。

② PLC 从 RUN 到 STOP，再从 STOP 到 RUN 时，PLS　M0 指令将输出一个脉冲，如果用的是断电保持型的辅助继电器则不会输出脉冲。

（3）取反指令（INV）

INV 功能见表 2-13。

表 2-13　INV 功能

梯 形 图	指 令	功 能	操作元件	程 序 步 长
┤├ /○	INV	运算结果取反	无	1

INV 实例梯形图与指令表如图 2-32 所示。

```
0  LD   X0
1  AND  X1
2  INV
3  LD   X2
4  INV
5  ORB
6  INV
7  OUT  Y0
```

图 2-32　INV 实例梯形图与指令表

说明：

① INV 指令是将 INV 电路之前的运算结果取反。

② 编制 AND、ANI 指令步的位置可使用 INV 指令。

③ 编制 LD、LDI、OR、ORI 指令步的位置不能使用 INV 指令。

④ 在含有 ORB、ANB 指令的电路中，INV 指令是将执行 INV 之前的运算结果取反。

（4）空操作指令（NOP）

NOP 功能见表 2-14。

表 2-14　NOP 功能

梯　形　图	指　令	功　　　能	操作元件	程　序　步　长
─┤├─ NOP	NOP	无动作	无	1

NOP 指令不执行任何动作，当将全部程序清除时，全部指令均为 NOP。

（5）程序结束指令（END）

END 功能见表 2-15。

表 2-15　END 功能

梯　形　图	指　令	功　　　能	操作元件	程　序　步　长
─┤├─ END	END	输入/输出处理，程序返回到开始	无	1

END 为程序结束指令。用户在编程时，可在程序段中插入 END 指令进行分段调试，等各段程序调试通过后删除程序中间的 END 指令，只保留程序最后一条 END 指令。每个 PLC 程序结束时必须用 END 指令，若整个程序没有 END 指令，则编程软件在进行语法检查时会显示语法错误。

2 太阳能电池板追光控制

（1）控制要求

太阳能光伏发电系统主要由太阳电池板（组件）、控制器和逆变器三大部分组成。其中控制器即为太阳能追踪采集系统，是实现太阳能电池板追踪太阳方向，使太阳光线始终能垂直照射太阳能电池板，以实现光伏发电最大化的机电控制装置，是太阳能光伏发电不可缺少的重要组成部分。

太阳能追踪采集系统中实现追踪太阳的方法很多，一般采用如下两种方式：一种是光电追踪方式；另一种是根据视日运动轨迹追踪。前者是闭环的随机系统；后者是开环的程控系统。

视日运动轨迹系统根据追踪系统的轴数，可分为单轴和双轴两种。

① 单轴追踪：单轴转动的南北向或东西向追踪。单轴追踪的优点是结构简单，但是由于入射光线不能始终与主光轴平行，收集太阳能的效果并不理想。

② 双轴追踪：如果能够在太阳高度和赤纬角的变化上都能够追踪太阳就可以获得最多的太阳能，双轴追踪（全追踪）就是根据这样的要求而设计的。双轴追踪又可以分为两种方式：极轴式全追踪和高度角方位角式全追踪。

光源模拟跟踪装置实物图如图 2-33 所示，该装置由 4 块太阳能电池板组件、3 盏 300 W 投射灯、光传感器（追日跟踪传感器）、太阳能追踪和支架等组成。

传感器跟踪是利用探测器检测太阳光是否垂直入射太阳能电池板，当太阳光偏离电池板法线时，传感器发出偏差信号，经控制执行机构使太阳能电池板重新正对太阳。

追日跟踪传感器安装在太阳能装置上，根据太阳光的位置，驱动电动机，带动机械转动机构，始终跟随太阳位置运动。当太阳悬挂在天空时，一般 5～10 min 追日跟踪传感器会侦测出太阳偏转一定角度，控制器发出指令，转动机构旋转几秒，到达正对太阳位置时停止，等待下一个太阳偏转角度，一直这样间歇性运动；当阴天或晚上没有太阳出现时停止动作；只要出现太阳它就自动寻找并跟踪到位，全自动运行，无须人工干预。

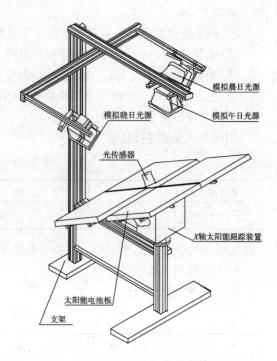

图 2-33　光源模拟跟踪装置实物图

本任务的光源模拟跟踪装置要求实现双轴跟踪控制，功能较为简单，希望通过本任务的实施逐步了解 PLC 光源模拟跟踪装置控制系统的安装、设计、调试方法，同时理解项目教学的实施步骤与要求。

（2）PLC 的 I/O 地址分配及电路图设计

追日跟踪传感器在有效光照条件下的全程对阳光高精度测量，并将太阳光方位信号转换成电信号，传送给跟踪控制器。跟踪传感器有 4 个常开触点信号，分别为向南、向北、向东、向西信号，任一信号触点导通表示需要向该信号方向侧运动才能对准太阳，只有 4 个信号触点全为断开状态，才意味最佳点找到，即传感器已正对（垂直于）太阳。

I/O 地址分配见表 2-16。

表 2-16　I/O 地址分配

输　　　　入		输　　　出	
启动按钮 SB1	X0	东西电动机向东运行 KA1	Y0
停止按钮 SB3	X1	东西电动机向西运行 KA2	Y1
向东运行追日跟踪传感器信号	X2	南北电动机向南运行 KA3	Y2
向西运行追日跟踪传感器信号	X3	南北电动机向北运行 KA4	Y3
向南运行追日跟踪传感器信号	X4		
向北运行追日跟踪传感器信号	X5		

PLC 双轴追踪控制电路图如图 2-34 所示。

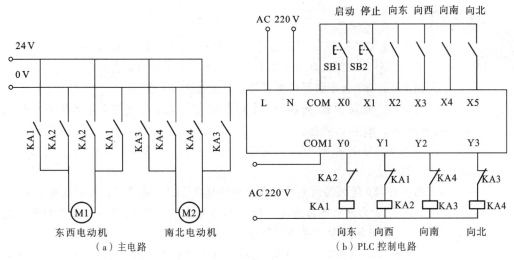

图 2-34　PLC 双轴追踪控制电路图

（3）PLC 梯形图设计

当启动按钮 SB1 按下时，东西和南北方向同时开始追踪太阳，当追日跟踪传感器的信号触点均断开时，表示电池板已正对太阳，追踪过程自动结束。当停止按钮 SB2 按下时，不管当前何种状态，东西和南北两个方向的追踪动作立即停止。

PLC 双轴追踪控制梯形图如图 2-35 所示。

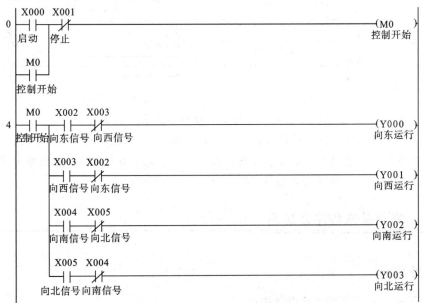

图 2-35　PLC 双轴追踪控制梯形图

（4）思考与创新

① 追踪运行和停止时，如何显示追日跟踪传感器的运行和停止工作状态？怎样实现电动机的越限保护？

② 追日增加限位功能后，如何实现？

③ 如何实现电动机的保护？

练习与提高

1. 用 SET、RST 和 PLS、PLF 指令设计满足图 2-36 所示波形的梯形图。

2. 查阅资料，了解光电追踪方式的具体使用情况和控制技术。

3. 用 SET、RST 指令编写两套程序，控制要求分别如下：

① 启动时，电动机 M1 先启动，电动机 M1 启动后，才能启动电动机 M2；停止时，电动机 M1、M2 同时停止。

② 启动时，电动机 M1、M2 同时启动；停止时，只有在电动机 M2 停止后，电动机 M1 才能停止。

4. 用接在 X0 输入端的光电开关检测传送带上通过的产品，有产品通过时 X0 为 ON，如果 10 s 内没有产品通过，Y0 发出报警信号，用 X1 输入端外接的开关解除报警信号，画出梯形图，并将它转换为指令表序列。

5. 送料小车用异步电动机拖动，按钮 X0 用来启动小车左行（Y1 为 ON）。小车左行到限位开关 X2 处停车并开始装料（Y2 为 ON）；10 s 后装料结束，开始右行（Y0 为 ON），当碰到 X1 后停下来卸料（Y3 为 ON）；15 s 后卸料结束开始左行，碰到 X2 后又停下装料，这样循环工作，直到按下停止按钮 X3。画出 PLC 的外部接线图，设计小车送料控制系统的梯形图。送料小车运动示意图如图 2-37 所示。

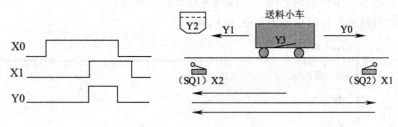

图 2-36　波形时序图　　　　　图 2-37　送料小车运动示意图

6. 画出单按钮双路单通控制系统的梯形图。控制要求：

使用 1 个按钮控制 2 盏灯，第 1 次按下时第 1 盏灯亮，第 2 盏灯灭；第 2 次按下时第 1 盏灯灭，第 2 盏灯亮；第 3 次按下时 2 盏灯都灭。按钮信号 X1，第 1 盏灯信号 Y1，第 2 盏灯信号 Y2。

任务 4　常用基本程序及应用

任务目标

1. 了解 PLC 梯形图经验设计法；
2. 掌握 PLC 常用基本程序与定时器的应用；
3. 掌握彩灯循环点亮控制和真空加料机控制。

1　预备知识

经验设计方法实际上是延续了传统的继电器电气原理图的设计方法，即在一些典型控制单元电路的基础上，根据受控对象对控制系统的具体要求，采用许多辅助继电器来完成记忆、联锁、互锁等功能。用这种设计方法设计的程序，要经过反复修改和完善才能符合要求。此设计方法没有规律可以遵循，具有很大试探性和随意性，程序的调试时间长，编出的程序因人而异，不规范，会给使用和维护带来不便，尤其将对控制系统的改进带来很多的困难。

经验设计方法一般仅适用于简单的梯形图设计，且要求设计者具有丰富的设计经验，要熟悉许多基本的控制单元和控制系统的实例。

经验设计方法设计控制程序的步骤如下：

① 了解受控设备及工艺过程，分析控制系统的要求，选择控制方案。

② 根据受控系统的工艺要求，确定主令元件、检测元件及辅助继电器等。

③ 利用输入信号设计启动、停止和自保功能。

④ 利用辅助元件、定时器和计数器。

⑤ 使用功能指令。

⑥ 加入互锁条件和保护条件。

⑦ 检查、修改和完善程序。

下面将重点介绍几个常用的基本程序：

（1）启保停程序

图 2-38 所示两电路均为启保停程序，其中 X0 是启动按钮，X1 是停止按钮，图 2-38（a）是用输出自锁来实现的，图 2-38（b）中保持用 SET 指令实现。

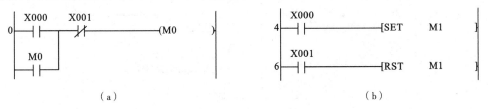

图 2-38　启保停基本程序

（2）延时接通程序（通电延时）

图 2-39（a）所示为用定时器构成的输入延时接通电路。当输入按钮 X0 为 ON 时，M0 得电并自保，也自保住了 T0 定时器，T0 延时 5 s 后 T0 常开触点闭合，Y0 才得电。

（3）延时断开程序（断电延时）

图 2-39（b）所示为用定时器构成的输入延时断开电路。当输入按钮 X2 为 ON 时，Y0 得电并自保；当输入按钮 X2 为 OFF 时，T0 定时器得电延时，经过 10 s 后 Y0 才失电。

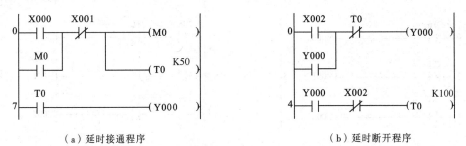

（a）延时接通程序　　　　　　　　（b）延时断开程序

图 2-39　延时程序

（4）延时接通延时断开程序

图 2-40 所示为延时接通延时断开程序。当 X0 启动信号为 ON 时，T0 定时器得电延时，

5 s 后接通 Y1 得电并自锁；当 X0 启动信号为 OFF 时，T1 定时器得电延时（T0 已经失电），5 s 后断开 T1 常闭触点，使 Y1 失电。

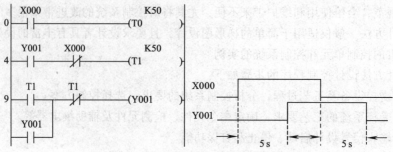

图 2-40　延时接通延时断开程序

（5）长延时程序

图 2-41 所示为长延时接通程序。将几个定时器串联使用，或者将定时器和计数器配合使用，可以达到实现扩充设定值的目的。当 X0 启动信号为 ON 后，接通 T0 得电延时，在 800 s 后又接通 T1 得电延时，再过 500 s 后 Y0 才得电。任何时候 X0 启动信号为 OFF 时，全部线圈失电。

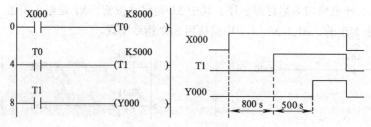

图 2-41　长延时程序

（6）顺序程序

图 2-42 所示为顺序程序。

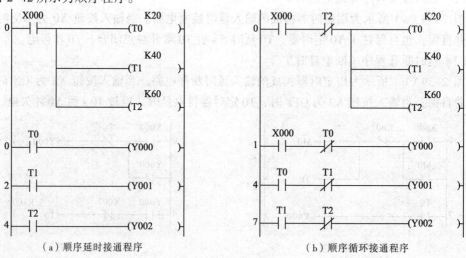

（a）顺序延时接通程序　　　　　　　（b）顺序循环接通程序

图 2-42　顺序程序

图 2-42（a）中，当 X0 启动信号为 ON 时，输出继电器 Y0、Y1、Y2 按顺序每隔 2 s 先后接通，当 X0 启动信号为 OFF 时，全部线圈失电。

图 2-42（b）中，当 X0 启动信号为 ON 时，T0（2 s）、T1（4 s）、T2（6 s）同时得电，输出继电器 Y0 先得电，2 s 后 Y1 得电而 Y0 失电，再 2 s 后 Y2 得电而 Y1 失电，再 2 s 后 Y2 失电；T2 常闭触点的瞬时断开/闭合动作，使定时器瞬时全部失电又重新得电，开始循环运行。任何时候 X0 启动信号为 OFF 时，全部线圈失电。

（7）脉冲发生电路（振荡电路）

在 PLC 的内部虽然也有一些特殊的辅助继电器可以产生一定周期的脉冲信号，例如：M8011、M8012、M8013 的周期分别是 10 ms、100 ms、1 s，但在实际中经常需要其他周期和形式的脉冲信号发生器。图 2-43 所示为脉冲发生电路。

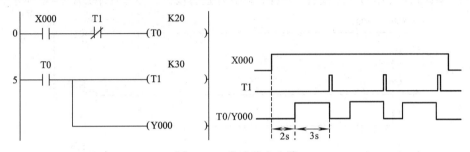

图 2-43 脉冲发生电路

（8）二分频程序

图 2-44 所示为二分频程序。输入信号 X0 输入一个频率为 f 的方波，在 Y0 会输出一个频率为 f/2 的方波。由于 PLC 程序是按顺序执行的，当 X0 上升沿到来时，M0 接通一个扫描周期，此时 M1 线圈不会接通，Y0 线圈接通并自锁，而当下一个扫描周期时，虽然 Y0 是接通的，但此时 M0 已经断开，所以 M1 不会接通，直到下一个 X0 的上升沿到来时，M1 才会接通，并把 Y0 断开，从而实现二分频。

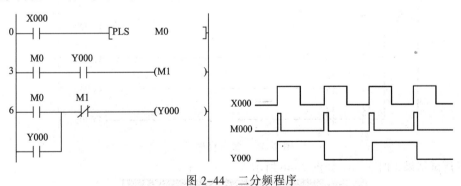

图 2-44 二分频程序

2 彩灯循环点亮控制训练

（1）控制要求

按下启动按钮控制 4 盏灯，实现依次点亮，点亮顺序为 L1、L2、L3、L4，其中每盏灯点亮间隔 3 s，并依次熄灭，熄灭顺序为 L4、L3、L2、L1，可以循环运行；当按下停止按钮，所有灯熄灭。

（2）I/O 地址分配（见表 2-17）

表 2-17　I/O 地址分配

输　　入		输　　出	
启动按钮 SB1	X0	灯 L1	Y0
停止按钮 SB2	X1	灯 L2	Y1
		灯 L3	Y2
		灯 L4	Y3

（3）程序设计

可以参照上面介绍的顺序接通、顺序循环程序进行设计；参考程序如图 2-45 所示。

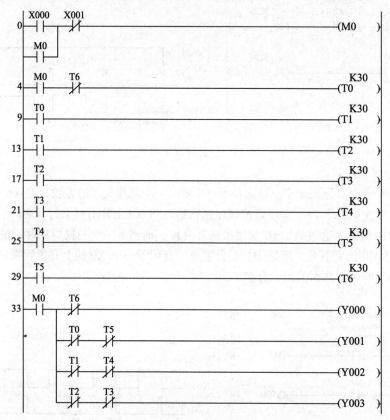

图 2-45　参考程序

仿真调试结果（时序图）如图 2-46 所示。

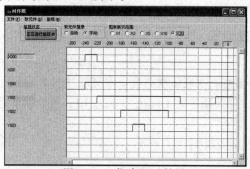

图 2-46　仿真调试结果

（4）思考与创新

① 设计流水灯控制形式的变化，可以同时点亮2盏指示灯，后面依次点亮2盏，例如：启动点亮L1和L2，2 s后点亮L2和L3，2 s后点亮L3和L4，2 s后点亮L4和L1，再如此循环。

② 增加工作方式选择，使两种或多种控制形式在一个程序中实现。

③ 使用1个按钮控制这4盏灯，实现奇数次按下时L1、L3灯亮，偶数次按下时L2、L4灯亮。

3 真空加料机控制训练

真空加料机是粉状料、粒状料、粉粒料、混合料的真空输送设备。真空加料机能自动地将各种物料输送到包装机、注塑机、粉碎机等设备的料斗中，也能直接把混合的物料输送到混合机中，减轻了工人劳动强度，解决了加料时粉尘外溢等问题。

真空加料机（见图2-47）由真空泵（无油、无水）、不锈钢吸料嘴、输送软管、过滤器、压缩空气反吹装置、气动放料门装置、真空料斗和料位自动控制装置等组成。

真空加料机是用旋涡气泵抽气，使吸料嘴进口处及整个系统处于一定的真空状态，粉粒料随同外界空气被吸入料嘴，形成料气流，经过吸料管到达料斗，在料斗中进行气、料分离。分离后的物料进入受料设备。送料-放料是通过气动三通阀不断地开、闭来完成的，而气动三通阀的开闭是由循环式时间继电器来控制的。

图2-47 真空加料机外形

真空加料机中装有压缩空气反吹装置，每次放料时，压缩空气脉冲反吹过滤布袋，把吸附于布袋表面的粉末打落下来，以保证吸料能正常运行。

真空加料机分间隙排料和连续排料两种，间隙排料有利于降低设备的投资成本，方便料位控制，在多数情况下，用户采用间隙排料式；连续排料一般用在长距离、大产量时对物料的真空输送。

（1）控制要求

延时启动控制：按下启动按钮，电动机延时3 s后自动运转。按下停止按钮，电动机停止。

延时停止控制：按下启动按钮，电动机运行。按下停止按钮，电动机延时5 s后自动停止。

（2）I/O地址分配（见表2-18）

表2-18 I/O地址分配

输	入	输	出
启动按钮SB1	X0	电动机运行接触器	Y0
停止按钮SB2	X1		

（3）程序设计

当启动按钮SB1按下时，电动机延时3 s后自动运转，实现自锁。停止按钮SB2按下时，输出继电器Y0立即失电，电动机停止。PLC延时启动控制梯形图如图2-48所示。

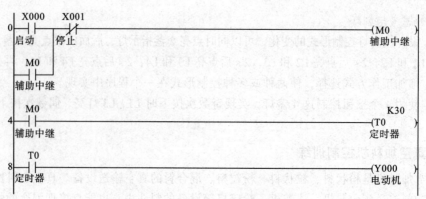

图 2-48　PLC 延时启动控制梯形图

PLC 延时停止控制梯形图如图 2-49 所示。

图 2-49　PLC 延时停止控制梯形图

（4）思考与创新

加料机运行和停止时，如何显示加料机的运行和停止工作状态？怎样实现加料机的启停时间的调整控制？

练习与提高

1. 彩灯顺序控制。控制要求：L1 亮 1 s 灭 1 s，L2 亮 1 s 灭 1 s，L3 亮 1 s 灭 1 s，L4 亮 1 s 灭 1 s，再 L1、L2、L3、L4 同时点亮；如上循环 3 次后自动停止。试设计梯形图程序。

2. 数据管控制。控制要求：停止状态数码管不显示；按下启动按钮，数码管依次显示 A、B、C、D（显示为 A、B、C、D）4 个字符，间隔 1 s，依次循环；按下停止按钮，停止显示。试设计梯形图程序。

3. 彩灯控制。控制要求：设计一个由 5 个灯组成的彩灯组，按下启动按钮之后，从第 1 个彩灯开始，相邻的 2 个彩灯同时点亮和熄灭，不断循环。每组点亮的时间为 3 s，按下停止按钮之后，所有彩灯立刻熄灭，其点亮的顺序是 1、2→3、4→5、1→2、3→4、5→循环。试设计梯形图程序。

4. 6 盏灯正方向顺序全亮，反方向顺序全灭控制。控制要求：按下启动信号 X0，6 盏灯（Y0~Y5）依次都亮，间隔时间为 1 s；按下停止信号 X1，灯反方向（Y5~Y0）依次全灭，间隔时间为 1 s；按下复位信号 X2，6 盏灯立即全灭。试设计梯形图程序。

任务5　认识编程基本规则

任务目标

1. 了解 PLC 梯形图的设计规则与技巧；
2. 掌握计数器的分类与应用；
3. 掌握自动包装机的控制。

1 ▶ 预备知识

在 PLC 编程中有以下一些的设计规则和技巧，便于计算机软件操作和语法的判别。

① 梯形图中的触点应画在水平线上，而不能画在垂直分支上，如图 2-50（a）所示，由于 X5 画在垂直分支上，这样很难判断它与其他触点的关系，也很难判断 X5 与输出线圈 Y1 的控制方向，因此应根据从左至右，自上而下的原则。正确的画法如图 2-50（b）所示。

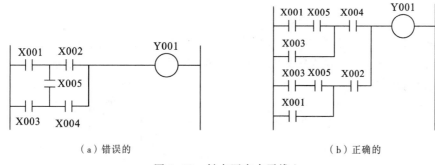

（a）错误的　　　　　　　　　（b）正确的

图 2-50　触点画在水平线上

② 不包含触点的分支应放在垂直方向，不应放在水平线上，这样便于看清触点的组成和对输出线圈的控制路线，以免编程时出错，如图 2-51 所示。

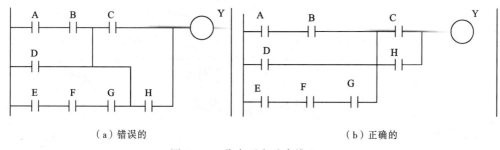

（a）错误的　　　　　　　　　（b）正确的

图 2-51　分支画在垂直线上

③ 有几个串联电路相并联时，应将触点最多的那个串联电路放在梯形图的最上面；在有几个并联电路相串联时，应将触点最多的那个并联电路放在梯形图的最左面，这样所编的程序比较明了，使用的指令较少，如图 2-52 所示。

④ 在画梯形图时，不能将触点画在线圈的右边，而只能画在线圈的左边，如图 2-53 所示。

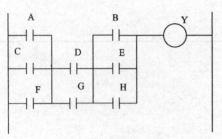
（a）错误的

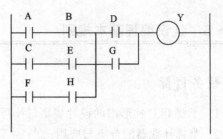
（b）正确的

图 2-52　串联电路触点少的右移

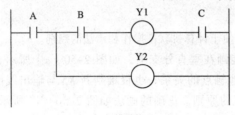
（a）错误的

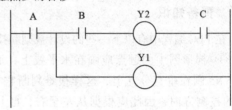
（b）正确的

图 2-53　线圈紧靠右母线

⑤ 双重输出的对策。若在顺控程序内进行线圈的双重输出（双线圈），则后面的动作优先。双重输出（双线圈）在程序方面并不违反规则，但是因为上述动作复杂，因此要按图 2-54 所示改变程序。

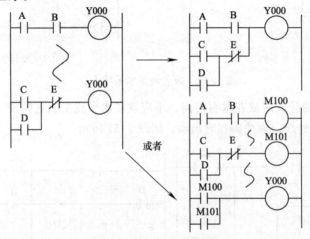

或者

图 2-54　禁止双线圈

2　自动包装机控制

（1）控制要求

包装机有多种分类方法，按功能可分为单功能包装机和多功能包装机；按使用目的可分为内包装机和外包装机；按包装品种又可分为专用包装机和通用包装机；按自动化水平分为半自动机和全自动机。

本次设计只要求简单产品计数，图 2-55 所示包装机中有检测产品的光电开关，当有产品从光电开关经过，就开始计数。希望读者能通过本任务的实施逐步了解 PLC 控制系统的安装、设计、调试方法，同时理解项目教学的实施步骤与要求。

图 2-55 包装机示意图

（2）I/O 地址分配

传送带中有检测产品的光电开关，当有产品从光电开关经过，就开始计数。通过启动和停止按钮来控制整个系统的启停。I/O 地址分配见表 2-19。

表 2-19 I/O 地址分配

输　入		输　出	
启动按钮 SB1	X0	计数 12 指示灯 L1	Y0
停止按钮 SB2	X1	计数 24 指示灯 L2	Y1
产品计数选择	X2	完成指示灯 L3	Y2
检测产品	X3		

PLC 外围接线图如图 2-56 所示。

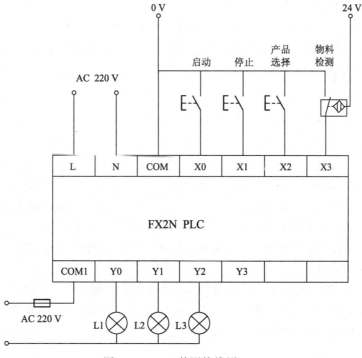

图 2-56　PLC 外围接线图

（3）程序设计

自动包装机梯形图设计如图 2-57 所示。

项目 2　PLC 基本指令及应用知识

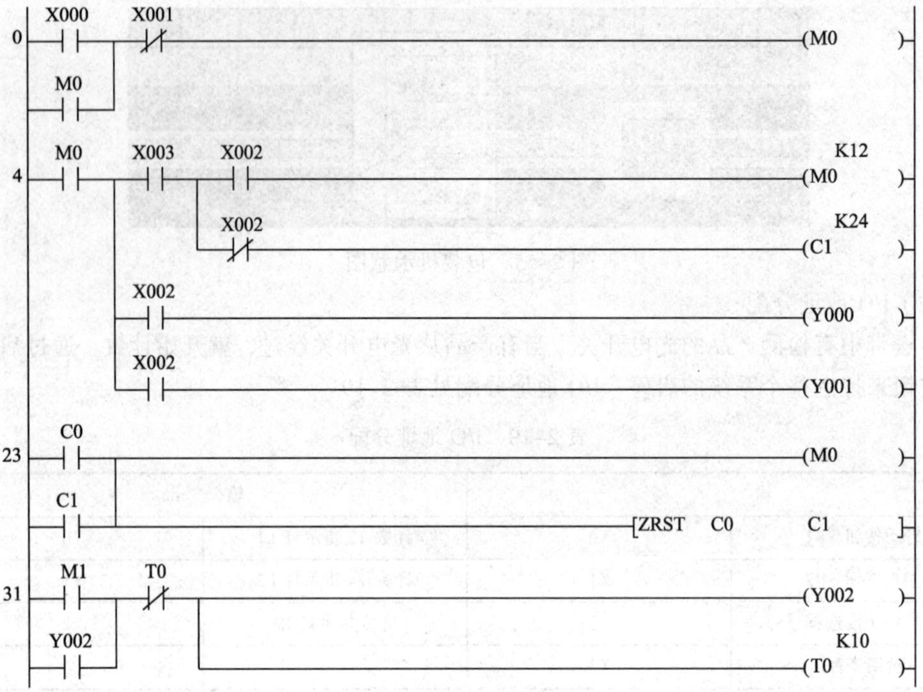

```
        X000   X001
0  ├────┤ ├────┤/├──────────────────────────────────────(M0    )
        M0
   ├────┤ ├──┤
                                                          K12
        M0    X003   X002
4  ├────┤ ├────┤ ├────┤ ├─────────────────────────────────(M0    )
                     X002
              ├──────┤/├─────────────────────────────────(C1    )
                                                          K24
              X002
        ├──────┤ ├───────────────────────────────────────(Y000  )
              X002
        ├──────┤ ├───────────────────────────────────────(Y001  )
        C0
23 ├────┤ ├───────────────────────────────────────────────(M0    )
        C1
   ├────┤ ├──────────────────────────────────[ZRST   C0    C1  ]
        M1    T0
31 ├────┤ ├────┤/├────────────────────────────────────────(Y002  )
        Y002
   ├────┤ ├──┤                                            K10
                                                          (T0    )
```

图 2-57　自动包装机梯形图设计

（4）思考与创新

当传输带上的工件比较稀缺或缺料时（假设工件检测的间隔超过 5 s，就默认为缺料），系统发出报警，提示工作人员添加工件或排除故障（可能传输带停止运行了）。

练习与提高

1．通用计数器和高速计数器可应用在哪些场合？试收集资料并举例。

2．用 PLC 程序对饮料生产线上的盒装饮料进行计数（计数输入为 X000），该饮料 16 盒/箱，每计数 16 次（1 包）打包装置（Y0）动作 5 s。

3．使用 1 个按钮控制 1 盏灯，实现奇数次按下灯亮，偶数次按下灯灭。

4．设计一个车库自动门控制系统，具体控制要求：当汽车到达车库门前，超声波开关接收到车来的信号，开门上升，当升到顶点碰到上限开关，门停止上升，当汽车驶入车库后，光电开关发出信号，门电动机反转，门下降，当下降碰到下限开关后，门电动机停止。试画出输入/输出设备与 PLC 的接线图，设计出梯形图程序并加以调试。

5．按下按钮 X0 后 Y0 变为 ON 并自保持，T0 定时 7 s 后，用 C0 对 X1 输入脉冲计数，计满 4 个脉冲后，Y0 变为 OFF，同时 C0 和 T0 被复位，在 PLC 重新运行时 C0 也会被复位，设计出梯形图。

项目3

状态编程法及应用

本项目通过送料小车自动运行控制、机械手、天塔之光、自动剪板机、大小球分拣传输装置、喷砂机、十字路口交通灯、液体混合装置控制、双门通道自动控制、全自动工业洗衣机等任务训练，掌握步进指令的使用及编程方法，同时介绍了使用 GX Developer 编程软件和 AutoShop 软件的 SFC 程序类型进行编程。

任务1 单序列结构编程

任务目标

二十大报告
知识拓展3

1. 了解状态转移图及步进指令的功能；
2. 了解状态转移编程的几种方法；
3. 掌握送料小车自动运行、机械手、自动剪板机等的控制。

在介绍状态编程思想之前，先回顾一下项目2中已经学习的经验编程实例：送料小车自动往返控制系统。

控制要求：送料小车用异步电动机拖动，启动按钮 SB1 用来启动小车左行。小车左行到限位开关 SQ1 处停车并开始装料；10 s 后装料结束开始右行，当碰到 SQ2 后停下来卸料；15 s 后卸料结束开始左行，碰到 SQ1 后又停下装料，这样不停地循环工作，直到按下停止按钮 SB2。画出 PLC 的外部接线图，设计小车送料控制系统的梯形图。送料小车自动往返示意图如图 3-1 所示。I/O 地址分配表如表 3-1 所示。

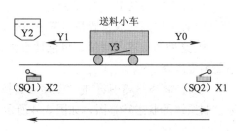

图 3-1 送料小车自动往返控制系统示意图

表 3-1 I/O 地址分配

输	入		输	出	
启动按钮 SB1	X0		右行	Y0	
右限位 SQ2	X1		左行	Y1	
左限位 SQ1	X2		装料	Y2	
停止按钮 SB2	X3		卸料	Y3	

为该例设计的梯形图如图 3-2 所示。

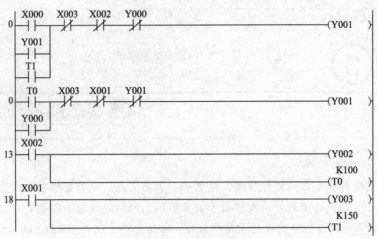

图 3-2　送料小车自动往返控制系统梯形图

该图的设计暴露了使用经验法及基本指令编制的程序存在以下问题：

① 工艺动作表达烦琐，触点开关工作时序有问题。

② 梯形图涉及的联锁关系较复杂，处理起来较麻烦。

③ 梯形图可读性差，很难从梯形图看出具体控制工艺过程。

为此，人们一直寻求一种易于构思、易于理解的图形程序设计工具。它应有流程图的直观，又有利于复杂控制逻辑关系的分解与综合。这种图就是状态转移图，为了说明状态转移过程可以将小车的各个工作步骤用工序表示，并使顺序将工序连接成图 3-3 所示的工序流程图，即为状态转移图的雏形，该图暂时没有考虑停止效果和自动循环操作，这将在后续讲解。

该图有以下特点：

① 复杂的控制任务或工作过程分解成若干个工序。

② 各工序的任务明确而具体。

③ 各工序间的联系清楚，工序间的转移条件直观。

④ 这种图很容易理解，可读性很强，能清晰地反映整个控制过程，能带给编程人员清晰的编程思路。

其实，将图 3-3 所示的"工序"更换为"状态"（软元件 S），就得到了送料小车自动往返控制系统的状态转移图，如图 3-4 所示。

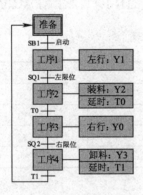

图 3-3　工序流程图

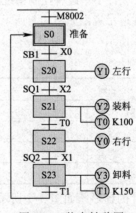

图 3-4　状态转移图

状态编程的一般思想：将一个复杂的控制过程分解为若干个工作状态，明确各状态的任务、状态转移条件和转移方向，再依据总的控制顺序要求，将这些状态组合形成状态转移图，最后依一定的规则将状态转移图转绘成梯形图程序。

1 预备知识

（1）状态转移图（SFC）

状态转移图又称顺序功能图。一个控制过程可以分为若干个阶段，这些阶段称为状态。状态和状态之间由转换分隔。相邻的状态具有不同的动作。当相邻两状态之间的转换条件得到满足时，就实现转换，即上面状态的动作结束而进入下一个状态的动作开始，可用状态转移图描述控制系统的控制过程，状态转移图具有直观、简单的特点，是设计 PLC 顺序控制程序的一种有力工具。

状态继电器软元件是构成状态转移图的基本元件。FX2N 系列 PLC 内部的状态继电器从 S0~S999 共 1 000 点，都用十进制表示，状态继电器分类见表 3-2。

表 3-2 状态继电器分类

类　别	元件编号	个　数	用　途　及　特　点
初始状态	S0 ~ S9	10	用作 SFC 的初始状态
返回状态	S10 ~ S19	10	多运行模式控制当中，用作返回原点的状态
一般状态	S20 ~ S499	480	用作 SFC 的中间状态
掉电保持状态	S500 ~ S899	400	具有掉电保持功能，用于停电恢复后需继续执行的场合
信号报警状态	S900 ~ S999	100	用作报警元件使用

说明：

① 状态的编号必须在规定的范围内选用。

② 各状态元件的触点，在 PLC 内部可以无数次使用。

③ 不使用步进指令时，状态元件可以作为辅助继电器使用。

④ 通过参数设置，可改变一般状态元件和掉电保持状态元件的地址分配。

图 3-5 所示是一个简单状态转移图实例。状态器用框图表示。框内是状态器元件号，状态器之间用有向线段连接。其中从上到下、从左到右的箭头可以省去不画，有向线段上的垂直短线和它旁边标注的文字符号或逻辑表达式表示状态转移条件，旁边的线圈表示输出信号。

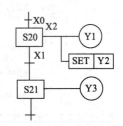

图 3-5 简单状态转移图实例

下面来分析图 3-5 的工作流程，状态器 S20 有效时，输出 Y1、Y2 接通（在这里 Y1 是用 OUT 指令驱动，Y2 是用 SET 指令置位，未复位前 Y2 一直保持接通），程序等待转换条件 X1 动作。当 X1 一接通，状态就由 S20 转到 S21，这时状态器 S20 自动关断，Y1 线圈失电，Y3 接通，Y2 仍保持接通。

（2）步进指令（STL、RET）

FX2N 系列 PLC 步进指令有两条：步进开始指令 STL 和步进结束指令 RET。程序步长均为 1 步。

图 3-6 所示是步进指令使用说明：图 3-6（a）所示是状态转移图；图 3-6（b）所示是

对应的梯形图；图 3-6（c）所示是指令表。从图中可以看出，状态转移图的一个状态在梯形图中用一条步进触点指令表示。STL 指令的意义为"激活"某个状态，在梯形图上步进开始指令常用┤├表示，也有用┤├表示的。该触点类似于主控触点的功能，该触点后的所有操作均受这个常开触点的控制。"激活"的第二个意思是采用 STL 指令编程的梯形图区间，只有被激活的程序段才被扫描执行，而且在状态转移图的一个单流程中，一次只有一个状态被激活，被激活的状态有自动关闭前一个状态的功能。

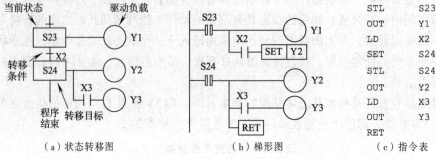

（a）状态转移图　　　　　（b）梯形图　　　　　（c）指令表

图 3-6　STL、RET 指令的使用说明

使用步进触点时，STL 触点与母线连接。使用 STL 后，相当于母线移到步进触点的后面，即与 STL 相连的起始触点要使用 LD 和 LDI。一直到出现下一条 STL 指令或步进结束指令 RET 出现。RET 的作用是使母线返回原来的位置。

STL 指令和 RET 指令是一对步进指令。在一系列 STL 指令后，必须加上 RET 指令，表明步进梯形指令功能的结束，母线返回原来的位置。

使用 STL 指令编程的注意事项：

① PLC 的基本指令除了主控指令 MC/MCR 以外，其他都可在步进顺序控制中使用，但建议不要使用跳转指令，栈指令 MPS/MRD/MPP 不能直接与步进触点指令后的子母线直接连接，应通过其他触点与子母线连接，如图 3-7 所示。

② 当状态继电器后的负载出现如图 3-8（a）所示顺序时，不能在 STL 指令后使用栈指令，建议换成图 3-8（b）所示的顺序。

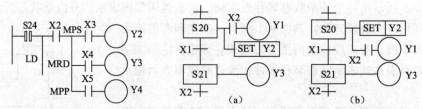

图 3-7　栈指令的使用方法　　　图 3-8　改变输出顺序的编程方法

③ 允许同一元件的线圈在不同的状态中多次使用，但在同一状态中不允许双线圈输出。

④ 定时器可以重复使用，但相邻的状态器不能使用同一个定时器。在并行分支中，也应避免两条支路同时出现同一个定时器工作的情况。

（3）状态转移图的组成

① 状态转移图的三要素。从前面可以看出，使用步进指令编制的状态梯形图和工艺流程图一样，每个状态的表述都十分规范，从图 3-9 可以看出每个状态程序段由 3 个要素构成。

a. 驱动有关负载，即在本状态下做什么。在图 3-9 中，S21 状态下驱动置位了 Y0，当 X2 接通，S22 状态下时驱动了 Y1。状态后的驱动可以使用 OUT 指令，也可以使用 SET 指令，区别是使用 OUT 指令时驱动的负载在本状态关闭后也自动关闭，而使用 SET 指令驱动的输出可以保持，直到在程序的其他位置使用了 RST 指令使其复位。在状态转移图中适当地使用 SET 指令，可以简化某些状态的输出。如在机械手程序中，在机械手的手爪抓住工件后，一直都须保持电磁阀通电，直到把工件放下。因此在抓取工件的这个状态最好使用 SET 指令，而在放下工件时使用 RST 指令。

b. 指定转移条件，在状态转移图中相邻的两个状态之间实现转移必须满足一定的条件，前面已说明有两种条件：一是时间条件；二是过程条件。例如在图 3-9 中，S0 转移到 S21 的条件是 X1 的启动信号，S22 转移到 S23 的条件是 T1 定时器的延时开关。

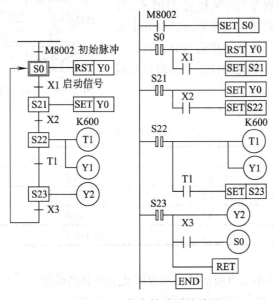

图 3-9　状态转移图的编写

c. 转移方向（目标），按照控制流程依次指向下一个状态，例如在图 3-9 中，进入初始状态后，S0→S21→S22→S23→S0，最后返回 S0，循环运行。

② 初始状态的置位。初始状态可由其他状态器件驱动，在图 3-9 中，最开始运行时，初始状态必须用其他方法预选驱动，使之处于工作状态，初始状态在系统最开始工作时是由 PLC 从停止→启动运行切换瞬间使特殊辅助继电器 M8002 接通，从而使初始状态器 S0 被激活。初始状态器在程序中起一个等待作用，在初始状态，系统可能什么都不做，也可以复位某些器件动作，或提供系统的某些指示，如原位指示、电源指示等。

（4）功能图的形式

功能图的形式可以分为 4 种：单序列、选择序列、并行序列、跳转与循环。

① 单序列结构：程序只有一个流动路径而没有程序的分支，动作顺序只能一步接一步地完成，每步连接转移，转移后面也仅连接一个步。图 3-9 就是单序列结构。

② 选择序列结构：用单水平线表示，代表在一个状态之后有若干个单一顺序等待选择，而一次仅能选择一个单一分支。为了保证一次仅选择一个单一分支，即选择的优先权，必须对各个转移条件加以约束，选择序列的转移条件应标注在单水平线以内。

③ 并行序列结构：用双水平线表示，代表在同一个状态的同一个转移条件下，同时启动若干个顺序分支状态，完成各自相应的动作后，同时转移到结束汇合的状态步中，并行序

列的转移条件应标注在两个双水平线以外。

④ 跳转与循环结构：表示顺序控制跳过某些状态和重复执行，状态转移图中的跳转和循环用箭头表示。

2 送料小车自动运行控制训练

（1）控制要求

图 3-10 所示为送料小车自动运行控制示意图。小车的原位处于后端，小车在原位压下后限位开关，若闭合启动按钮后小车前进，直到前限位开关闭合后，打开料斗门（装料），延时 8 s 后小车向后运行，直到后限位开关闭合时，打开小车底门（卸料），暂停 6 s，完成一次运行的全过程。要求在小车启动后，能实现连续往返动作的自动循环控制。

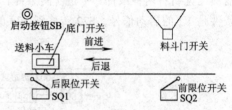

图 3-10　送料小车自动运行控制示意图

（2）I/O 地址分配（见表 3-3）

表 3-3　I/O 地址分配

输	入		输	出	
启动按钮	X0		前进	Y0	
后限位开关	X1		打开料斗门	Y1	
前限位开关	X2		后退	Y2	
停止按钮	X3		打开小车底门	Y3	

（3）程序设计

图 3-11 所示为送料小车自动运行控制程序功能图及梯形图。用 M8002 产生初始化脉冲将 S0 置位，同时使用区间复位指令 ZRST 把 S20～S23 状态器复位。在初始状态下小车停在原位，X1 闭合，当按下启动按钮后（X0 为 ON），状态由 S0 转到 S20，Y0 得电（同时 S0 自动复位），小车前进，直到压下前限位开关时 X2 接通，转移到 S21，Y1 得电（同时 S20 自动复位），翻斗门被打开，同时启动 T1 开始计时，8 s 后由 S21 转移到 S22（S21 自动复位），使 Y2 得电，小车后退，直到后限位开关闭合（X1 为 ON），转移到 S23（S22 自动复位），使 Y3 得电，打开小车底门，同时 T2 开始计时，6 s 后转移到 S20（S23 自动复位），小车完成一个送料的全过程后，Y0 又得电，小车前进，开始第二个工作过程，周而复始地往返运行下去。

（4）调试结果

在 PLC 通电运行后，先复位了 S20~S23 状态，当小车停在后限位处，按下开始按钮开始运行，到达前限位开关后，打开料斗门 8 s，8 s 后关闭自动小车退回后限位开关，再打开小车底门卸料，延时 6 s，自动循环运行。

（5）思考与创新

在实际运行过程中，需要加入停止按钮（X3），并且要求停止的效果有不同情况。

停止效果 1：当按下停止按钮，小车会把当前送料完整的周期运行结束后，小车停止在原位，不再自动继续运行，而需要再次按下启动按钮后才能进入自动运行状态；该停止效果控制功能设计如图 3-12（a）所示。

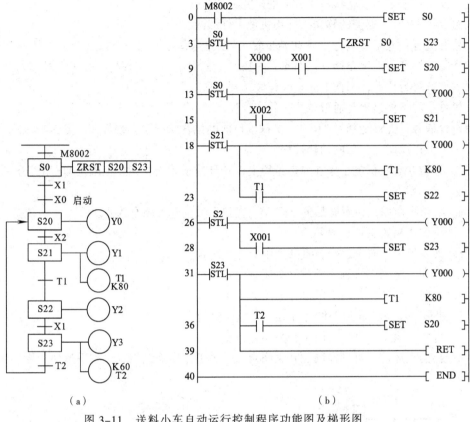

（a）

（b）

图 3-11 送料小车自动运行控制程序功能图及梯形图

停止效果 2：当按下停止按钮，小车立即停止当前工作，迅速返回原位，并停止在原位，等待再次按下启动按钮后才能进入自动运行状态；该停止效果控制功能设计如图 3-12（b）所示。

停止效果 3：如果运行一个周期，转移到哪里？如图 3-11（b）中的 SET S20 改为 OUT S20，效果如何？

停止效果 4：如果设置急停按钮 X3，如何实现当按下急停按钮时停在当前状态器，松开急停按钮则按原状态转移流程继续执行？可以分别尝试主控指令（MC、MCR）和特殊辅助继电器 M8040、M8034。

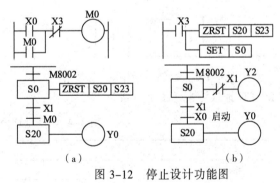

（a）　　　　　　　（b）

图 3-12 停止设计功能图

▶ 3 机械手控制训练

（1）控制要求

工业用机械手应用广泛。比如机床加工工件的装卸，特别是在自动化车床、组合机床上使用较为普遍。在装配作业中应用广泛；在电子行业中它可以用来装配印制电路板；在机械行业中它可以用来组装零部件。可在劳动条件差，单调重复易于疲劳的工作环境中工作，以代替人的劳动；可在危险场合下工作，如军工品的装卸、危险品及有害物的搬运、宇宙及海洋的开发、军事工程及生物医学方面的研究和试验。

图 3-13 是一个典型的移送工件用机械手外形图。

控制流程：左上方为原点（初始位置），工作过程按原点→下降→夹紧工件→上升→右移→下降→松开工件→左移→回原点，完成一个工作循环，实现把工件从 A 处移送到 B 处。如果工作方式为自动，则按上述动作连续循环工作。

机械手的工作过程是通过位置信号实现控制的，这里使用了 4 个限位开关 SQ1～SQ4 来取得位置信号，从而使 PLC "识别" 机械手目前的位置状况以实现控制。图 3-14 表示该机械手在一个工作周期应实现的动作过程，包括：

① 原位状态。机械手停在原点位置上，夹具处于放松状态，上限位和左限位开关闭合。

② 启动状态：

a. 机械手由原点位置开始向下运动，直到下限位开关闭合为止。

b. 机械手夹紧工件，时间为 2 s。

c. 夹紧工件后向上运动，直到上限位开关闭合为止。

d. 再向右运动，直到右限位开关闭合为止。

e. 再向下运动，直到下限位开关闭合为止。

f. 机械手将工件放到工作台 B 处，其放松时间为 2 s。

g. 再向上运动，直到上限位开关闭合为止。

h. 再向左运动，直到左限位开关闭合，一个工作周期结束，机械手返回到原位状态。

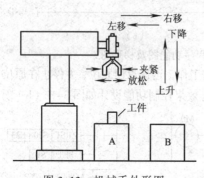

图 3-13　机械手外形图

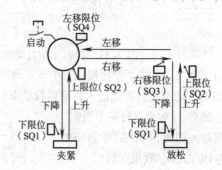

图 3-14　机械手运动示意图

（2）I/O 地址分配（见表 3-4）

表 3-4　I/O 地址分配

输	入		输	出	
启动按钮	X6		下降	Y0	
停止按钮	X7		上升	Y2	
下限位开关	X0		右移	Y1	
上限位开关	X1		左移	Y3	
右限位开关	X2		夹紧/放松	Y4	
左限位开关	X3				

（3）程序设计

机械手控制状态转移图及梯形图如图 3-15 所示。

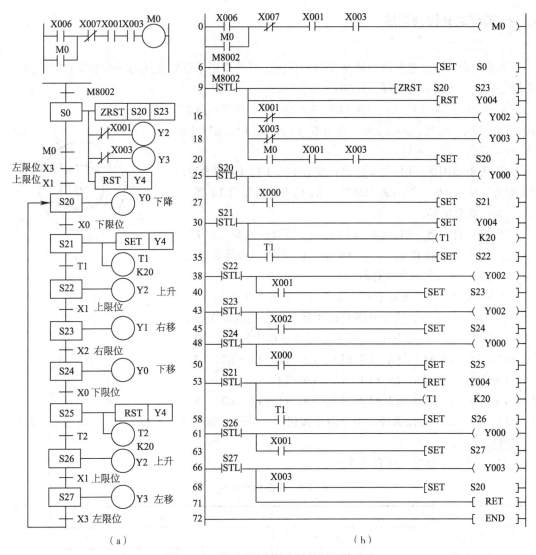

（a）　　　　　　　　　　　　　　（b）

图 3-15　机械手控制状态转移图及梯形图

（4）调试结果

在 PLC 通电运行后，先复位了 S20～S27 状态，如果机械手不在原点（松开、左限位和上限位不满足条件），自动进行原点返回。在初始条件满足后，按下启动按钮，依次开始机械手的动作过程。

（5）思考与创新

创新建议 1：增加紧急停止功能，在任何工作过程中，有人按下急停按钮，机械手都会停止当前周期的动作，马上返回原点。

创新建议 2：增加工作方式选择开关，可以分自动运行方式和手动控制方式，甚至可以再加单周期运行方式、单步运行方式等。

创新建议 3：在学习移位循环和移位类指令后，试用移位指令实现移位控制，编制机械手控制程序。

4 天塔之光控制训练

（1）控制要求

天塔之光是高层建筑进行防空安全的设施，目前也用于家庭普通照明中的花色灯控制。天塔之光控制方式也有多样，比如：

① 隔灯闪烁：L1、L3、L5、L7、L9 亮，1 s 后灭；接着 L2、L4、L6、L8 亮，1 s 后灭；再接着 L1、L3、L5、L7、L9 亮，1 s 后灭；如此循环。

② 发射型闪烁：L1，2 s 后灭；接着 L2、L3、L4、L5 亮，2 s 后灭；接着 L6、L7、L8、L9 亮，2 s 后灭；再接着 L1 亮，2 s 后灭；如此循环。

③ 隔两灯闪烁：L1、L4、L7 亮，1 s 后灭；接着 L2、L5、L8 亮，1 s 后灭；接着 L3、L6、L9 亮，1 s 后灭；再接着 L1、L4、L7 亮，1 s 后灭；如此循环。

图 3-16 是天塔之光示意图。本项目采取控制形式如下：

按下启动按钮后，塔顶 9 盏灯按旋转、发射型的规律顺序点亮、熄灭，时间间隔为 1 s。各盏灯的显示规律为 L1、L2、L9→L1、L5、L8→L1、L4、L7→L1、L3、L6→L1→L2、L3、L4、L5→L6、L7、L8、L9→L1、L2、L6→L1、L3、L7→L1、L4、L8→L1、L5、L9→L1→L2、L3、L4、L5→L6、L7、L8、L9→L1、L2、L9，如此循环。按下停止按钮后，塔顶 9 盏灯全部熄灭。

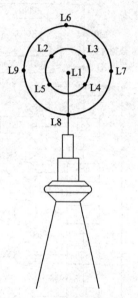

图 3-16　天塔之光示意图

（2）I/O 地址分配（见表 3-5）

表 3-5　I/O 地址分配

输	入	输	出
启动按钮	X0	灯 L1~L7	Y1~ Y7
停止按钮	X1	灯 L8~L9	Y10 ~Y11

（3）程序设计

由控制要求可知，灯光闪烁过程的每一循环分为 14 状态步，各盏灯点亮与熄灭的状态取决于状态步的序号。采用连续编号如 S20、S21、S22、…、S33。当某一状态为当前步时，对应的控制位置为 ON，点亮控制的灯。天塔之光控制状态转移图如图 3-17 所示。

（4）调试结果

在通电运行后，先复位 S20~S33 状态器，也复位所有输出灯 L1~L9，然后按下启动按钮，实现启保停电路的 M0 的自锁，程序就进入从 S20 ~ S33 各状态的依次运行，每个状态按照设计要求点亮的灯为效果输出，并自动循环。需要停止时，只有按下停止按钮，程序在当前周期运行结束返回到初始状态 S0 后，由于 M0 自锁功能已经丢失，故不能再运行进入 S20，至此程序才停止。

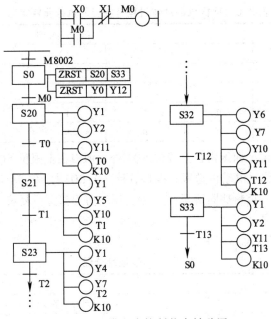

图 3-17 天塔之光控制状态转移图

（5）思考与创新

创新建议1：在学习移位循环和移位类指令后，试用移位指令实现移位控制，编制灯光闪烁控制程序。

创新建议2：试用二进制乘法指令实现移位控制，编制灯光闪烁控制程序。

5 自动剪板机控制训练

（1）控制要求

自动剪板机是借于运动的上刀片和固定的下刀片，采用合理的刀片间隙，对各种厚度的金属板材施加剪切力，使板材按所需要的尺寸断裂分离。自动剪板机按驱动方式可分为脚踏式（人力）、机械式、液压摆式等。自动剪板机常用来剪裁直线边缘的板料毛坯。剪切工艺应能保证被剪板料剪切表面的直线性和平行度要求，并尽量减少板材扭曲，以获得高质量的工件。自动剪板机按照控制方式可以分为闸式剪板机、摆式剪板机、数控剪板机、数显剪板机、液压剪板机等。自动剪板机加工材料可分为塑料薄膜、金属板件、纺织材料等。

某自动剪板机的动作示意图如图3-18所示。

该剪板机的送料由电动机驱动，送料电动机由接触器KM控制，压钳的下行和复位由液压电

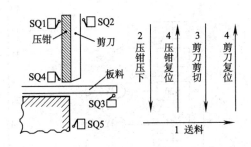

图 3-18 某自动剪板机的动作示意图

磁阀 YV1 和 YV3 控制，剪刀的下行和复位由液压电磁阀 YV2 和 YV4 控制。SQ1～SQ5 为限位开关。剪板机的动作过程及相应的执行元件状态见表3-6，在执行元件状态表中，状态"1"表示相应的执行元件动作；状态"0"表示相应的执行元件不动作。

表3-6　剪板机的动作过程及相应的执行元件状态

动　作	执 行 元 件				
	KM	YV1	YV2	YV3	YV4
送料	1	0	0	0	0
压钳下行	0	1	0	0	0
压钳压紧、剪刀剪切	0	1	1	0	0
压钳复位、剪刀复位	0	0	0	1	1

当压钳和剪刀在原位（即压钳在上限位 SQ1 处，剪刀在上限位 SQ2 处），按下启动按钮后，自动按以下顺序动作：电动机送料，板料右行，至 SQ3 处停，压钳下行，至 SQ4 处将板料压紧，剪刀下行剪板，板料剪断落至 SQ5 处，压钳剪刀都上行复位，至 SQ1、SQ2 处回到原位，等待下次启动信号。

（2）I/O 地址分配（见表 3-7）

表 3-7　I/O 地址分配

输　　入		输　　出	
启动按钮	X0	电动机接触器 KM	Y0
SQ1	X1	YV1	Y1
SQ2	X2	YV2	Y2
SQ3	X3	YV3	Y3
SQ4	X4	YV4	Y4
SQ5	X5		

（3）程序设计

自动剪板机控制状态转移图及梯形图如图 3-19 所示。

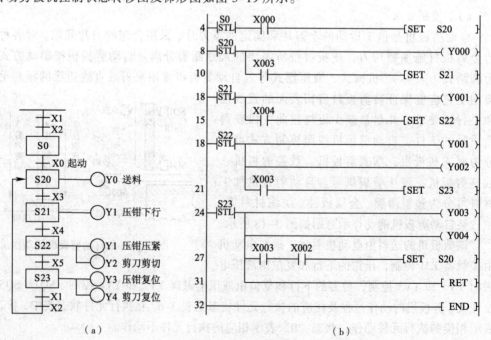

图 3-19　自动剪板机控制状态转移图及梯形图

（4）调试结果

模拟手动压钳和剪刀，满足在原位（X1、X2）后，启动进入正常工作过程，最后返回原位等待下次启动。

（5）思考与创新

通电后可以手动复位压钳和剪刀，使其回到原位，再开始启动。

从安全生产角度考虑，在生产过程中出现的意外情况需要剪板机立即停止，压钳和剪刀要重新回到原位，而不能把该周期动作继续做下去，否则就可能有生产事故。

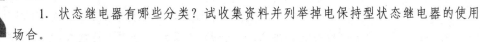

练习与提高

1. 状态继电器有哪些分类？试收集资料并列举掉电保持型状态继电器的使用场合。

2. 叙述状态转移图的三要素。

3. 用状态编程法设计一个由 5 盏灯组成的彩灯组。

按下启动按钮之后，从第一个彩灯开始，相邻的两个彩灯同时点亮和熄灭，不断循环。每组点亮的时间为 3 s，按下停止按钮之后，所有彩灯立刻熄灭，其点亮的顺序是 1、2→3、4→5、1→2、3→4、5→循环。

4. 用 PLC 的步进顺序控制指令编写程序。控制要求：

按下启动按钮，电动机 M1 立即启动，2 s 后电动机 M2 启动，再过 2 s 后电动机 M3 启动；启动完毕后，按下停止按钮，电动机 M3 立即停止，5 s 后电动机 M2 停止，再过 1.5 s 电动机 M1 停止；未启动完毕，按下停止按钮，电动机 M1、M2、M3 立即停止。

5. 设计一个汽车库自动门控制系统。控制要求：当汽车到达车库门前，超声波开关接收到车来的信号，开门上升，当升到顶点碰到上限开关，门停止上升，当汽车驶入车库后，光电开关发出信号，门电动机反转，门下降，当下降碰到下限开关后门电动机停止。试画出 I/O 地址分配表，并设计与 PLC 的接线图、设计出梯形图程序并加以调试；画出 SFC 图并编写出梯形图。

6. 6 盏灯正方向顺序全通，反方向顺序全灭控制。控制要求：

按下启动按钮 X0，6 盏灯（Y0~Y5）依次点亮，间隔时间为 1 s；按下停车按钮 X1，灯反方向（Y5~Y0）依次全灭，间隔时间为 1 s；按下复位按钮 X2，6 盏灯立即全灭，画出 SFC 图并编写出梯形图。

7. 两种液体混合装置控制（见图 3-20）。控制要求：

有两种液体 A、B 需要在容器中混合成液体 C 待用，初始时容器是空的，所有输出均失效。按下启动信号，阀门 A 打开，注入液体 A；到达 I 时，A 关闭，阀门 B 打开，注入液体 B；到达 H 时，B 关闭，打开加热器 R；当温度传感器达到 60 ℃时，关闭 R，打开阀门 C，释放液体 C；当最低位液位传感器 L=0 时，关闭 C 进入下一个循环。按下停车按钮，要求停在初始状态。

启动信号 X0，停车信号 X1，H（X2），I（X3），L（X4），温度传感器 X5，阀门 A（Y0），阀门 B（Y1），加热器 R（Y2），阀门 C（Y3）。画出 SFC 图并编写出梯形图。

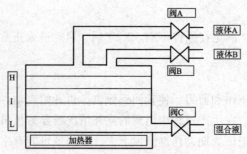

图 3-20　液体混合装置控制示意图

8. 设计喷泉电路。控制要求：

喷泉有 A、B、C 共 3 组喷头。启动后，A 组先喷 5 s 后，B、C 同时喷，5 s 后 B 停；再 5 s 后 C 停，而 A、B 又喷；再 2 s，C 也喷，持续 5 s 后全部停；再 3 s 重复上述过程，画出 SFC 图并编写出梯形图。

A（Y0），B（Y1），C（Y2），启动信号 X0。

9. 设计一工作台自动往复控制程序。控制要求：

正反转启动信号 X0、X1，停车信号 X2，左右限位开关 X3、X4，输出信号 Y0、Y1。具有电气互锁和机械互锁功能。画出 SFC 图并编写出梯形图。

10. 6 盏灯单通循环控制。控制要求：

按下启动按钮 X0，6 盏灯（Y0~Y5）依次循环显示，每盏灯亮 1 s。按下停车按钮 X1，灯全灭，画出 SFC 图并编写出梯形图。

11. 气压成型机控制。控制要求：

开始时，冲头处在最高位置（XK1 闭合）。按下启动按钮，电磁阀 1DT 得电，冲头向下运动，触到行程开关 XK2 时，1DT 失电，加工 5 s。5 s 后，电磁阀 2DT 得电，冲头向上运动，直到触到行程开关 XK1 时，冲头停止。按下停车按钮，要求立即停车。

启动信号 X0，停车信号 X1，XK1（X2），XK2（X3），1DT（Y0），2DT（Y1）。

任务 2　选择序列结构编程

任务目标

1. 了解选择序列结构编程的方法；
2. 了解选择序列结构编程的应用场合及特征；
3. 掌握大小球分类选择传送装置、流水灯控制、喷砂机控制。

1 预备知识

选择序列结构：用单水平线表示，代表在一个状态之后有若干个单一顺序等待选择，而一次仅能选择一个单一分支。为了保证一次仅选择一个单一分支，即选择的优先权，必须对各个转移条件加以约束，选择序列的转移条件应标注在单水平线以内。图 3-21 为选择分支的状态转移图和梯形图。

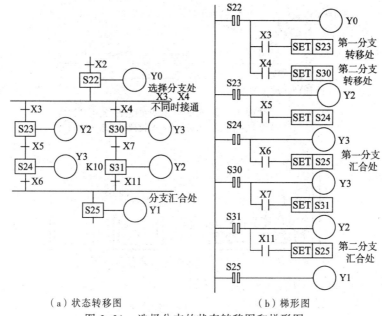

（a）状态转移图　　　　　　　　　　（b）梯形图

图 3-21　选择分支的状态转移图和梯形图

（1）S22 为选择分支状态

根据不同的条件（X3 或 X4）来选择执行其中的一个流程。若满足转换条件 X3，则转换到 S23 状态；若满足转换条件 X4，则转换到 S30 状态。但 X3 和 X4 不能同时闭合。

（2）S25 为选择汇合状态

分支结束时，无论哪条分支的最后一状态（S24 或 S31）为活动步时，只要相应的转换条件成立，都能转换到 S25 状态。

（3）对选择分支编程

在对选择分支编程时，可以先编分支点，把多个条件及分支的首状态编好，然后逐一编写每条分支，每条分支都可以编写到汇合的状态（不存在状态的重复使用），每条分支的编程方法和单流程的编程方法一样。

选择分支的编程与一般状态的编程一样，先进行驱动处理，然后进行转移处理，所有的转移处理按顺序执行，简称先驱动后转移。因此，首先对 S22 进行驱动处理（OUT Y0），然后按 S23、S30 的顺序进行转移处理。

选择性汇合的编程是先进行汇合前状态的驱动处理，然后按顺序向汇合状态进行转移处理。因此，首先对第一分支（S23、S24）、第二分支（S30、S31）进行驱动处理，然后按 S24、S31 的顺序向 S25 转移。

2 大小球分类选择传送装置控制

（1）控制要求

图 3-22 是大小球分类选择传送装置示意图。

机械臂左上为原点，机械臂的动作顺序依次为下降、吸住、上升、右行、下降、释放、上升、左行回到原点。

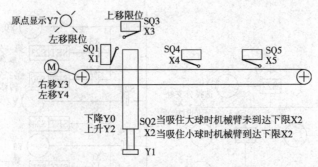

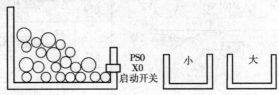

图 3-22　大小球分类选择传送装置示意图

其中，机械臂下降时，当电磁铁压着大球时，下限位开关 SQ2（X2）断开；当电磁铁压着小球时，SQ2 接通，以此可判断吸住的是大球还是小球。

将球吸住后，上升至 SQ3 后开始右移，大小球分别右移到 SQ5、SQ4 后开始下降，下降至 SQ2 后释放，然后重新上升、左移回原点，等待启动信号重新开始。

抓球和释放球的时间均为 1 s；左、右移分别由 Y4、Y3 控制；上升、下降分别由 Y2、Y0 控制；吸球电磁铁由 Y1 控制。

（2）I/O 地址分配（见表 3-8）

表 3-8　I/O 地址分配

输	入		输	出	
启动按钮 PS0	X0		下降	Y0	
左限位 SQ1	X1		电磁铁	Y1	
下限位 SQ2	X2		上升	Y2	
上限位 SQ3	X3		右移	Y3	
右限位 SQ4	X4		左移	Y4	
右限位 SQ5	X5		原点指示灯	Y7	

（3）程序设计

大小球分类选择传送控制状态转移图如图 3-23 所示。

（4）调试结果

在通电运行后，机械臂的初始位置为满足左限位、上限位和释放状态，原点指示灯亮后按下启动按钮，机械臂开始动作，顺序为先下降并延时 2 s，判断大小球位置传感器，判断结果分支运行，吸住→上升→右行，右行的落料限位开关不同，分别在大球和小球料框上方停止，然后下降→释放→上升→左行，回原点等待再次启动。

（5）思考与创新

① 可以加入手动或自动的回原点程序，满足原点要求后原点指示灯（Y7）点亮。

② 可以加入单步手动操作、单周期操作和自动周期循环等多种工作方式，用选择开关实现多种方式的切换。

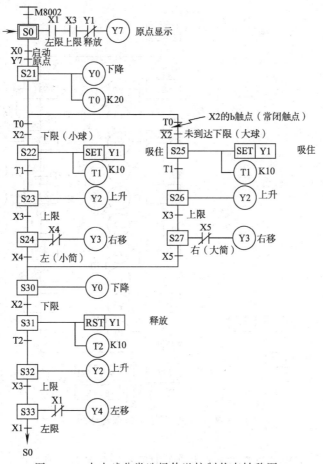

图 3-23　大小球分类选择传送控制状态转移图

3　流水灯控制

（1）控制要求

PLC 的输出口外接 5 只彩灯，当方式开关打到 K1 位置时，要求每隔 1 s，轮流点亮一只灯；当方式开关打到 K2 位置时，要求每隔 2 s，轮流点亮一只灯。当停止按钮按下，所有输出立即停止。

用选择分支结构编写状态转移图。

（2）I/O 地址分配（见表 3-9）

表 3-9　I/O 地址分配

输　　　　入		输　　　　出	
急停按钮	X0	灯 L1~L5	Y0~Y4
选择开关 K1	X1		
选择开关 K2	X2		

（3）程序设计

流水灯控制状态转移图如图 3-24 所示。

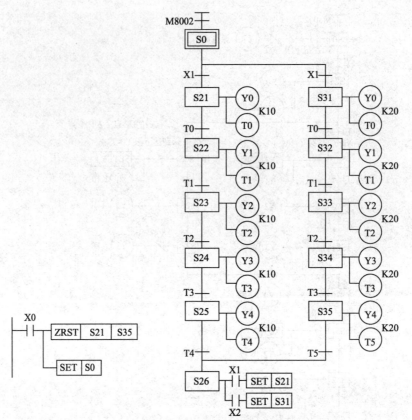

图 3-24　流水灯控制状态转移图

（4）调试结果

在通电运行后，由选择开关实现流水灯的时间控制和启动，当 X1 为 ON 时，Y0~Y4 依次按照 1 s 间隔轮流点亮；当 X2 为 ON 时，Y0~Y4 依次按照 2 s 间隔轮流点亮；如果急停时先使 X1 和 X2 达到 OFF 状态后，再闭合 X0 实现所有状态复位并回到 S0 状态，否则当松开急停按钮，程序又会自动进入某个运行方式中。

（5）思考与创新

添加正常启保停控制，这样能方便地实现方式选择，然后再启动运行，即使在急停时，也可以不需要操作方式选择开关。

4　喷砂机的控制

（1）控制要求

喷砂机是采用压缩空气为动力，以形成高速喷射束将喷料高速喷射到需处理工件表面，使工件表面的外表面的机械性能发生变化的一种机器。

喷砂机是现代效率高、投资较少的一种高性价比的铸造清理设备，喷砂机通常用于易腐蚀材料或工件的表面除锈、去锈，和非生锈金属的去氧化皮处理。在日常工作中，喷砂机操作规程直接关系着能否安全生产。

喷砂机适用于平板类、盘类、四方体、型材及其他异形工件的喷砂加工，如平面不锈钢板材、玻璃钢板、石材、不粘锅、烤盘、多士炉、计算机机箱、笔记本式计算机、电熨斗底板、装饰件、标牌徽章、通信器材、铝板材等。

本任务是一种不粘锅喷砂机，控制要求如下：

① 方式开关选择自动与手动操作。

② 自动方式下：按下启动按钮，人工把不粘锅半成品放入托盘夹具，2 s 后托盘自动随轨道（正转）进入喷房指定位置，真空泵打开压缩空气，喷嘴阀门打开，喷嘴喷射出粉末，同时托盘夹具 360° 旋转，在完成设定时间的喷射任务后，停止喷射，托盘自动随轨道（反转）移到喷房外，完成指示灯闪烁，提示人工取走不粘锅，并重新放入一个不粘锅半成品，继续加工。

③ 手动方式下：只有操作每步加工的按钮，如托盘轨道的进仓按钮与出仓按钮、空气泵开启按钮、喷嘴阀门开启按钮、托盘旋转按钮等，动作才能进行，当中有些单步操作必须按照动作流程进行，否则也是无效操作。

（2）I/O 地址分配（见表 3-10）

表 3-10　I/O 地址分配

输　　　入		输　　　出	
启动按钮	X0	空气泵	Y0
停止按钮	X1	喷嘴电磁阀	Y1
方式开关（自动）	X2	托盘电动机	Y2
方式开关（手动）	X3	轨道（正转）进仓	Y3
托盘传感器	X4	轨道（反转）出仓	Y4
进仓限位开关	X5	完成指示灯	Y6
出仓限位开关	X6		
进仓按钮	X7		
出仓按钮	X10		
空气泵开启按钮	X11		
喷嘴阀门开启按钮	X12		
托盘旋转按钮	X13		

（3）程序设计

不粘锅喷砂机控制步进梯形图如图 3-25 所示。

（4）调试结果

在通电运行后，由选择开关选择自动方式（X2）或手动方式（X3）；如果进入自动方式，再按下启动按钮 X0，人工把不粘锅半成品放入托盘夹具，X4 检测到已有锅放入，2 s 后托盘自动随轨道（正转）进入喷房指定位置（X5），然后依次打开真空泵、喷嘴阀门、托盘夹具 360° 旋转，在完成设定时间（D0）的喷射任务后，停止喷射，托盘自动随轨道（反转）移到喷房外（X6），完成指示灯闪烁，提示人工取走不粘锅，并重新放入一个不粘锅半成品，继续加工。

如果进入手动方式，再按下启动按钮 X0，人工把不粘锅半成品放入托盘夹具，X4 检测到已有锅放入，2 s 后并按下进仓按钮（X7）后，托盘才自动随轨道（正转）进入喷房指定位置（X5），然后手动（X11）打开真空泵、手动（X12）打开喷嘴阀门、手动（X13）打开托盘夹具 360° 旋转，在手动关闭以上操作后，按下出仓按钮（X10），托盘才随轨道（反转）移到喷房外（X6），完成指示灯闪烁，提示人工取走不粘锅，并重新放入一个不粘锅半成品，继续加工。

（5）思考与创新

① 加入停止按钮（X1）功能。目前程序只有返回初始状态后不按启动按钮，则程序流

程就自动停止，加入停止按钮（X1），允许在任何时候按下，程序动作立即停止，并能转入其他工作方式，进行单步调整。

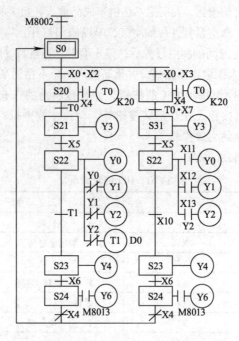

图 3-25　不粘锅喷砂机控制步进梯形图

② 添加其他工作方式，单步工作方式，所有动作都可以进行单步操作，不受动作流程限制，便于设备对每个工作点进行调试。

③ 加入各个输出设备的保护程序，如过载、短路等。

练习与提高

1. 试收集资料并列举选择序列结构编程的应用场合。

2. 用选择序列结构设计电动机正反转的控制程序。控制要求：

按正转启动按钮SB1，电动机正转，按停止按钮SB3，电动机停止；按反转启动按钮SB2，电动机反转，按停止按钮SB3，电动机停止；且热继电器具有保护功能。

3. 用选择序列结构设计自动/手动洗车设备（见图3-26）的控制程序，控制要求：

① 若方式选择开关（COS）置于手动方式，当按下 START 启动后，则按下列程序动作：执行泡沫清洗（用 MC1 驱动）；

按 PB1 按钮则执行清水冲洗（用 MC2 驱动）；

按 PB2 按钮则执行风干（用 MC3 驱动）；

图 3-26　自动/手动洗车设备示意图

按 PB3 按钮则结束洗车。

② 若方式选择开关（COS）置于自动方式，当按下 START 启动后，则自动按洗车流程执行。其中泡沫清洗 10 s、清水冲洗 20 s、风干 5 s，结束后回到待洗状态。

③ 任何时候按下 STOP，则所有输出复位，停止洗车。

任务3 并行序列结构编程

任务目标

1. 了解并行序列结构编程的方法；
2. 了解并行序列结构编程的应用场合及特征；
3. 掌握十字路口交通灯、液体混合装置等的控制。

1 预备知识

并行序列结构：用双水平线表示，代表在同一个状态下的同一个转移条件下，同时启动若干个顺序分支状态，完成各自相应的动作后，同时转移到结束汇合的状态步中，并行序列的转移条件应标注在两个双水平线以外。图3-27为并行分支的状态转移图和梯形图。

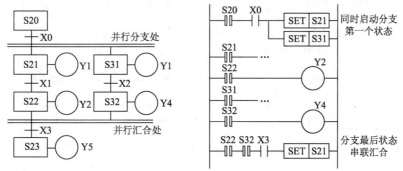

图3-27 并行分支的状态转移图和梯形图

（1）S22为并行分支状态

根据同一条件来同时执行多个分支流程。在S20状态下满足转换条件X0，则同时启动了两个分支的第一个状态S21和S31，同时运行两个分支的工作过程。

（2）S23为并行汇合状态

分支结束时，必须等待两个分支的结束状态（S22和S32）都运行结束，在串联加上转移条件后汇合进入S23状态。

（3）对并行分支编程

在对并行分支编程时，可以先将分支点同时进入的多个分支的首状态编好，然后逐一编写每条分支，每条分支不能都编写到汇合的状态（否则会出现状态的重复使用，即双线圈的错误），每条分支的编程方法和单流程的编程方法一样。等待所有分支编写结束后，把分支的最后状态与转移条件串联汇合进入汇合状态器。

并行分支的编程与选择分支的编程一样，先进行驱动处理，然后进行转移处理，所有的转移处理按顺序执行。根据并行分支的编程方法，首先对S20进行驱动处理，然后按第一分支、第二分支的顺序进行转移处理。

并行汇合的编程与选择汇合的编程一样，也是先进行汇合前状态的驱动处理，然后按顺序向汇合状态进行转移处理。根据并行性汇合的编程方法，首先对S21和S22、S31和S32两个分支进行驱动处理，然后按S22、S32的顺序向S23转移。

（4）不同分支的处理

有些分支、汇合的组合流程不能直接编程，需要转换后才能进行编程，如图 3-28 所示，应将图 3-28（a）转换为可直接编程的图 3-28（b）形式。

分支、汇合组合的状态转移图如图 3-29 所示，它们连续地直接从汇合线转移到下一个分支线，而没有中间状态。这样的流程组合既不能直接编程，又不能采用上述办法先转换后编程。这时需在汇合线到分支线之间插入一个状态，以使状态转移图与前边所提到的标准图形结构相同。但在实际工艺中这个状态并不存在，所以只能虚设，这种状态称为虚设状态。加入虚设状态之后的状态转移图就可以进行编程了。

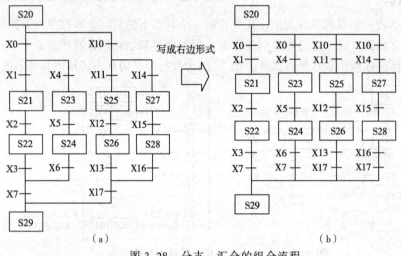

图 3-28　分支、汇合的组合流程

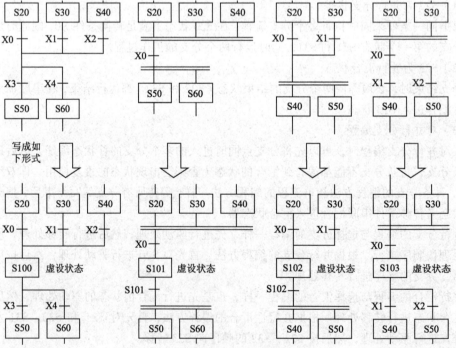

图 3-29　分支、汇合组合的状态转移图

2 ▶ 路口交通灯控制

（1）控制要求

图 3-30 是十字路口交通灯时序图。

信号灯受一个启动开关控制，当启动开关接通时，信号灯系统开始工作，且先南北红灯亮、东西绿灯亮。当启动开关断开时，所有信号灯均熄灭。

南北红灯亮维持 35 s，在南北红灯亮的同时东西绿灯也亮，并维持 30 s。到 30 s 时，东西绿灯闪亮，频率为 1 s，闪亮 3 次后熄灭。在东西绿灯熄灭时，东西黄灯亮，并维持 2 s。到 2 s 时，东西黄灯熄灭，东西红灯亮，同时，南北红灯熄灭，绿灯亮。东西红灯亮维持 25 s。南北绿灯亮维持 20 s，然后闪亮 3 次后熄灭。同时南北黄灯亮，维持 2 s 后熄灭，这时南北红灯亮，东西绿灯亮。如此周而复始。

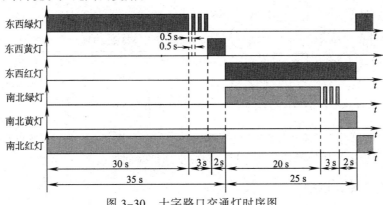

图 3-30　十字路口交通灯时序图

（2）I/O 地址分配（见表 3-11）

表 3-11　I/O 地址分配

输　　入		输　　出	
启动开关	X0	南北绿灯	Y0
		南北黄灯	Y1
紧急按钮	X1	南北红灯	Y2
		东西绿灯	Y4
		东西黄灯	Y5
		东西红灯	Y6

（3）程序设计

按照十字路口两个方向（东西方向、南北方向）的红黄绿灯同时运行的特性，单独用分支编写两个方向的流程，以并行分支的结构进行组合。以 X0 启动开关同时启动两个分支，两个分支中的状态继电器延时，每个周期都为 50 s，保证两个分支同时汇合。十字路口交通灯控制状态转移图如图 3-31 所示。

M10 是用来控制两个方向绿灯的 1 Hz 闪烁（先熄灭 0.5 s，后点亮 0.5 s），故另外编写一个脉冲振荡电路（T10 控制熄灭 0.5 s，T11 控制点亮 0.5 s），分别在 S23 和 S26 状态下才有效。

脉冲闪烁电路梯形图如图 3-32 所示。

（4）思考与创新

① 在某些特殊情况下，如救护车通过、交通管制等情况，需要加入紧急信号的处理功

能，现在另外加入一个紧急停止按钮，当按下时会出现东西、南北方向同时出现红灯，并固定延时 1 min，而后自动恢复正常运行流程。

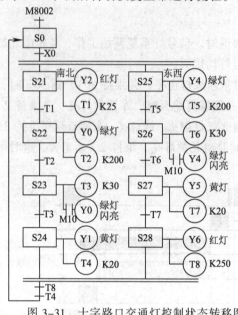

图 3-31 十字路口交通灯控制状态转移图

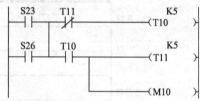

图 3-32 脉冲闪烁电路梯形图

② 在学习传送与比较类功能指令后，完成交通灯时间的改变。

3 液体混合装置控制

（1）控制要求

液体混合装置示意图如图 3-33 所示。用并行分支结构编写状态转移图。

① 在初始状态时，3 个容器都是空的，所有的阀门均关闭，搅拌器未运行。

② 按下启动按钮，阀 1 和阀 2 得电打开，注入液体 A 和 B。

③ 当两个容器的上液位开关闭合，停止进料，开始放料。分别经过 3 s（阀 3）、5 s（阀 4）的延时，放料完毕。搅拌电动机开始工作，1 min 后，停止搅拌，混合液开始放料（打开阀 5）。

④ 10 s 后，放料结束（关闭阀 5）。

（2）I/O 地址分配（见表 3-12）

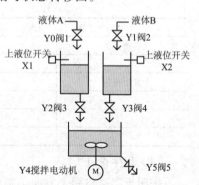

图 3-33 液体混合装置示意图

表 3-12 I/O 地址分配

输	入		输	出
启动按钮	X0		阀 1	Y0
A 容器上液位开关	X1		阀 2	Y1
B 容器上液位开关	X2		阀 3	Y2
			阀 4	Y3
			搅拌电动机	Y4
			阀 5	Y5

（3）程序设计

液体混合控制状态转移图如图 3-34 所示。

（4）调试结果

通电后按下启动按钮，同时进入 S21 和 S31 分支（打开阀 1 和阀 2），在注满液体 A 和 B 后打开阀 3 和阀 4 开始排料，并分别在 3 s 和 5 s 后各自关闭阀门。搅拌电动机开始工作，1 min 后又打开阀 5 排料，10 s 自动关闭，返回初始状态。

（5）思考创新

循环以上过程 3 次后，系统停止工作，返回初始步。

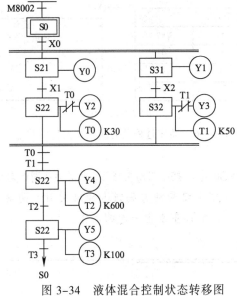

图 3-34　液体混合控制状态转移图

练习与提高

1. 试收集资料并列举并行序列结构编程的应用场合。

2. 写出图 3-35 所示的顺序功能图的梯形图程序。

3. 用并行序列结构设计组合机床，该组合机床有两个动力头，它们的动作由液压电磁阀控制，工作时需要同时完成两套动作，其动作过程及对应执行元件的状态如图 3-36 所示。图中 SQ0 ~ SQ5 为行程开关，YV1~YV7 为液压电磁阀。

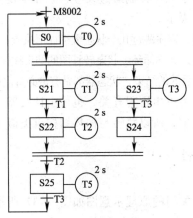

图 3-35　顺序功能图

动作	执行元件			
	YV1	YV2	YV3	YV4
快进	0	1	1	0
工进 I	1	1	0	0
工进 II	0	1	1	1
快退	1	0	1	0

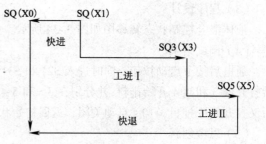

（a）1 号动力头

动作	执行元件		
	YV5	YV6	YV7
快进	1	1	0
工进	1	0	1
快退	0	1	1

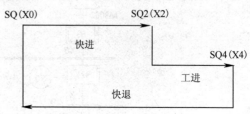

（b）2 号动力头

图 3-36　动作过程及对应执行元件的状态

控制要求如下：

① 当动力头在原位时（SQ0 处），按下启动按钮后，两动力头同时启动，分别去执行各自的动作。

② 当 1 号动力头到达 SQ5 且 2 号动力头到达 SQ4 处时，两动力头同时转入快退。

③ 两动力头退回原位后，继续重复上一次的动作。

任务4　其他结构编程

任务目标

1. 了解跳转结构编程的方法；
2. 了解循环结构编程的方法；
3. 掌握双门通道自动控制、全自动工业洗衣机等的控制。

1　预备知识

跳转与循环结构：表示顺序控制跳过某些状态和重复执行，状态转移图中的跳转和循环用指向状态继电器的箭头表示。

当满足某一转移条件时，程序跳过几个状态继续往下执行，是正跳转；程序返回上面某个状态再往下继续执行，是逆向跳转，又称循环。状态转移图的结束往往都以循环的方式实现，多数回到初始状态。状态转移图不能没有目的的结束，状态器都是有进必有出的流程工作方式。

跳转与循环的条件，可以由行程开关，也可由计数器、定时器、比较与判断的结果来实现，大部分以选择性的为主，所以跳转与循环结构也类似于选择分支结构。

2　双门通道自动控制

（1）控制要求

双门通道自动控制开关门的原理示意图如图 3-37 所示。该通道的两个出口（甲、乙）

设立了两个电动门：门 1（B1）和门 2（B2）。在两个门的外面设有开门的按钮 X1、X2，在两个门的内侧设有光电传感器 X11 和 X12，以及开门的按钮 X3 和 X4，可以自动完成门 1 和门 2 的打开。门 1 和门 2 不能同时打开。

① 若有人在甲处按下开门按钮 X1，则门 B1 自动打开，3 s 后关闭，再自动打开门 B2。

② 若有人在乙处按下开门按钮 X2，则门 B2 自动打开，3 s 后关闭，再自动打开门 B1。

③ 在通道内的人操作 X3 和 X4 可立即进入门 B1 和 B2 的开门程序。

④ 每道门都安装了限位开关（X5、X6、X7、X10），用于确定门关闭和打开是否到位。

⑤ 在通道外的开门按钮 X1、X2 有相对应的指示灯 LED，当按下开门按钮后，指示灯 LED 亮，门开好后 LED 指示灯熄灭。

⑥ 当光电传感器检测到门 B1、B2 的内侧有人时，则自动进入开门程序。

（2）I/O 地址分配（见表 3-13）

表 3-13   I/O 地址分配

输	入	输	出
B1 门外按钮	X1	打开 B1 门	Y1
B1 门内按钮	X3	关闭 B1 门	Y2
B1 门关门到位	X5	打开 B2 门	Y3
B1 门开门到位	X7	关闭 B2 门	Y4
B1 门内的光电传感器	X11	按钮 X1 的指示灯	Y5
B2 门外按钮	X2	按钮 X2 的指示灯	Y6
B2 门内按钮	X4		
B2 门关门到位	X6		
B2 门开门到位	X10		
B2 门内的光电传感器	X12		

（3）程序设计

双门通道自动控制开关门程序是一典型的顺序不连续多跳转结构，双门通道自动控制开关门的状态转移图如图 3-38 所示。

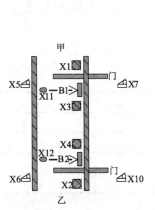

图 3-37 双门通道自动控制开关门的原理示意图   图 3-38 双门通道自动控制开关门的状态转移图

（4）思考与创新

可以采用步控指令或经验设计法完成程序设计。

3 全自动工业洗衣机控制

全自动工业洗衣机由电动机通过传送带变速带动内胆转动，且在时序控制器作用下正反旋转，带动水和衣物做不同步运动，使水和衣物等相互摩擦、揉搓，达到洗净的目的。本任务采用1台三相异步电动机或1台调速电动机（洗染机）作运转动力，当接通电源时，电源指示灯亮，三位开关控制点动、停止、自动，点动位置时点动指示灯亮，可实现点动对门；自动位置时运转指示灯亮，根据洗涤工艺要求选择洗涤时间，机器将在规定的时间内正反自动运转洗涤。

（1）控制要求

全自动工业洗衣机结构示意图如图3-39所示。波轮式全自动工业洗衣机的洗衣桶（外桶）和脱水桶（内桶）是以同一中心安装的。外桶固定，作为盛水用；内桶可以旋转，作为脱水（甩干）用。内桶的四周有许多小孔，使内、外桶的水流相通。洗衣机的进水和排水分别由进水电磁阀和排水电磁阀控制。进水时，控制系统使进水电磁阀打开，将水注入外桶；排水时，使排水电磁阀打开将水由外桶排到机外。洗涤和脱水由同一台电动机拖动，通过电磁离合器来控制，将动力传递给洗涤波轮或内桶。电磁离合器失电，电动机带动洗涤波轮实现正反转，进行洗涤；电磁离合器得电，电动机带动内桶单向旋转，进行甩干（此时波轮不转）。水位高低分别由高低水位开关进行检测。启动按钮用来启动洗衣机工作。

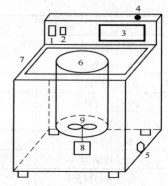

图3-39 全自动工业洗衣机结构示意图
1—电源开关；2—启动按钮；3—PLC控制器；
4—进水口；5—出水口；6—洗衣桶；
7—外桶；8—电动机；9—波轮

洗衣机接通电源后，按下启动按钮，洗衣机开始进水。当水位达到高水位时，停止进水并开始正向洗涤。正向洗涤5 s以后，停止2 s；然后开始反向洗涤，反向洗涤5 s以后，停止2 s，如此反复进行。当正向洗涤和反向洗涤满10次时，开始排水，当水位降低到低水位时，开始脱水，并且继续排水。脱水10 s后，就完成一次从进水到脱水的大循环过程。然后进入下一次大循环过程。当大循环的次数满3次时，进行洗完报警。报警维持2 s，结束全部过程，洗衣机自动停机。

（2）I/O地址分配（见表3-14）

表3-14 I/O地址分配

输	入		输	出	
启动按钮	X0		进水阀	Y0	
高水位开关	X3		正转洗涤	Y1	
低水位开关	X4		反转洗涤	Y2	
			排水阀	Y3	
			脱水离合器	Y4	
			报警蜂鸣器	Y5	

（3）程序设计

全自动工业洗衣机控制的设计是一典型多循环结构设计，其状态转移图如图 3-40 所示。

（4）思考与创新

① 试加入暂停功能和急停功能。

② 加入方式开关，可以进行选择不同洗涤模式，然后进行全手动操作。

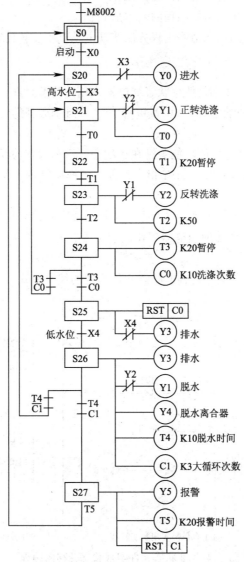

图 3-40　全自动工业洗衣机控制状态转移图

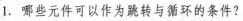

练习与提高

1. 哪些元件可以作为跳转与循环的条件？

2. 如何实现两个不同初始状态继电器的之间的跳转？

3. 在跳转时指向状态继电器使用的是 SET 指令还是 OUT 指令？

项目 3　状态编程法及应用

任务 5　非状态元件在状态编程法中的应用

任务目标

1. 了解非状态元件的状态结构编程的方法；
2. 了解非状态元件的状态结构编程的基本形式；
3. 掌握用非状态元件的状态结构编程方法实现电动机正反转控制。

1　预备知识

在状态转移图中编程往往都是使用状态继电器来作为状态元件，也可以借助其他元件来使用，比如可以用普通辅助继电器（M0~M499）等，并且部分辅助继电器也带有掉电保持功能（M500~M1023）。

非状态元件实现状态继电器的功能关键在于状态开启和状态关断，可以利用辅助继电器的自保停来实现，也可以利用 SET、RST 指令启停，同样需要防止双线圈的错误出现。

满足状态编程法的要素：

① 辅助继电器线圈的控制满足开启和上一个辅助继电器的自动关断。

② 在必须满足从前一个辅助继电器工作的前提下，并满足转移条件下，才能进入下一个辅助继电器。

图 3-41 是局部状态转移图的两种非状态元件实现的编写方式。

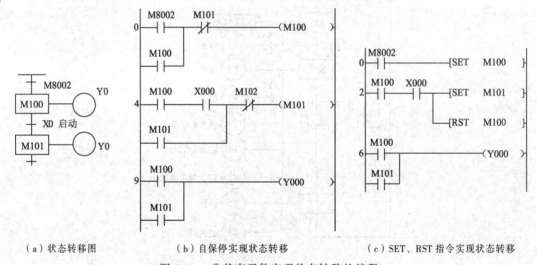

　（a）状态转移图　　　　　　（b）自保停实现状态转移　　　　（c）SET、RST 指令实现状态转移

图 3-41　非状态元件实现状态转移的编程

2　电动机实现正反转的控制

（1）控制要求

对电动机实现正反转的控制，当按下启动按钮后，电动机动作过程如下：正转 2 s→停止 2 s→反转 2 s→停止 2 s→循环，按下停止按钮，停止运行。

（2）I/O 地址分配（见表 3-15）

表 3-15　I/O 地址分配

输	入		输	出	
启动按钮	X0		正转 KM1	Y0	
停止按钮	X1		反转 KM2	Y1	

（3）程序设计

① 参考程序 1 如图 3-42 所示。

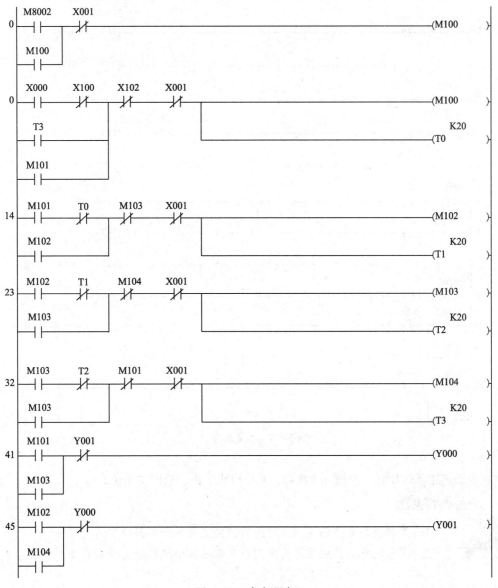

图 3-42　参考程序 1

② 参考程序 2 如图 3-43 所示。

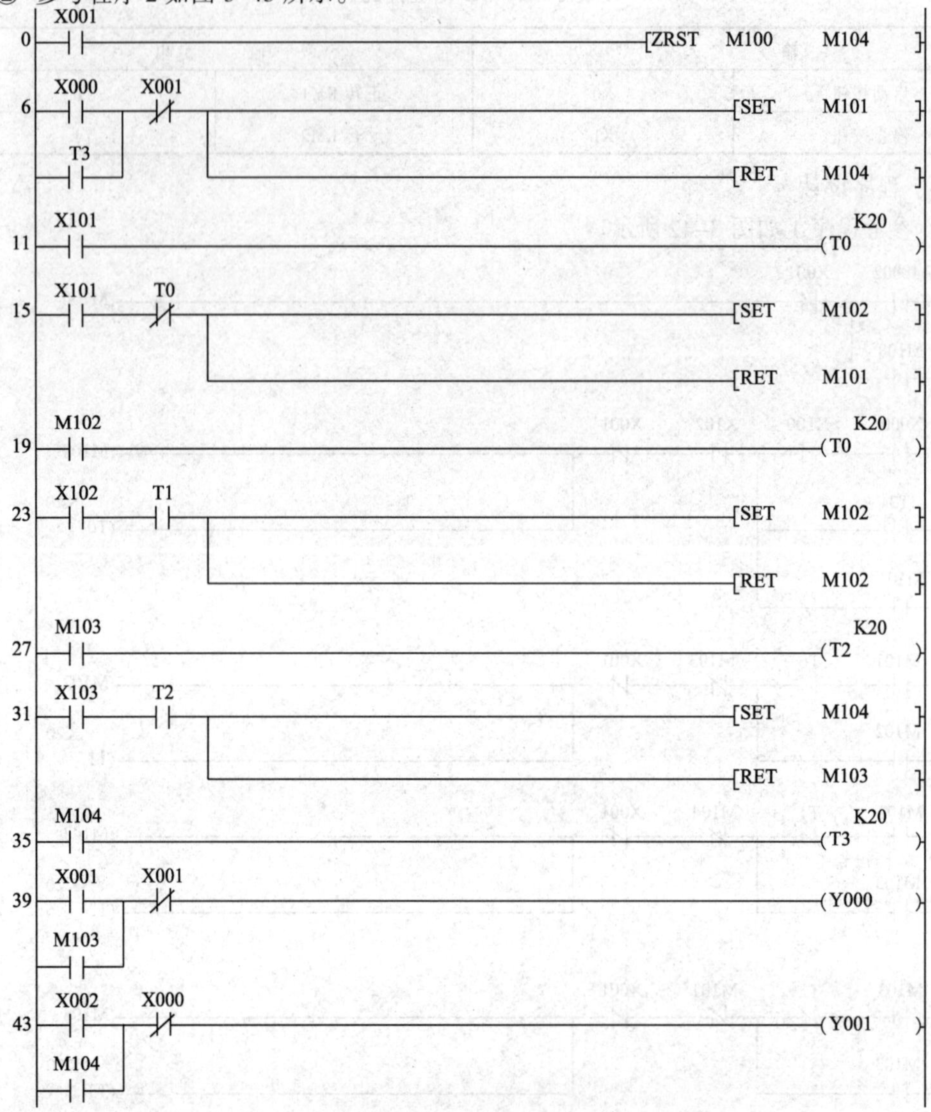

```
     X001
0    ─┤├───────────────────────────────[ZRST  M100    M104 ]

     X000   X001
6    ─┤├────┤/├──────────────────────────────[SET    M101 ]
     T3      │
     ─┤├─────┘────────────────────────────────[RET    M104 ]

     X101                                                K20
11   ─┤├──────────────────────────────────────────────(T0    )

     X101   T0
15   ─┤├────┤/├──────────────────────────────[SET    M102 ]
             │
             └────────────────────────────────[RET    M101 ]

     M102                                                K20
19   ─┤├──────────────────────────────────────────────(T0    )

     X102   T1
23   ─┤├────┤├───────────────────────────────[SET    M102 ]
             │
             └────────────────────────────────[RET    M102 ]

     M103                                                K20
27   ─┤├──────────────────────────────────────────────(T2    )

     X103   T2
31   ─┤├────┤├───────────────────────────────[SET    M104 ]
             │
             └────────────────────────────────[RET    M103 ]

     M104                                                K20
35   ─┤├──────────────────────────────────────────────(T3    )

     X001   X001
39   ─┤├────┤/├──────────────────────────────────────(Y000  )
     M103    │
     ─┤├─────┘

     X002   X000
43   ─┤├────┤/├──────────────────────────────────────(Y001  )
     M104    │
     ─┤├─────┘
```

图 3-43　参考程序 2

（4）思考与创新

把电动机正反转控制过程循环 3 次后，系统停止工作，返回初始步。

练习与提高

1. 用非状态元件编写单流程序列控制实现的十字路口交通灯程序；

2. 用非状态元件编写并行序列控制实现的十字路口交通灯程序。

任务6　GX Developer 编写 SFC 程序

　任务目标

1. 了解 GX Developer 软件编写 SFC 程序；

2. 掌握 GX Developer 软件编写 SFC 程序的各种结构和方法；

3. 掌握十字路口交通灯的 SFC 程序的编写与调试。

1 预备知识

用 GX Developer 编程软件编写顺序控制程序有两种方式：第一种是梯形图程序类型（新建项目时选择程序类型）中直接输入指令的方式编写，如果熟悉规则，也可以直接编写步进梯形图；第二种是用 SFC（顺序功能图）方式来编写步进顺序控制程序，这两种方式只是软件界面上看的形式不一样，程序本身没有任何区别，而且相互之间可以转换。

2 GX Developer 编写 SFC 程序步骤

以下介绍用 SFC 方式编写程序（以并行分支结构编写的十字路口交通灯程序为例）。

（1）新建项目

打开 GX Developer 编程软件，单击"工程"菜单选择"创建新工程"命令，选择"PLC 系列"和"PLC 类型"，设置程序类型为"SFC"，并设置程序文件的驱动器/路径和工程名等，如图 3-44 所示。

（2）建立程序块

新建工程设置结束，进入设置项目程序块窗口，在
SFC 程序中至少包含 1 个梯形图块和 1 个 SFC 块。新建

图 3-44　新建 SFC 程序

块时必须从 No.0 开始，块之间必须连续，否则不能转换，且要注意相邻块不能同为梯形图块，如果同时为梯形图块，可将连续的梯形图块合并为一个梯形图块，程序块设置窗口如图 3-45 所示。

图 3-45　程序块设置窗口

在程序块设置窗口双击 No.0 块，弹出图 3-46 所示对话框，在块标题文本框内输入"上电初始化"，并选中"梯形图块"单选按钮，单击"执行"按钮进入编辑窗口。

（3）梯形图块编辑

梯形图块建好后，进入梯形图程序编辑窗口，如图 3-47 所示。输入时可以使用指令输入方式和梯形图输入方式。

图 3-46　新建梯形图块

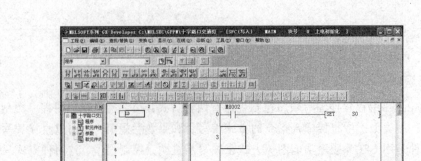

图 3-47　编辑梯形图块

（4）建立 SFC 块

梯形图块编辑结束，退出当前编辑窗口，退到程序块设置窗口。

在程序块设置窗口双击 No.1 块，弹出"块信息设置"对话框，在块标题文本框内输入"十字路口交通灯"，并选中"SFC 块"单选按钮，单击"执行"按钮进入编辑窗口。

（5）构建状态转移框架

新建 SFC 块完成，进入 SFC 程序编辑窗口，如图 3-48 所示。

图 3-48　SFC 程序编辑窗口

首先添加状态，注意添加状态时，需选择正确位置，如图 3-49 所示，S20 正确的位置是在图中长方框的位置，双击此区域，在弹出的对话框中选择 STEP 命令（STEP 表示添加状态；JUMP 表示添加跳转；┃表示添加连线），编号输入 20，然后单击"确定"按钮即添加 S20 状态。

添加完一个状态，再添加转移条件，在图 3-50 长方框的位置双击，在弹出的对话框中选择 TR 命令（TR 表示添加转移条件；--D 表示选择分支；==D 表示并行分支；--C 表示选择合并；==C 表示并行合并；┃表示添加竖线），后面的编号自动生成，也可以自行修改，但注意不要重复。

依次建立好状态 S20~S23，S30~S33 和转移条件 TR1~TR6，最后在 TR7 下建立一个跳转，如图 3-50 所示，在图长方框的位置双击，在弹出的对话框中选择 JUMP 命令，编号输入 1，单击"确定"按钮完成操作。

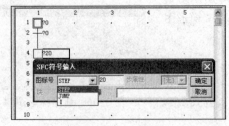

图 3-49　添加状态

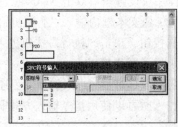

图 3-50　添加转移条件

（6）编辑 SFC 程序

首先将左侧编辑窗口（顺序功能图窗口）的长方框定位在 TR0 转移条件位置，如图 3-51 所示，然后在右侧编辑窗口中输入此处的转移条件电路，输完后插入"TRAN"，最后还要进行变换。转移条件输入结束后，不能再有"？"存在，否则整个程序将不能变换。

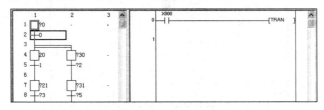

图 3-51　编辑 SFC 程序 1

将左侧编辑窗口（顺序功能图窗口）的长方框定位在 STEP20 处，如图 3-52 所示，然后在右侧编辑窗口中输入此处的驱动电路，前面无需一定要开关，可以直接输入线圈，最后还要进行变换。同样此时的"？20"变为"20"表示 S20 状态的输出处理已经完成，如果该状态没有输出电路，则有"？"存在，不会影响程序的执行。

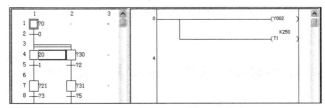

图 3-52　编辑 SFC 程序 2

其他状态的输出处理和转移条件的编辑方法基本相同，依次编写各状态的输出电路和转移条件，完成整个程序的编写。

（7）程序的变换

程序编辑完成后，需对整个程序进行变换，退出编辑窗口，回到块设置窗口，执行"变换"命令即可。如图 3-53 所示，变换后的程序名后面的字符为"-"，如果为"*"表示程序有错误，需要进行修改。如果程序编辑完毕，"变换"命令不可见，则程序已经变换（或不需变换），此时可直接保存或下载操作。

（8）改变程序类型

SFC 程序或步进梯形图可以相互转换，如图 3-54 所示。可以把 SFC 块和梯形图块都转变成梯形图，和常规梯形图编辑一样。

步进梯形图和指令表之间也可以相互转换，SFC 程序要转换为指令表需要先转换为步进梯形图，再转换为指令表。

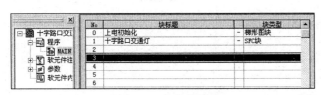

图 3-53　程序的转换

图 3-54　SFC 程序与步进梯形图的相互转换

项目 3　状态编程法及应用

执行"改变数据类型"后，可以看到由 SFC 程序变换成的梯形图程序，如图 3-55 所示。

图 3-55　转换后的梯形图

（9）程序下载调试

转换后的梯形图进行下载、运行与调试，这些操作与软件普通梯形图的调试方法一样。

编写 SFC 程序过程中需注意以下几点：

① 在 SFC 程序中仍然需要进行梯形图的设计。

② SFC 程序中所有的状态转移需用 TRAN 表示。

练习与提高

把图 3-56 所示 SFC 图用 GX Developer 软件进行编写。

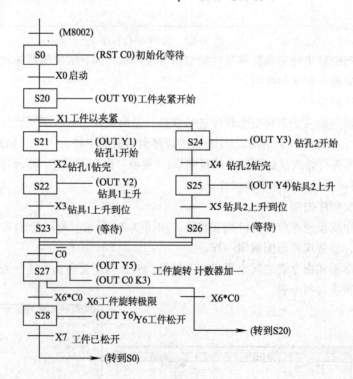

图 3-56　软件编写 SFC 图

项目④

功能指令及应用

本项目通过电动机降压启动、可调频率指示灯、函数运算、彩灯控制、时钟读写等实例学习，掌握 FX2N 系列 PLC 传送与比较、算术及逻辑运算、循环与移位、数据处理、时钟运算等常用功能指令及其编程方法。

任务1　数据类软件元件认知

任务目标

二十大报告
知识拓展4

1. 掌握数据类软元件的概念；
2. 理解数据类软元件的分类、功能及组织形式；
3. 了解 FX2N 系列 PLC 的存储器组织。

1 数据类软元件类型及使用

前面介绍了输入继电器 X、输出继电器 Y、辅助继电器 M、状态器 S 等软元件。这些软元件在可编程控制器内部反映的是"位"的变化，主要用于开关量的传递、变换及逻辑处理，称为"位软元件"。而在 PLC 内部，由于功能指令的引入，需处理大量的数据信息，需设置大量的用于存储数值数据的软元件。比如各种数据存储器等。另外，一定位数的软元件组合在一起也可用作数据的存储，定时器 T、计数器 C 的当前值寄存器也可用作数据的存储。上述这些能处理数值数据的软元件统称为"字软元件"。下面将介绍这些软元件的类型及功能。

（1）数据寄存器（D）

数据寄存器是用于存储数值数据的软元件，FX2N 系列 PLC 中为 16 位（最高位为符号位，可处理数值范围为 $-32\ 768 \sim +32\ 767$），如将两个相邻数据寄存器组合，可存储 32 位（最高位为符号位，可处理数值范围为 $-2\ 147\ 483\ 648 \sim +2\ 147\ 483\ 647$）的数值数据。

16 位及 32 位二进制数据各位的权值如图 4-1 所示。

常用数据寄存器有以下几类：

① 通用数据寄存器（D0～D199 共 200 点）一旦写入数据，只要不再写入其他数据，其内容就不会变化。但是在 PLC 从运行到停止或停电时，所有数据被清除为 0（如果驱动特殊辅助继电器 M8033，则可以保持）。

② 断电保持数据寄存器（D200～D511 共 312 点）只要不改写，无论 PLC 是从运行到停止，还是停电时，断电保持数据寄存器将保持原有数据不丢失。如采用并联通信功能时，当从主站到从站，则 D490~D499 被作为通信占用；当从从站到主站，则 D500~D509 被作为通信占用。

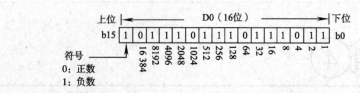

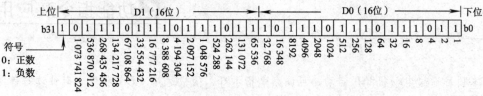

图 4-1 16 位及 32 位二进制数据各位的权值

③ 数据寄存器的掉电保持功能也可通过外围设备设定，实现通用到断电保持或断电保持到通用的相互调整，以上的设定范围是出厂时的设定值。

特殊数据寄存器（D8000～D8255 共 256 点）：特殊数据寄存器供监控机内元件的运行方式用。在电源接通时，利用系统只读存储器写入初始值。例如，在 D8000 中，存有监视定时器的时间设定值。它的初始值由系统只读存储器在通电时写入，要改变时可利用传送指令（FNC 12 MOV）写入，如图 4-2 所示。

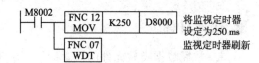

图 4-2 特殊数据寄存器数据写入

（2）变址寄存器（V0～V7，Z0～Z7 共 16 点）

变址寄存器 V、Z 和通用数据寄存器一样，是进行数值数据读写的 16 位数据寄存器。主要用于运算操作数地址的修改。

进行 32 位数据运算时，将 V0～V7，Z0～Z7 对号结合使用，如指定 Z0 为低位，则 V0 为高位，组合成为（V0，Z0）。变址寄存器 V、Z 的组合如图 4-3 所示。图 4-4 所示为变址寄存器使用说明。

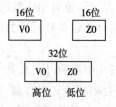

图 4-3 变址寄存器 V、Z 的组合

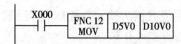

如：当 V0=8，Z0=14 时，D(5+8)=D(13)、
D(10+14)=D(24)，则 D(13)→D(24)；
当 V0=9，D(5+9)=D(14)，则 D(14)→D(24)。

图 4-4 变址寄存器使用说明

可以用变址寄存器进行变址的软元件有：P、T、C、D、K、H、KnX、KnY、KnM、KnS。例如 V0=6，则 K20V0 为 K26（20+6=26）；如果 V0=7，则 K20V0 变为 K27（20+7=27）。但是，变址寄存器不能修改 V 与 Z 本身或位数指定用的 Kn 参数。例如 K4M0Z0 有效，而 K0Z0M0 无效。

（3）文件寄存器（D1000～D2999 共 2 000 点）

在 FX2N 系列 PLC 的数据寄存器区域，D1000 号以上的数据寄存器为通用停电保持寄存器，利用参数设置可作为最多 7 000 点的文件寄存器使用，文件寄存器实际上是一类专用数据寄存器，用于集中存储大量的数据，例如采集数据、统计计算数据、多组控制参数等。

（4）指针

指针用作跳转、中断等程序的入口地址，与跳转、子程序、中断程序等指令一起应用。

地址号采用十进制数分配。按用途可分为分支类指针 P 和中断用指针 I 两类，中断用指针又可分为输入中断、定时器中断及计数器中断等 3 种。

① 指针 P。指针 P 用于分支指令，其地址号 P0~P127，共 128 点。应用举例如图 4-5 所示。

图 4-5（a）所示的是在条件跳转时使用，图 4-5（b）所示的是在子程序调用时使用。在编程时，指针编号不能重复使用。

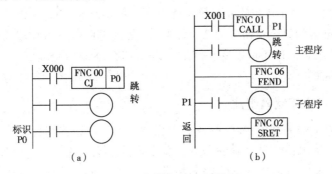

图 4-5　指针 P 的应用举例

② 指针 I。指针 I 根据用途又分为 3 种类型。

a. 输入中断用指针。输入中断用指针编号格式为 I00□~I50□，共 6 点。6 个输入中断指接收对应于输入口 X0~X5 外界信号触发引起的中断，它不受 PLC 扫描周期影响。触发该输入信号，执行中断子程序。通过输入中断可以处理比扫描周期短的信号，因而可在顺控过程中作必要的优先处理或短时脉冲处理。脉冲可以是上升沿起作用，也可以是下降沿起作用。

例如：I001 为输入 X0 从 OFF 到 ON 变化上升沿中断时，执行由该指针作标号后面的中断程序，并在执行 IRET 指令时返回。

b. 定时器中断用指针。定时器中断用指针编号格式为 I6□□~I8□□，共 3 点。定时器中断为机内信号中断。由指定编号为 6~8 的专用定时器控制。设定时间在 10~99 ms 间选取。每隔设定时间中断一次。用于不受 PLC 运算周期影响的循环中断处理控制程序。

例如，I610 为每隔 10 ms 就执行标号为 I610 的中断程序一次，在 IRET 指令执行时返回。

c. 计数器中断用指针。计数器中断用指针 I010~I060，共 6 点。计数器中断可根据 PLC 内部的高速计数器比较结果执行中断程序。

2　数据类元件的结构形式

（1）基本形式

FX2N 系列 PLC 数据类元件的基本结构为 16 位存储单元。最高位（16 位）为符号位。机内的 T、C、D、V、Z 元件均为 16 位元件，称为"字元件"。

（2）双字元件

为了完成 32 位数据的存储，可以使用两个字元件组成"双字元件"。其中低位元件存储 32 位数据的低位部分；高位元件存储 32 位数据的高位部分。最高位（第 32 位）为符号位。在指令中使用双字元件时，一般只用其低位地址表示这个元件，其高位同时被指令使用。虽然取奇数或偶数地址作为双字元件的低位是任意的，但为了减少元件安排上的错误，建议用偶数作为双字元件的元件号。

（3）位组合元件

在 PLC 中，人们除了要用二进制数据外，常希望能直接使用十进制数据。FX2N 系列 PLC 中使用 4 位 BCD 码（又称 8421 码）表示 1 位十进制数据（又称 1 组），由此产生了位组合元件。位组合元件常用输入继电器 X、输出继电器 Y、辅助继电器 M 及状态继电器 S 组成，元件表达为 KnX、KnY、KnM、KnS 等形式，其中 Kn 指有 n 组这样的数据。如 KnX0 表示位组合元件是由从 X0 开始的 n 组位元件组合。若 n 为 1，则 K1X0 指由 X0、X1、X2、X3 这 4 位输入继电器的组合；而 n 为 2，则 K2X0 是指 X0~X7 这 8 位输入继电器的两两组合。除此之外，位组合元件还可以变址使用，如 KnXZ、KnYZ、KnMZ、KnSZ 等，这给编程带来很大的灵活性。

3 FX2N 系列 PLC 存储器组成

前面已介绍了 FX2N 系列 PLC 的各类编程软元件。从整体掌握这些软元件的类型、数量、编号区间、使用特性对正确编程有十分重要的意义。表 4-1 为 FX2N 系列 PLC 存储器组成表。通过此表可以方便地了解某种类型的 PLC 单元及软元件的类型、数量及一些使用特征。

表 4-1   FX2N 系列 PLC 存储器组成表

型　号	FX2N-16M	FX2N-32M	FX2N-48M	FX2N-64M	FX2N-80M	FX2N-128M	扩展单元
输入继电器 X	X0~X7 8 点	X0~X17 16 点	X0~X27 24 点	X0~X37 32 点	X0~X47 40 点	X0~X77 64 点	X0~X267 184 点
输出继电器 Y	Y0~Y7 8 点	Y0~Y17 16 点	Y0~Y27 24 点	Y0~Y37 32 点	Y0~Y47 40 点	Y0~Y77 64 点	Y0~Y267 184 点
辅助继电器 M	M0~M499 500 点 一般用①	【M500~M1023】 524 点 保持用②		【M1024~M3071】 2048 点 保持用③		M8000~M8255 256 点 特殊用④	
状态 S	S0~S499，500 点，一般用① 初始化用 S0~S9，原点回归用 S10~S19			【S500~S899】 400 点，保持用②		【S900~S999】 100 点，信号报警用②	
定时器 T	T0~T199 200 点，100ms 子程序用 T192~T199	T200~T245 46 点 10ms	T246~T249 4 点 1ms 累积③		T250~T255 6 点 100ms 累积③		
计数器 C	16 位增计数器		32 位可逆计数器		32 位逆高速计时器最大　6 点		
	C0~C99 100 点 一般用①	【C100~C199】 100 点 保持用②	【C200~C219】 20 点 一般用②	【C220~234】 15 点 保持用②	【C235~C245】 1 相 1 输入②	【C246~C250】 1 相 2 输入②	【C251~C255】 2 相输入②
数据寄存器 D、V、Z	D0~D199 200 点 一般用①	【D200~D511】 312 点保持用	【D512~D79999】 7488 点，保持用③ D1000 以后可用为文件寄存器用		D8000~D8255 256 点 特殊用③	V7~V0 Z7~Z0 16 点 变址用①	
嵌套指针	N0~N7 8 点 主控用	P0~127 128 点跳转、子程序用分支指针	I00□~I50□ 6 点 输入中断用指针	I6□□~I8□□ 3 点 定时器中断用指针	I010~I060 6 点 计数器中断用指针		

型 号		FX2N-16M	FX2N-32M	FX2N-48M	FX2N-64M	FX2N-80M	FX2N-128M	扩展单元
常数	K	16 位，−32 768~32 767			32 位，−2 147 483 648~2 147 483 647			
	H	16 位，0~FFFFH			32 位，0~FFFFFFFFH			

注：①非停电保持区域。根据设定的参数，可变更为停电保持区域。

②停电保持区域。根据设定的参数，可变更为非停电保持区域。

③固定的停电保持区域。不可变更。

④不同系列的对应功能请参照特殊软元件一览表。

【 】内的软元件为停电保持区域。

练习与提高

1. 什么是"位软元件"？什么是"字软元件"？二者有什么区别？

2. 数据寄存器有哪些类型？各有什么功能及特点？

3. 32 位数据寄存器是如何组成的？

4. 什么组合元件？如何组合？

任务2　功能指令格式解读

任务目标

1. 掌握功能指令表示形式；

2. 掌握功能指令的含义；

3. 学会功能指令的阅读、理解方法。

1　功能指令的意义

功能指令是可编程数据处理能力的标志。可编程控制器的基本指令是基于继电器、定时器、计数器类软元件，主要用于逻辑处理的指令。作为工业控制计算机，PLC 仅有逻辑处理功能是远远不够的。现代工业控制的许多场合都需要数据处理。因此 PLC 中引入了功能指令（Function Instruction），主要用于数据传送、运算、变换及程序控制等。这使得 PLC 成为真正意义上的计算机。功能指令向综合性方向迈进，以往需要大段程序完成的任务，现在一条指令就能实现，如 PID 功能、表功能等。这类指令实际上就是一个功能完整的子程序，大大提高了 PLC 实用性。

FX 系列 PLC 在梯形图中使用功能框表示功能指令。图 4-6 是功能指令的梯形图表达形式。图中 X0 是执行该条指令的条件，其后的方框为功能框，分别含有功能指令的名称和参数，参数可以是相关数据、地址或其他数据。这种表达方式直观明了，对于学过计算机程序的读者立刻就可以悟出指令的功能。当 X0 合上后（可称 X0 为 ON 或 X0=1），数据寄存器 D0 的内容加上 123（十进制），然后送数据寄存器 D2 中。

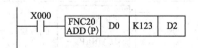

图 4-6　功能指令的梯形图表达形式

2　功能指令分类

FX2N 系列 PLC 功能指令的分为 14 类。详述如下：

① 程序流程指令。用于程序流向和优先结构形式的控制。例如 CJ（条件跳转）、CALL

（子程序调用）、EI（中断允许）、DI（中断禁止）等。

② 传送与比较指令。用于数据在存储空间的传送和数据比较。例如 CMP（比较）、ZCP（区间比较）、MOV（传送）、BCD（码制转换）等。

③ 四则运算指令。用于整数的算术及逻辑运算。例如 ADD（二进制加法）、SUB（二进制减法）、WOR（逻辑字或）、NEG（求补码）等。

④ 循环移位指令。用于数据在存储空间位置的调整。例如 ROR（循环右移）、ROL（循环左移）、SFTR（位右移）、SFTL（位左移）等。

⑤ 数据处理指令。用于数据的编码、译码、批次复位、平均值计算等数据运算处理。例如 ZRST（批次复位）、DECO（译码）、SQR（BIN 开方运算）、FLT（浮点处理）等。

⑥ 高速处理指令。有效利用数据高速处理能力进行中断处理以获取最新 I/O 信息。例如 REF（输入/输出刷新）、MTR（矩阵输入）、PLSY（脉冲输出）、PWM（脉宽调制）等。

⑦ 方便指令。具有初始化状态、数据查找、凸轮控制、交替输出、斜坡输出等功能。例如 IST（初始化状态）、SER（数据查找）、INCD（凸轮控制绝对方式）、ALT（交替输出）、RAMP（斜坡输出）等。

⑧ 外围设备指令。具有数字键输入、七段译码、BFM 读出、串地数据传送、电位器读出等功能。例如 ROR（数字键输入）、RCL（七段译码）、SFWR（BFM 读出）、RS（串行数据传送）、VRRD（电位器读出）。

⑨ 时钟运算指令。具有时钟数据比较、时钟数据加减运算、时钟读出写入等功能。例如 TCMP（时钟数据比较）、TADD（时钟数据加）、TRD（时钟读出）等。

其他还有浮点运算类指令、触点比较类指令、定位指令等。

3 功能指令格式简介

使用功能指令需要注意功能框中各参数所指的含义，现以加法指令来说明。图 4-7 所示为加法指令（ADD）的格式及相关参数形式，表 4-2 为加法指令参数说明。

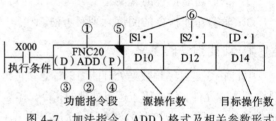

图 4-7　加法指令（ADD）格式及相关参数形式

表 4-2　加法指令参数说明

指令名称	功能号/助记符		操作数		程序步长⑦
			[S1·][S2·]	[D·]	
加法	FNC20 (D)ADD(P)	（16/32）	K、H、KnX、KnF、KnM、KnS、T、C、D、V、Z	KnY、KnM、KnS、T、C、D、V、Z	ADD、ADD(P)—7 步 (D)ADD，(D)ADD(P)—13 步

图 4-7、表 4-2 标注①～⑦说明如下：

① 功能号（FNC）。每条功能指令都有一固定的编号，FX2N、FX2NC 的功能指令代号为 FNC00~FNC246。例如 FNC00 代表 CJ，FNC01 代表 CALL。

② 助记符。功能指令的助记符是该条指令的英文缩写词。如加法指令英文写法为 "Addition instruction" 简写为 ADD；交替输出指令 "Alternate output" 简写为 ALT 等等。采用这种方式，便于了解指令功能，容易记忆和掌握。

③ 数据长度（D）指示。功能指令大多数涉及数据运算和操作，数据以字长表示，有 16 位和 32 位之分。有（D）表示的为 32 位数据操作指令，无（D）表示的为 16 位数据操作指令，如图 4-8 所示。图 4-8（a）所示指令功能为 16 位数据操作，即将 D10 的内容传送到 D12 中；图 4-8（b）所示指令功能为 32 位数据操作，即将 D10 和 D11（32 位）的内容传送到 D12 和 D13 中。

（a）16位数据操作　　　　　　　　（b）32位数据操作

图 4-8　16 位与 32 位数据传送指令

④ 脉冲/连续执行指令标志（P）。功能指令中若带有（P），为脉冲执行指令，即当条件满足时仅执行一个扫描周期；若指令中没有（P），为连续执行指令。脉冲执行指令在数据处理中是很有用的。例如，加法指令，在脉冲形式指令执行时，加数和被加数做一次加法运算，而连续形式指令执行时，每个扫描周期都要相加一次。某些特殊指令，如加 1 指令 FNC24（INC）、减 1 指令 FNC25（DEC）等，在用连续执行指令时应特别注意，它在每个扫描周期，其结果内容均在发生变化。图 4-9 所示分别表示脉冲执行指令、连续执行指令、加 1 指令、减 1 指令的连续执行指令的特殊标注方法。

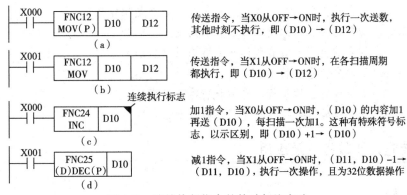

图 4-9　连续执行指令的特殊标注方法

某些特殊指令连续执行警示符号。如图 4-9（c）所示加 1 指令，该指令为连续执行的加 1 指令，每个扫描周期"源"的内容都发生变化。

⑤ 操作数。操作数是功能指令。涉及或产生的数据分为源操作数、目标操作数及其他操作数。源操作数是指功能指令执行后，不改变其内容的操作数，用 S 表示。目标操作数是指功能指令执行后，将其内容改变的操作数，用 D 表示。既不是源操作数，又不是目标操作数，则称为其他操作数，用 m、n 表示。其他操作数往往是常数，或者是对源操作数、目标操作数进行补充说明的有关参数。表示常数时，一般用 K 表示十进制数，H 表示十六进制数。功能指令操作数的含义见表 4-3。

表 4-3　功能指令操作数的含义

字 软 元 件	位 软 元 件	字 软 元 件
K：十进制整数	X：输入继电器（X）	KnS：状态继电器（S）的位指定
H：十六进制整数	Y：输出继电器（Y）	T：定时器（T）的当前值
KnX：输入继电器（X）的位指定	M：辅助继电器（M）	C：计数器（C）的当前值

字 软 元 件	位 软 元 件	字 软 元 件
KnY：输入继电器（Y）的位指定	S：状态继电器（S）	D：数据寄存器（文件寄存器）
		V、Z变址寄存器

如图 4-7 所示，在一条指令中，源操作数、目标操作数及其他操作数可能不止一个（也可以一个也没有），此时可以用序列数字表示，以示区别。例如 S1、S2、…；D1、D2、…；m1、m2、…；n1、n2、…。

⑥ 操作数若是间接操作数，可通过变址取得数据，此时在功能指令操作数旁加有一点"·"，例如[S1·]、[S2·]、[D1·]、[D2·]、[m1·]等。

⑦ 程序步长是指执行该条功能指令所需要的步数。功能指令的功能号和指令助记符占一个程序步，每一个操作数占 2 个或 4 个程序步（16 位操作数是 2 个程序步，32 位操作数是 4 个程序步）。因此，一般 16 位指令为 7 个程序步，32 位指令为 13 个程序步。

练习与提高

1. 什么是功能指令？用途如何？与基本指令有什么区别？

2. 功能指令有哪些使用要素？说明其使用意义。

3. 什么是指令代号？什么是助记符？什么是操作数？

4. 功能指令有几大类？各有什么功能？

5. 指令的执行方式有哪两种？各有什么区别？

6. 如何分别指令长度？

7. 举例说明连续执行、脉冲执行指令区别。

8. 什么是操作数？什么是目标操作数？

任务 3　传送、比较指令及应用

任务目标

1. 学会传送指令的应用；

2. 学会比较指令的应用。

1 预备知识

（1）传送指令

该指令的指令名称、功能号/助记符、操作数及程序步长见表 4-4。

表 4-4　传送指令表

指令名称	功能号/助记符	操 作 数		程序步长	备 注
		[S·]	[D·]		
传送	FNC12 (D)MOV(P)	K、H、KnX、KnY、KnM、KnS、T、C、D、V、Z	K、H、KnY、KnM、KnS、T、C、D、V、Z	16 位—5 步；32 位—9 步	①16 位/32 位指令；②单次/连续执行

说明：

① 如图 4-10（a）所示为传送指令的基本格式，MOV 指令的功能是将源操作数送到目标操作数中，即当 X0 为 ON 时，[S·]→[D·]。

② 指令执行时，K100 十进制常数自动转换成二进制数。当 X0 断开时，指令不执行，D10 数据保持不变。

③ MOV 指令为连续执行型，MOV（P）指令为脉冲执行型。编程时若[S·]源操作数是一个变数，则要用脉冲执行型传送指令 MOV（P）。

④ 对于 32 位数据的传送，需要用（D）MOV 指令，若用 MOV 指令会出错，图 4-10（b）所示为一个 32 位数据传送指令。

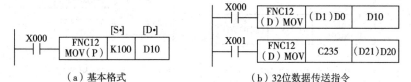

（a）基本格式　　　　　　（b）32位数据传送指令

图 4-10　传送指令的基本格式

当 X0 合上，则（D1，D0）→（D11，D10）；当 X1 合上，由（C235）32 位→（D21，D20）。

定时器、计数器当前值读出，如图 4-11 所示。图中，X1 为 ON 时，（C0 当前值）→（D20）。

图 4-12 所示是定时器、计数器的间接设定。在图中，X1 为 ON 时，K12→（D12），（D12）中的数值作为 T20 的时间设定常数，定时器延时 1.2 s。

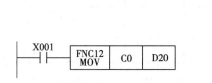

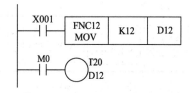

图 4-11　计数器当前值读出　　　图 4-12　定时器、计数器的间接指定

位软元件的传送，可用图 4-13（b）中 MOV 指令来表示图 4-13（a）的顺序控制程序图。

图 4-14 是 32 位数据的传送。（D）MOV 指令常用于运算结果以 32 位传送的功能指令（如 MUL 等）以及 32 位的数值或 32 位的高速计数器的当前值等的传送。

图 4-15 采用 MOV 指令加定时器很容易就实现 8 只彩灯交替闪烁的功能。可见，用 MOV 指令以向输出口送数的方式可以方便地进行输出控制。

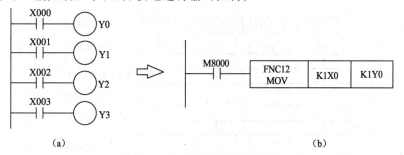

（a）　　　　　　　　　　　　（b）

图 4-13　MOV 指令的位传送

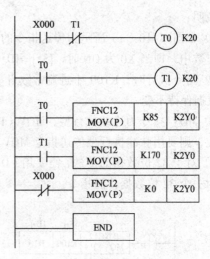

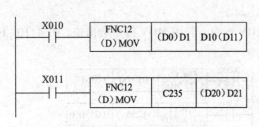

图 4-14　32 位数据的传送　　　　图 4-15　彩灯交替控制梯形图及说明

（2）位传送指令

位传送指令表见表 4-5。

表 4-5　位传送指令表

指令名称	指令代码位数	助记符	操 作 数					程序步长
			[S·]	m1	m2	[D·]	n	
位传送	FNC13（16）	FCN13 SMOV(P)	KnX、KnY、KnM、KnS、T、C、D、V、Z	K、H=1～4	K、H=1～4	KnY、KnM、KnS、T、C、D、V、Z	K、H=1～4	SMOV、SMO～VP…11 步

说明：SMOV 指令是进行数据分配与合成的指令。该指令是将源操作数中二进制（BIN）码自动转换为 BCD 码，按源操作数中指定的起始位号 ml 和移位的位数 m2 向目标操作数中指定的起始位 n 进行传送，目标操作数中未被移位传送的 BCD 位，数值不变，然后再自动转换成二进制（BIN）码，如图 4-16 所示。

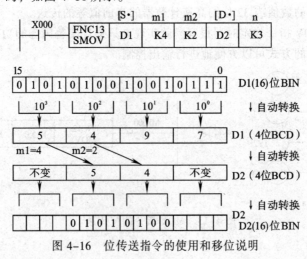

图 4-16　位传送指令的使用和移位说明

源操作数为负以及 BCD 码的值超过 9 999 都将出现错误。

图 4-17 是 3 位 BCD 码数字开关与不连续的输入端连接实现数据的组合。由图中程序可知，数字开关经 X20 ~ X27 输入的 2 位 BCD 码自动以二进制形式存入 D2 中的低 8 位；而数字开关经 X0 ~ X3 输入的 1 位 BCD 码自动以二进制存入 D1 中低 4 位。通过位传送指令将 D1 中最低位的 BCD 码传送到 D2 中的第 3 位，并自动以二进制存入 D2，实现了数据组合。

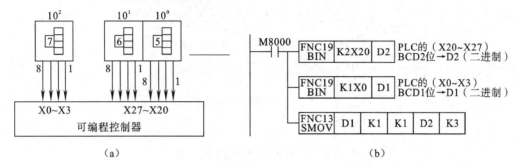

图 4-17　3 位 BCD 码数字开关与不连续的输入端连接实现数据的组合

（3）反相传送指令

该指令的指令名称、功能号/助记符、操作数及程序步长见表 4-6。

表 4-6　反相传送指令表

指令名称	功能号/助记符	操作数		程序步长	备注
		[S·]	[D·]		
反相传送（或取反传送）	FNC14 (D)CML(P)	K、H、KnX、KnY、KnM、KnS、T、C、D、V、Z、X、Y、M、S	KnY、KnM、KnS、T、C、D、V、Z	16 位—5 步；32 位—9 步	16 位/32 位指令；脉冲/连续执行

说明：

① 图 4-18 所示为反相传送指令格式和功能说明。当 X0 为 ON 时，将[S·]的反相送[D·]，即把操作数源数据（二进制数）每位取反后送到目标操作数中。若数据源为常数时，将自动地转换成二进制数。

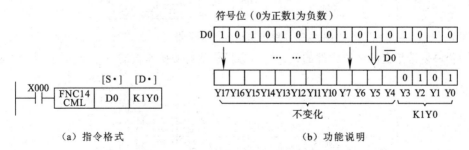

（a）指令格式　　　　　　　　（b）功能说明

图 4-18　反相传送指令格式和功能说明

② CML 为连续执行型指令，CML（P）为脉冲执行型指令。

③ 该指令可作为 PLC 的反相输入或反相输出指令，应用实例如图 4-19 所示。

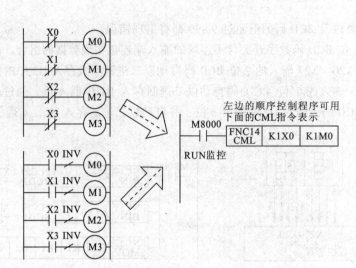

图 4-19 反相传送指令的应用实例

（4）块传送指令

该指令的指令名称、功能号/助记符、操作数及程序步长见表 4-7。

表 4-7 块传送指令表

指令名称	功能号/助记符	操 作 数		程序步长	备 注
		[S•]	[D•]		
块传送（或取反传送）	FNC15 BMOV(P)	K、H、KnX、KnY、KnM、KnS、T、C、D	KnY、KnM、KnS、T、C、D	16 位—7 步	16 位/32 位指令；脉冲/连续执行 n≤512

说明：

① 块传送指令是成批传送数据，将操作数中的源数据[S•]传送到目标操作数[D•]中，传送的长度由 n 指定。如图 4-20 所示，当 X0 为 ON 时，将 D7、D6、D5 的内容传送到 D12、D11、D10 中。在指令格式中操作数只写指定元件的最低位，如 D5、D10。

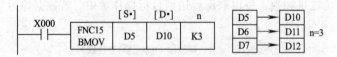

图 4-20 块传送指令功能说明之一

② 若块传送指定的是位元件的话，则目标操作数与源操作数的位数要相同，如图 4-21 所示。

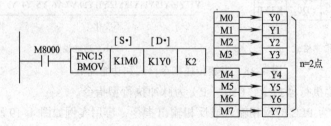

图 4-21 块传送指令功能说明之二

③ 在传送数据的源与目标地址号范围重叠时，为了防止输送源数据在未传输前被改写，PLC 将自动地确定传送顺序，如图 4-22 所示。

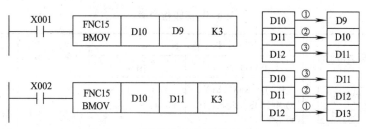

图 4-22　块传送指令功能说明之三

④ 若特殊辅助继电器 M8024 置于 ON 时，BMOV 指令的数据将从[D•] →[S•]，若 M8024 为 OFF 时，块传送指令仍恢复到原来的功能，如图 4-23 所示。

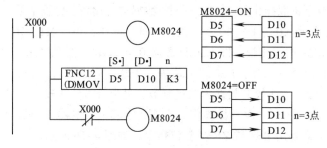

图 4-23　块传送指令功能说明之四

（5）多点传送指令

该指令的指令名称、功能号/助记符、操作数及程序步长见表 4-8。

表 4-8　多点传送指令表

指令名称	功能号/助记符	操 作 数		程序步长	备　注
		[S•]	[D•]		
多点传送	FNC16 (D)FMOV(P)	K、H、KnX、KnY、KnM、KnS、T、C、D、V、Z	KnY、KnM、KnS、T、C、D、V、Z	16位—7步； 32位—13步	16位/32位指令； 连续/脉冲执行 n≤512

说明：

①多点传送指令的功能为数据多点传送指令，其功能说明如图 4-24 所示，当 X0 为 ON 时，将 K1 送至 D0～D9（n=K10）。

② 如果元件号超出允许的元件号范围，数据仅传送到允许的范围内。

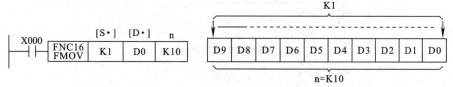

图 4-24　多点传送指令功能说明

（6）比较指令

该指令的指令名称、功能号/助记符、操作数及程序步长见表4-9。

表4-9 比较指令表

指令名称	功能号/助记符	操作数		程序步长	备　注
		[S1·] [S2·]	[D·]		
比较	FNC10 (D)CMP(P)	K、H、KnX、KnY、KnM、KnS、T、C、D、V、Z	Y、M、S	16位—7步； 32位—13步	16位/32位指令； 脉冲/连续执行
区间比较	FNC11 (D)ZCP(P)	K、H、KnX、KnY、KnM、KnS、T、C、D、V、Z	Y、M、S	16位—7步； 32位—13步	16位/32位指令； 脉冲/连续执行

说明：比较指令是将源操作数[S1·]、[S2·]的数据进行比较，比较结果送到目标操作数[D]中，如图4-25所示。当X0为OFF时，不执行CMP指令，M0、M1、M2保持不变；当X0为ON时，[S1·]、[S2·]进行比较，即C20计数器值与K100（数值100）比较。若C20当前值小于100，则M0=1，Y0=1；若C20当前值等于100，则M1=1，Y1=1；若C20当前值大于100，则M2=1，Y2=1。比较的数据为二进制数，且带符号位比较，如–5＜2。比较的结果影响目标操作数（Y、M、S），故目标操作数不能指定其他继电器（例如X、D、T、C）。若要清除比较结果时，需要用RST或ZRST复位指令，如图4-26所示。

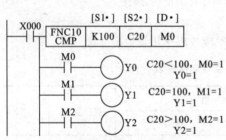

图4-25　比较指令使用说明

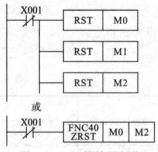

图4-26　比较结果复位

区间比较指令使用说明如图4-27所示。它是将一个数据[S·]与两个源操作数[S1·]、[S2·]进行代数比较，比较结果影响目标操作数[D·]。X0为ON，C30的当前值与K100和K120比较。若C30＜100时，则M3=1，Y0=1；若100≤C30≤120时，则M4=1，Y1=1；若C30＞120时，则M5=1，Y2=1。

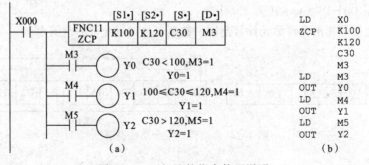

图4-27　区间比较指令使用说明

要注意的是，区间比较指令，数据均为二进制数，且带符号位比较。

图4-28是采用CMP指令编写的密码锁程序。密码锁有12个按钮，每次同时按4个键，分别代表3个十六进制数，共按4次，如与密码锁设定值都相符合，3 s后可开启锁，10 s后重新锁定。密码锁的密码由程序设定。假定为H2A4、H1E、H151、H18A，如从 K3X0 上送入的数据应分别和它们相等，则开锁。可见，用比较指令可方便实现数值大小相等的比较判断。

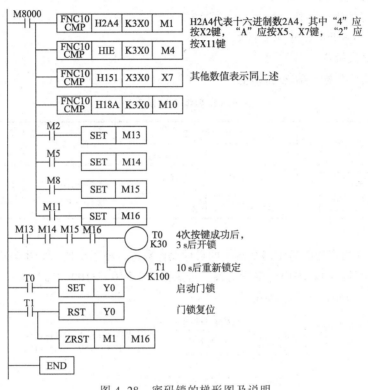

图4-28　密码锁的梯形图及说明

（7）二进制变换指令

该指令的指令名称、功能号/助记符、操作数及程序步长见表4-10。

表4-10　二进制变换指令表

指令名称	功能号/助记符	操 作 数		程序步长	备 注
		[S•]	[D•]		
二进制变换	FNC19 (D)BIN(P)	KnX 、KnY 、KnM、KnS、T、C、D、V、Z	KnY、KnM、KnS、T、C、D、V、Z	16 位—5 步；32 位—9 步	16 位/32 位指令；连续/脉冲执行

说明：

① BIN 指令与 BCD 指令相反，它是将 BCD 码转换成二进制数，即源操作数[S•]中的 BCD 码转换成二进制数存入目标操作数[D•]中。

② 如图 4-29 所示，当 X0 为 ON 时，源操作数 K2X0 中 BCD 码转换成二进制数送到 D13 中。

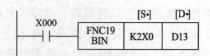

图 4-29　二进制变换指令功能说明

③ BCD 码的数值范围：16 位操作时为 0～9 999，32 位操作时为 0～99 999 999。

④ 如果数据源不是 BCD 码，则 M8067 为"1"，表示运算错误，同时，运算错误锁存特殊辅助继电器 M8068 不工作。

⑤ 常数 K 自动进行二进制变换处理。

（8）数据交换指令

该指令的指令名称、功能号/助记符、操作数及程序步长见表 4-11。

表 4-11　数据交换指令表

指令名称	功能号/助记符	操 作 数		程序步长	备　注
		[D1·]	[D2·]		
数据交换	FNC17 (D)XCH(P)	KnX、KnY、KnM、KnS、T、C、D、V、Z	KnY、KnM、KnS、T、C、D、V、Z	16 位—5 步；32 位—9 步	16 位/32 位指令；连续/脉冲执行

说明：

① 数据交换指令功能是将两个指定的目标操作数进行相互交换。如图 4-30 所示，当 X0 为 ON 时，D10 与 D11 的内容进行交换。若执行前（D10）=100、（D11）=150，则执行该指令后，（D10）=150，（D11）=100。

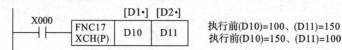

图 4-30　数据交换指令功能说明之一

② 该指令的执行可用脉冲执行型指令[XCH(P)]，达到一次交换数据的效果。若采用连续执行型指令[XCH]，则每个扫描周期均在交换数据，这样最后的交换结果就不能确定，编程时要注意这一情况。

③ 当特殊继电器 M8160 接通，若[D1·]与[D2·]为同一地址号时，则其低 8 位与高 8 位进行交换，如图 4-31 所示。32 位指令亦相同。

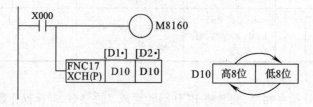

图 4-31　数据交换指令功能说明之二

（9）BCD 码变换指令

该指令的指令名称、功能号/助记符、操作数及程序步长见表 4-12。

表 4-12　BCD 码变换指令表

指令名称	助记符/功能号	操　作　数		程序步长	备　注
		[S•]	[D•]		
BCD 码交换	FNC18 (D)BCD(P)	KnX、KnY、KnM、 KnS、T、C、D、V、Z	KnY、KnM、KnS、 T、C、D、V、Z	16 位—5 步； 32 位—9 步	16 位/32 位指令； 连续/脉冲执行

说明：

① BCD 码变换指令是将源操作数中的二进制数变换成 BCD 码送至目标操作数中。

② 使用 BCD 或 BCD（P）16 位指令时，若 BCD 码转换结果超过 9 999 的范围就会出错。使用（D）BCD 或（D）BCD（P）32 位指令时，若 BCD 码转换结果超出 99 999 999 的范围，同样也会出错。

2 电动机Y/△启动控制的功能指令实现

（1）控制要求

采用功能指令实现电动机Y/△启动控制。按下启动按钮，电动机绕组接成Y形，延时 6 s，达到一定转速后，切换成△形正常运行。按下停止按钮，电动机停止。

（2）I/O 地址分配

设置启动按钮 SB1，停止按钮 SB2，电路主接触器 KM0，Y形接触器 KM1，△形接触器 KM2。I/O 地址分配见表 4-13。

表 4-13　I/O 地址分配

输　　入			输　　出		
输入元件	输入点	作　用	输出元件	输出点	作　　用
SB0	X0	启动	KM0	Y0	主接触器
SB1	X1	停止	KM1	Y1	Y形接触器 KM1
			KM2	Y2	△形接触器 KM2

（3）程序编写

依电动机Y/△启动控制要求，启动时，应 Y1 、Y0 为 ON（H=3）电动机Y形启动。当转速上升到一定程度，断开 Y1，延时 1 s（防止 Y2、Y1 同时通）后接通 Y2、Y0（传送常数为 5），电动机△形运行。停止时，传送常数应为 0。另外，启动至正常运行状态的时间约为 6 s。

控制梯形图如图 4-32 所示。

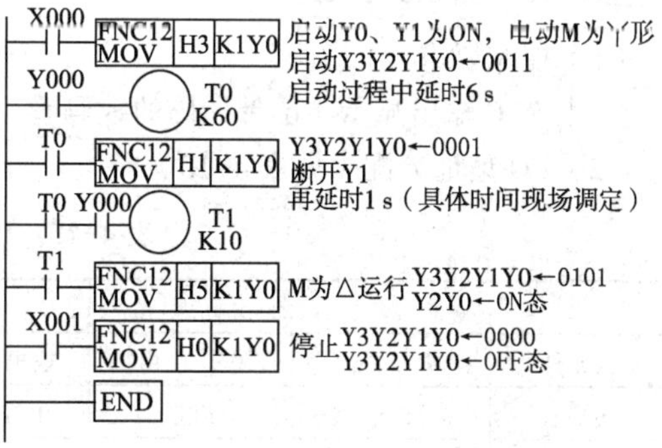

图 4-32　电动机 Y/△启动控制梯形图

3 频率可调的脉冲发生器

（1）控制要求

用程序构成一个闪光信号灯，改变输入口所接置数开关可改变闪光频率（即信号灯亮 t s，熄 t s）。

（2）I/O 地址分配

设定开关 4 个，分别接于 X0～X3，X10 为启停开关，信号灯接于 Y0。I/O 地址分配见表 4-14。

表 4-14   I/O 地址分配

输　　入			输　　出		
输入元件	输入点	作　用	输出元件	输出点	作　用
拨挡开关	X0～X3	频率设定	指示灯	Y0	输出指示
SA	X10	启停			

（3）程序设计

频率可调的脉冲发生器梯形图如图 4-33 所示。图中第一行为变址寄存器清零，通电时完成。第二行从输入口读入设定开关数据，变址综合后送到定时器 T0 的设定值寄存器 D0，并和第三行配合产生 D0 时间间隔的脉冲。

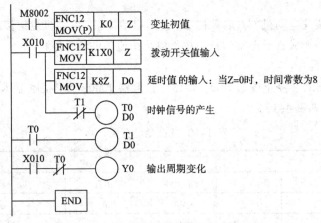

图 4-33   频率可调的脉冲发生器梯形图

4 四路七段显示控制

（1）控制要求

采用 PLC 输出显示 4 位带译码的数码管，实现 4 位十进制数显示，如图 4-34（a）所示。

（2）I/O 地址分配（见表 4-15）

表 4-15   I/O 地址分配

输　　入			输　　出		
输入元件	输入点	作　用	输出元件	输出点	作　用
SA	X5	启停	BCD 码	Y0～Y3	数据输出
			选择线	Y4～Y7	片选信号

Y0～Y3 为 BCD 码，Y4～Y7 为片选信号，显示的数据分别存放在数据寄存器 D0～D3 中。其中 D0 为千位，D1 为百位，D2 为十位，D3 为个位。X5 为启停开关。

（3）程序设计

七段数显控制程序如图 4-34 所示。本例编程方法可以节省输出端，原来此显示需要 16

个输出，如用图 4-34 所示程序可以节省 50%输出端。

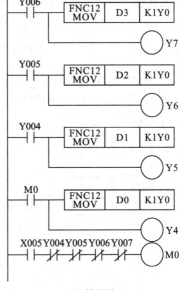

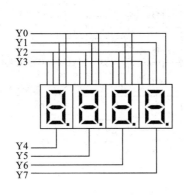

（a）I/O 接线示意图　　　　　　　　（b）梯形图

图 4-34　七段数显控制程序

5 可设定时间的控制器

（1）控制要求

24 h 可设定时间的控制器，每 15 min 为一设定单位，共 96 个时间单位。将此控制器进行如下控制：

① 6∶30 电铃（Y0）每秒响 1 次，6 次后自动停止。

② 9∶00~17∶00，启动住宅报警系统（Y1）。

③ 18∶00 开园内照明（Y2）。

④ 22∶00 关园内照明（Y2）。

设 X0 为启停开关；X1 为 15 min 快速调整与试验开关；X2 为格数设定的快速调整与试验开关；时间设定值为钟点数乘 4。使用时，在 0∶00 时启动定时器。

（2）I/O 地址分配

根据任务要求，设计 I/O 地址分配见表 4-16。

表 4-16　I/O 地址分配

输　　　　　入			输　　　　　出		
输入元件	输　入　点	作　　用	输出元件	输　出　点	作　　用
SB0	X0	启停	电铃	Y0	闹钟
SB1	X1	设定调整	110 联网信号	Y1	住宅报警监控
SB2	X2	格数试验	继电器	Y2	住宅照明

（3）程序设计

定时控制器梯形图及说明如图 4-35 所示。

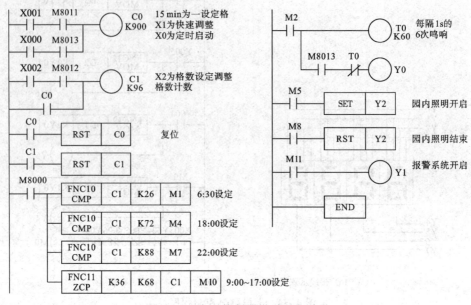

图 4-35　定时控制器梯形图及说明

练习与提高

1. 用 CMP 指令实现下面功能：X000 为脉冲输入，当脉冲数大于 5 时，Y001 为 ON；反之，Y000 为 ON。编写出梯形图。

2. 3 台电动机相隔 5 s 启动，各运行 10 s 停止，循环往复。使用传送比较指令完成控制要求。

3. 试用比较指令，设计一密码锁控制电路。密码锁为 4 键，正确输入 H65 后 2 s，开照明；正确输入 H87 后 3 s，开空调。

4. 设计一计时精确到秒的闹钟，每天早上 6 点提醒你按时起床。

5. 分析图 4-33 梯形图，计算 Y0 输出的最小频率和最大频率各是多少？

6. 编写程序，用一个指示灯，指示出计数状态，当计数结果小于 100 时，以 0.5 Hz 闪烁；等于 100 时，长亮；大于 100 时，以 2 Hz 闪烁。

任务 4　算术、逻辑运算指令及应用

任务目标

1. 掌握算术运算指令及应用；

2. 掌握加 1、减 1 指令及应用；

3. 掌握逻辑与、或、非运算指令及应用。

1 预备知识

（1）二进制加法指令

该指令的指令名称、功能号/助记符、操作数、程序步长见表4-17。

表4-17 二进制加法指令表

指令名称	功能号/助记符	操 作 数			程序步长	备 注
		[S1•]	[S2•]	[D•]		
二进制加法	FNC20 (D)ADD(P)	KnX、KnY、KnM、 KnS、T、C、D、V、Z		KnY、KnM、KnS、 T、C、D、V、Z	16位—7步； 32位—13步	16位/32位指令； 连续/脉冲执行

说明：ADD加法指令是将指定的源元件中的二进制数相加，结果送到指定的目标元件中去。ADD加法指令的使用说明如图4-36所示。

当执行条件 X0 由 OFF→ON 时，（D10）+（D12）→（D14）。运算是代数运算，如5+（−8）=−3。

ADD 加法指令有 3 个常用标志辅助寄存器：M8020 为零标志，M8021 为借位标志，M8022 为进位标志。如果运算结果为 0，则零标志 M8020 置1；如果运算结果超过 32 767（16位）或 2 147 483 647（32位）则进位标志 M8022 置1；如果运算结果小于 − 32 767（16位）或 − 2 147 483 647（32位），则借位标志 M8021 置1。

在 32 位运算中，被指定的起始字元件是低 16 位元件，而下一个字元件则为高 16 位元件，如 D0（D1）。

源和目标可以用相同的元件号。若源和目标元件号相同而采用连续执行的 ADD、（D）ADD 指令时，加法的结果在每个扫描周期都会改变。

若指令采用脉冲执行型时，如图4-37所示。每当 X1 从 OFF→ON 变化时，D0 的数据加 1，这与 INC（P）指令的执行结果相似。其不同之处在于用 ADD 指令时，零位、借位、进位标志将按上述方法置位。

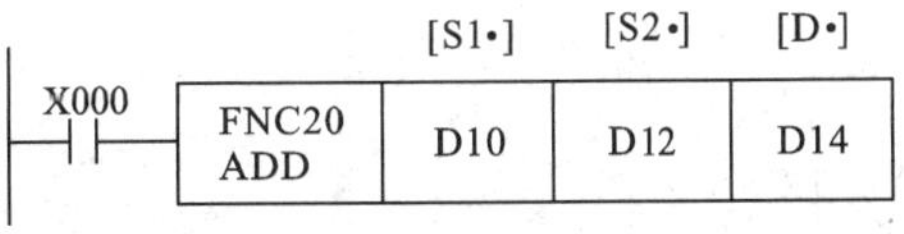

图 4-36 二进制加法指令使用说明之一

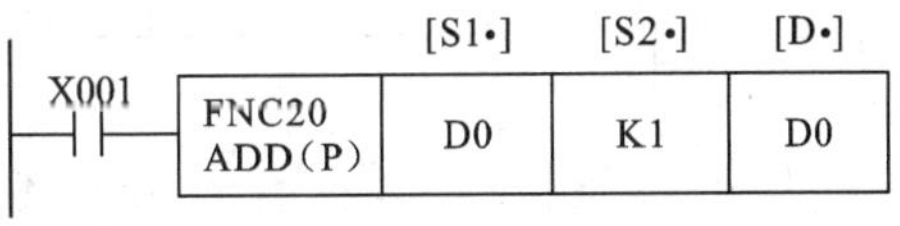

图 4-37 二进制加法指令使用说明之二

（2）二进制减法指令

该指令的指令名称、功能号/助记符、操作数、程序步长见表4-18。

表4-18 二进制减法指令表

指令名称	功能号/助记符	操 作 数			程序步长	备 注
		[S1•]	[S2•]	[D•]		
二进制减法	FNC21 (D)SUB(P)	KnX、KnY、KnM、 KnS、T、C、D、V、Z		KnY、KnM、KnS、 T、C、D、V、Z	16位—7步； 32位—13步	16位/32位指令； 连续/脉冲执行

说明：SUB减法指令是将指定的源元件中的二进制数相减，结果送到指定的目标元件中去。SUB减法指令的使用说明如图4-38所示。

当执行条件 X0 由 OFF→ON 时，（D10）−（D12）→（D14）。运算是代数运算，如 5−（−

8)=13。各种标志的动作、32 位运算中软元件的指定方法、连续执行型和脉冲执行型的差异等均与上述加法指令相同。

如图 4-39 所示，当 X0 合上时，（D11，D10）-（D13，D12）→（D15，D14），且连续执行。

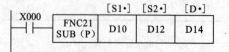

图 4-38　二进制减法指令使用说明之一

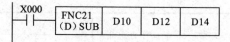

图 4-39　二进制减法指令使用说明之二

（3）二进制乘法指令

该指令的指令名称、功能号/助记符、操作数、程序步长见表 4-19。

表 4-19　二进制乘法指令表

指令名称	功能号/助记符	操作数			程序步长	备注
		[S1·]	[S2·]	[D·]		
乘法	FNC22 (D)MUL(P)	KnX、KnY、KnM、KnS、T、C、D、Z		KnY、KnM、KnS、T、C、D	16 位—7 步； 32 位—13 步	16 位/32 位指令； 连续/脉冲执行

说明：MUL 乘法指令是将指定的源元件中的二进制数相乘，结果送到指定的目标元件中去。MUL 乘法指令的使用说明如图 4-40 所示。它分 16 位和 32 位两种运算情况。

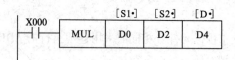

（a）16 位 MUL 运算示意图

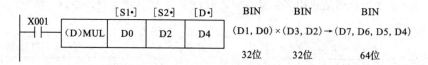

（b）32 位 MUL 运算示意图

图 4-40　二进制乘法指令使用说明

16 位运算如图 4-40（a）所示，当执行条件 X0 由 OFF→ON 时，（D0）×（D2）→（D5，D4）。源操作数是 16 位，目标操作数是 32 位。若令（D0）=8，（D2）=9 时，（D5，D4）=72。最高位为符号位，0 为正，1 为负。

32 位运算如图 4-40（b）所示，当执行条件 X1 由 OFF→ON 时，（D1，D0）×（D3，D2）→（D7，D6，D5，D4）。源操作数是 32 位，目标操作数是 64 位。若令（D1，D0）=238，（D3，D2）=189 时，（D7，D6，D5，D4）=44982。其中，最高位为符号位，0 为正，1 为负。

（4）二进制除法指令

该指令的指令名称、功能号/助记符、操作数、程序步长见表 4-20。

表 4-20　二进制除法指令表

指令名称	功能号/助记符	操作数			程序步长	备注
		[S1·]	[S2·]	[D·]		
除法	FNC23 (D)DIV(P)	KnX、KnY、KnM、 KnS、T、C、D、Z		KnY、KnM、KnS、 T、C、D	16位—7步； 32位—13步	16位/32位指令； 连续/脉冲执行

说明：DIV 除法指令是将指定的源元件中的二进制数相除，[S1·]为被除数，[S2·]为除数，商送到指定的目标元件[D·]中去，余数送到目标元件[D·]+1 中。二进制除法指令使用说明如图 4-41 所示，它也分 16 位和 32 位两种运算情况。

图 4-41（a）所示为 16 位运算，当执行条件 X0 由 OFF→ON 时，（D0）÷（D2）→（D4）。若令（D0）=19，（D2）=3 时，商（D4）=6，余数（D5）=1。

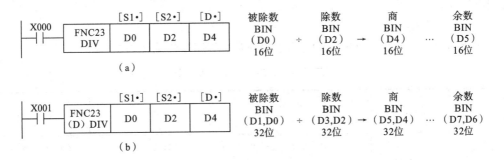

图 4-41　二进制除法指令使用说明

图 4-41（b）所示为 32 位运算。当执行条件 X1 由 OFF→ON 时，(D1、D0)÷(D3、D2)，商在（D5、D4）中，余数在（D7、D6）中。商与余数的二进制最高位是符号位，0 为正，1 为负。被除数或除数中有一个为负数时，商为负数。被除数为负数时，余数为负数。

图 4-42 所示为利用乘除运算指令实现灯组的移位控制。有一组灯 16 个接于 Y0 ~ Y17，要求：当 X0 为 ON，灯正序每隔 1 s 单个移位，并循环，当 X0 为 OFF 且 Y0 为 OFF 时，灯反序每隔 1 s 单个移位，直至 Y0 为 ON，停止。该程序是利用乘 2 除 2 实现目标数据中"1"移位的，每乘 2 左移 1 位，每除 2 右移 1 位。

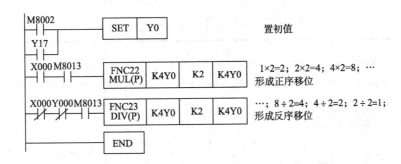

图 4-42　利用乘除运算指令实现灯组的移位控制

（5）二进制加 1 指令

该指令的指令名称、功能号/助记符、操作数、程序步长见表 4-21。

表4-21　二进制加1指令表

指令名称	功能号/助记符	操作数 [D·]	程序步长	备注
二进制加1	FNC24 (D)INC(P)	KnY、KnM、KnS、T、 C、D、V、Z	16位—3步； 32位—5步	16位/32位指令； 连续/脉冲执行

说明：二进制加1指令的使用说明如图4-43所示。当X0由OFF→ON变化时，由[D·]指定的元件D10中的二进制数自动加1。若用连续指令时，每个扫描周期都加1。16位运算时，+32 767再加1则变为-32 768，但标志位不动作。同样，在32位运算时，+2 147 483 647再加1就则为-2 147 483 648，标志位不动作。

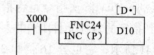

图4-43　二进制加1指令功能说明

（6）二进制减1指令

该指令的指令名称、功能号/助记符、操作数、程序步长见表4-22。

表4-22　二进制减1指令表

指令名称	功能号/助记符	操作数 [D·]	程序步长	备注
二进制减1	FNC25 (D)DEC(P)	KnY、KnM、KnS、T、C、D、 V、Z	16位—3步； 32位—5步	16位/32位指令； 连续/脉冲执行

说明：二进制减1指令的使用说明如图4-44所示，当X1由OFF→ON变化时，由[D·]指定的元件D10中的二进制数自动减1。若用连续指令时，每个扫描周期都减1。16位运算时，-32 768再减1则变为+32 767，但标志位不动作。同样，在32位运算时，-2 147 483 648再减1则变为+2 147 483 647，标志位不动作。

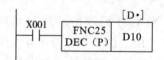

图4-44　二进制减1指令功能说明

（7）逻辑字与、或、异或指令

该指令的指令名称、功能号/助记符、操作数、程序步长见表4-23。

表4-23　逻辑字与、或、异或指令表

指令名称	功能号/助记符	操作数 [S1·]	[S2·]	[D·]	程序步长	备注
字逻辑与 （WAND）	FNC26 (D)WAND(P)					
字逻辑或 （WOR）	FNC27 (D)WOR(P)	K、H、KnX、KnY、 KnM、KnS、T、C、D、 Z		KnY、KnM、 KnS、T、C、D、 V、Z	16位—3步； 32位—5步	16位/32位指令； 连续/脉冲执行
字逻辑异或 （WXOR）	FNC28 (D)WXOR(P)					

说明：逻辑字"与"指令的使用说明如图4-45（a）所示。当X0为ON时，[S1·]指定的D10和[S2·]指定的D12内数据按各位对应进行逻辑字与运算，结果存于由[D·]指定

的元件 D14 中。逻辑字"或"指令的使用说明如图 4-45（b）所示。当 X1 为 ON 时，[S1•]指定的 D10 和[S2•]指定的 D12 内数据按各位对应进行逻辑字或运算，结果存于由[D•]指定的元件 D14 中。逻辑字"异或"指令的使用说明如图 4-45（c）所示。当 X2 为 ON 时，[S1•]指定的 D10 和[S2•]指定的 D12 内数据按各位对应进行逻辑字异或运算，结果存于[D•]指定的 D14 中。

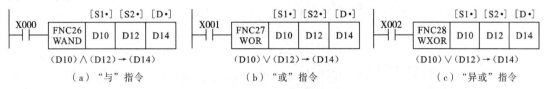

图 4-45　逻辑字与、或、异或指令使用说明

2　编程实现 $Y=38X/255+2$ 的运算

式中 X 代表输入端口 K2X0 送入的二进制数，运算结果送输出口 K2Y0；X20 为启停开关。其程序梯形图及说明如图 4-46 所示。

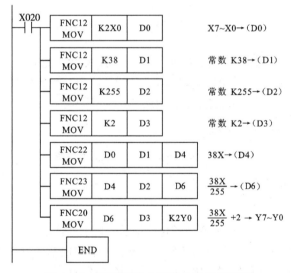

图 4-46　四则运算式程序梯形图及说明

3　彩灯循环控制

（1）控制要求

有 12 盏彩灯，每隔 1 s 正序亮至全亮，反序灭至全灭，然后循环。彩灯有 12 盏，各彩灯状态变化的时间单位为 1 s。

（2）I/O 地址分配（见表 4-24）

表 4-24　I/O 地址分配

输　　　　入			输　　　　出		
输入元件	输　入　点	作　用	输出元件	输　出　点	作　用
SB0	X0	启停	彩灯	Y7~Y0 Y13~Y10	彩灯变化

项目 4 功能指令及应用

133

（3）程序设计

秒时钟用 M8013 实现，实现彩灯循环控制功能采用加 1、减 1 指令及变址寄址器 Z 来完成。

彩灯循环控制梯形图及说明如图 4-47 所示，图中 X1 为彩灯控制开关，X1 为 OFF 时，禁止输出继电器 M8034=1，使 12 个输出 Y0～Y13 为 OFF。M1 为正、反序控制。

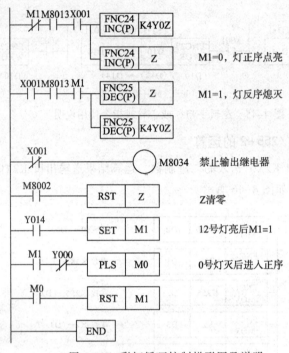

图 4-47　彩灯循环控制梯形图及说明

4　机场指示灯开关控制

（1）控制要求

某机场装有 16 盏指示灯，用于各种场合的指示，接于 K4Y0。一般情况下总是有的指示灯是亮的，有的指示灯是灭的。但有时需将灯全部打开，有时需将灯全部关闭。现需设计一种电路，用一只开关打开所有的灯，用另一只开关熄灭所有的灯。

（2）I/O 地址分配（见表 4-25）

表 4-25　I/O 地址分配

输　　入			输　　出		
输入元件	输入点	作　用	输出元件	输出点	作　用
SB0	X0	全开	指示灯	Y17～Y0	指示灯驱动
SB1	X1	全灭			

（3）程序设计

16 盏指示灯在 K4Y0 的分布如图 4-48 所示。先为所有的指示灯设一个状态字 K4Y0，随时将各指示灯的状态存入，再设一个开灯字，一个关灯字。开灯时将开灯字和灯的状态字相"或"，关灯时将关灯字和灯的状态字相"与"，即可实现控制功能的要求。

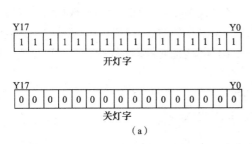

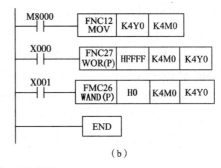

图 4-48　机场指示灯开关控制

练习与提高

1. 编程实现 $Y=12X-100$ 的算术运算。

2. D0 的初始值为 K0，D1 的初始值为 K100，每秒 D0 加 1，每秒 D1 减 1，试编程实现。

3. 请说明加法指令会影响哪些标志位？说明其意义。

4. 16 位乘法指令的结果是几位？如何存放？

5. 除法指令的商和余数如何存放？

6. 查找资料，学习浮点数运算指令。

任务 5　循环移位指令及应用

任务目标

1. 掌握循环移位指令功能；

2. 学会循环移位指令的应用。

预备知识

（1）循环右移和循环左移指令

该类指令的指令名称、功能号/助记符、操作数、程序步长见表 4-26。

表 4-26　循环右移和循环左移指令表

指令名称	功能号/助记符	操作数		程序步长	备　注
		[D·]	n		
循环左移	FNC31 (D)ROL(P)	KnY、KnM、KnS、T、C、D、V、Z	K、H n≤16（16 位） n≤32（32 位）	16 位—5 步； 32 位—9 步	16 位/32 位指令； 连续/脉冲执行； 影响标志：M8002
循环右移	FNC30 (D)ROR(P)	KnY、KnM、KnS、T、C、D、V、Z	K、H n≤16（16 位） n≤32（32 位）	16 位—5 步； 32 位—9 步	16 位/32 位指令； 连续/脉冲执行； 影响标志：M8002

说明：循环右移指令可以使 16 位数据、32 位数据向右循环移位，其使用说明如图 4-49（a）所示。当 X0 由 OFF→ON 时，[D•]指定的元件内各位数据向右移 n 位，最后一次从低位移出的状态存于进位标志 M8022 中。循环左移指令可以使 16 位数据、32 数据向左循环移位，其使用说明如图 4-49（b）所示。当 X1 由 OFF→ON 时，[D•]指定的元件内各位数据向左移 n 位，最后一次从高位移出的状态存于进位标志 M8022 中。

用连续指令执行中，循环移位操作每个周期执行一次。在指定位软元件的场合下，只有 K4（16 位指令）或 K8（32 位指令）有效。例如 K4Y0、K8M0。

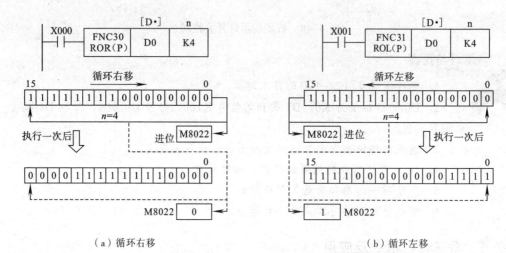

（a）循环右移　　　　　　　　　　　　　　　（b）循环左移

图 4-49　循环移位指令使用说明

（2）带进位循环右移、左移指令

该类指令的指令名称、功能号/助记符、操作数、程序步长见表 4-27。

表 4-27　带进位循环右移、左移指令表

指令名称	功能号/助记符	操作数		程序步长	备注
		[D•]	n		
带进位的循环右移	FNC32 (D)RCR(P)	KnY、KnM、KnS、T、C、D、V、Z	K、H、n≤16（16 位）n≤32（32 位）	16 位—5 步；32 位—9 步	16 位/32 位指令；连续/脉冲执行；影响标志：M8002
带进位的循环左移	FNC33 (D)RCL(P)				

说明：如图 4-50（a）所示。当 X0 由 OFF→ON 时，M8022 驱动之前的状态首先被移入 [D•]，且[D•]内各位数据向右移 n 位，最后一次从低位移出的状态存于进位标志 M8022 中。带进位循环左移指令可以带进位使 16 位数据、32 位数据向左循环移位，其使用说明如图 4-50（b）所示。当 X0 由 OFF→ON 时，M8022 驱动之前的状态首先被移入[D•]，且[D•]内各位数据向左移 n 位，最后一次从高位移出的状态存于进位标志 M8022 中。

用连续指令执行中，循环移位操作每个周期执行一次。在指定位软元件的场合下，只有 K4（16 位指令）或 K8（32 位指令）有效。例如 K4Y0、K8M0。

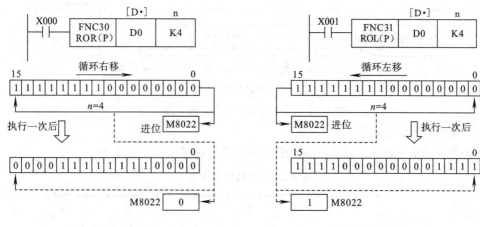

（a）带进位循环右移　　　　　　　　　　　　（b）带进位循环左移

图 4-50　带进位循环移位指令使用说明

（3）位右移、位左移指令

该类指令的指令名称、功能号/助记符、操作数、程序步长见表 4-28。

表 4-28　位移位指令表

指令名称	功能号/助记符	操作　数				程序步长	备　注
		[S•]	[D•]	n1	n2		
位右移	FNC34 SFTR (P)	X、Y、 M、S	Y、 M、S	K、H n2≤n1≤1 024		16 位—7 步	16 位/32 位指令； 连续脉冲执行
位左移	FNC35 SFTL(P)						

说明：位移位指令是对[D•]所指定的 n1 个位元件连同[S•]所指定的 n2 个位元件的数据右移或左移 n2 位，其说明如图 4-51 所示。例如，对于图 4-51（a）所示的位右移指令的梯形图，当 X10 由 OFF→ON 时，[D•]内（M0～M15）16 位数据连同[S•]内（X0　X3）4 位元件的数据向右移 4 位，（X0～X3）4 位数据从[D•]的高位端移入，而[D•]的低位 M0～M3 数据移出。若图中 n2=1，则每次只进行 1 位移位。同理，对于图 4-51（b）的位左移指令的梯形图移位原理也类似。

用脉冲执行型指令时，X0 由 OFF→ON 变化时指令执行一次，进行 n2 位移位；而用连续指令执行时，移位操作是每个扫描周期执行一次，使用该指令时必须注意。

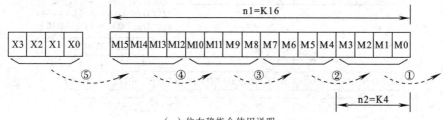

（a）位右移指令使用说明

图 4-51　位移位指令使用说明

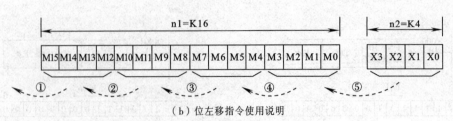

（b）位左移指令使用说明

图 4-51　位移位指令使用说明（续）

（4）字右移、字左移指令

该类指令的指令名称、功能号/助记符、操作数、程序步长见表 4-29。

表 4-29　字移位指令表

指令名称	功能号/助记符	操 作 数			程序步长	备　注
		[S1•]	[S2•]	[D•]		
字右移	FNC36 WSFR(P)	KnX、KnY、KnM、KnS、T、C、D		KnY、KnM、KnS、T、C、D	16 位—9 步	16/32 位指令； 连续/脉冲执行
字左移	FNC37 WSFL(P)					

说明：字移位指令是对[D•]所指定的 n1 个位元件连同[S•]所指定的 n2 个字元件右移或左移 n2 个数据，其说明如图 4-52 所示。例如，对于图 4-52（a）所示的字右移指令的梯形图，当 X0 由 OFF→ON 时，由（D0～D3）组成的 4 个字数据从[D•]的高字端移入，而（D10～D13）4 个字数据从[D•]的低字端移出（溢出）。图 4-52（b）所示为字左移指令使用说明，原理类同。

用脉冲执行型指令时，X0 由 OFF→ON 变化时指令执行一次，进行 n2 位移位；而用连续指令执行时，移位操作是每个扫描周期执行一次，使用该指令时必须注意。

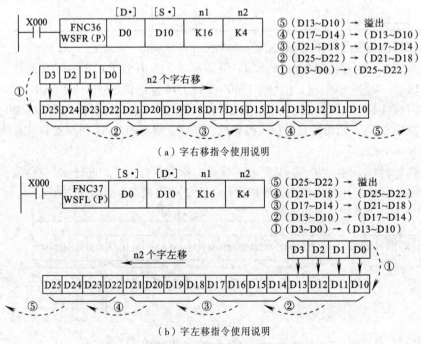

（a）字右移指令使用说明

（b）字左移指令使用说明

图 4-52　字移位指令使用说明

（5）FIFO 写入/读出指令

该类指令的指令名称、功能号/助记符、操作数、程序步长见表 4-30。

表 4-30　FIFO 写入/读出指令表

指令名称	功能号/助记符	操 作 数			程序步长	备 注
		[S·]	[D·]	n		
移位写入（先入先出写入）	FNC38 SFWR(P)	K、H、KnX、KnY、KnM、KnS、T、C、D、V、Z	KnY、KnM、T、C、D	K、H 2≤n≤512	16 位—7 步	16 位/32 位指令；连续/脉冲执行
移位读出（先入先出读出）	FNC39 SFRD(P)	KnX、KnY、KnM、KnS、T、C、D	KnY、KnM、KnS、T、C、D、V、Z	K、H 2≤n≤512	16 位—7 步	16 位/32 位指令；连续/脉冲执行

说明：SFWR 指令是先入先出控制数据写入指令，其使用说明如图 4-53（a）所示，图中 n=10 表示[D·]中从 D1 开始有 10 个连续软元件，且 D1 被指定为数据写入个数指针，以表示数据存储次(点)数，初始应置 0。当 X0 由 OFF→ON 时，X 将[S·]中 D0 的数据存储到 D2 内，[D·]中指针 D1 的内容为 1。若改变 D0 的数据，当 X0 再由 OFF→ON 时，则将 D0 的数据存入 D3 中，D1 的内容成为 2。依此类推，当 D1 内的数据超过 n-1 时，则上述操作不再执行，进位标志 M8022 动作。若是连续指令执行时，则在各个扫描周期按顺序写入。

SFRD 指令是先入先出控制数据读出指令，其使用说明如图 4-53（b）所示。图中 n=10 表示[S·]中从 D1 开始有 10 个连续软元件，且 D1 被指定为数据读出个数指针，初始应置 n-1。当 X0 由 OFF→ON 时，将 D2 的数据传送到 D0 内，与此同时，指针 D1 的内容减 1，D3～D10 的数据向右移。当 X0 再由 OFF→ON 时，D2 的数据（即原 D3 中的内容）传送到 D0 内，D1 的内容再减 1。依此类推，当 D1 的内容减为 0 时，则上述操作不再执行，零位标志 M8020 动作。

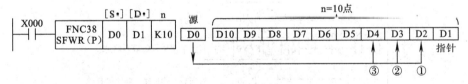

（a）先入先出控制数据写入指令

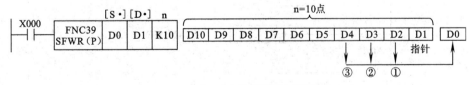

（b）先入先出控制数据读出指令

图 4-53　FIFO 写入/读出指令使用说明

若是连续执行型 SFRD 指令，则在每个扫描周期，[S·]中元件数据按顺序向右移位，逐个从 D2 中读到 D20 中。

2 霓虹灯移位控制

（1）控制要求

某灯光招牌有 L1~L8 共 8 个灯接于 K2Y0，要求当 X0 为 ON 时，灯先以正序每隔 1s 轮流点亮，当 Y7 亮后，停 5 s；然后以反序每隔 1 s 轮流点亮，当 Y0 再亮后，停 5 s，重复上述过程。当 X1 为 ON 时，停止工作。

（2）I/O 地址分配（见表 4-31）

表 4-31 I/O 地址分配

输	入		输	出	
输入元件	输 入 点	作 用	输出元件	输 出 点	作 用
SB0	X0	启动	L1L ~ 8	Y0 ~ Y7	输出指示灯
SB1	X1	停止			

（3）程序设计

霓虹灯移位控制梯形图及说明如图 4-54 所示。

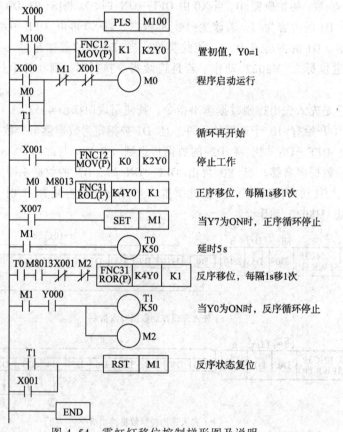

图 4-54 霓虹灯移位控制梯形图及说明

3 步进电动机控制

（1）控制要求

用位移指令可以实现步进电动机正反转和调速控制。以三相三拍电动机为例，采用 PLC

晶体管输出，作为步进电动机驱动电源功放电路的输入。

（2）I/O 地址分配（见表 4-32）

X0 为正反转切换开关（X0 为 OFF 时，正转；X0 为 ON 时，反转），X1 为启动按钮，X2 为停止按钮，X3 为减速按钮，X4 为增速按钮。脉冲列由 Y10 ~ Y12（晶体管输出）送出。

表 4-32　I/O 地址分配表

输　　入			输　　出		
输入元件	输入点	作　用	输出元件	输出点	作　用
SA	X0	正反转切换	晶体管	Y10 ~ Y12	电动机驱动
SB1	X1	启动			
SB2	X2	停止			
SB3	X3	减速			
SB4	X4	增速			

（3）程序设计

程序中采用积算定时器 T246 为脉冲发生器，设定值为 K2 ~ K500，定时为 2 ~ 500 ms，则步进电动机可获得 2 步/s 到 500 步/s 的变速范围。

步进电动机梯形图及说明如图 4-55 所示。以正转为例，程序开始运行前，设 M0 为零。M0 提供移入 Y10、Y11、Y12 的"1"或"0"，在 T246 的作用下最终形成 011、110、101 的三拍循环。T246 为移位脉冲产生环节，INC 指令及 DEC 指令用于调整 T246 产生的脉冲频率。T0 为频率调整时间限制。

调速时，按下 X3（减速）或 X4（增速）按钮，观察 D0 的变化，当变化值为所需速度值时，释放。如果调速需经常进行，可将 D0 的内容显示出来。

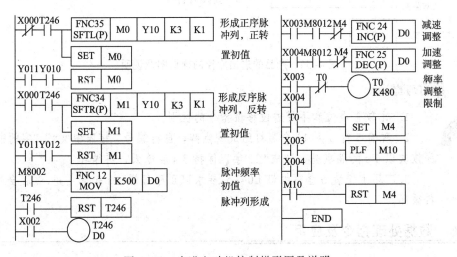

图 4-55　步进电动机控制梯形图及说明

4 产品的进出库控制（FIFO）

（1）控制要求

先入先出控制指令可应用于登记产品进库，按顺序将先进的产品先出库，产品地址号为

4位以下十六进制数字，最大库存量为99点以下。

（2）I/O 地址分配（见表4-33）

表4-33 I/O 地址分配

输　　入			输　　出		
输入元件	输入点	作　用	输出元件	输出点	作　用
SB0~SB17	X0 ~ X17	编号输入	指示灯	Y17 ~ Y0	出库号指示
SB20	X20	入库			
SB21	X21	出库			

（3）程序设计

当入库按钮 X20 按下时，从输入口 K4X0（X0 ~ X17）输入产品地址号到 D256，并以 D257 作为指针，存入从 D258 ~ D356 的99个字元件组成的堆栈中，当出库按钮 X21 按下时，从 D257 指针后开始的 99 个字元件组成的堆栈中取出先入的一个地址号送至 D357，由 D357 向输出口 K4Y0 输出。其梯形图及说明如图 4-56 所示。

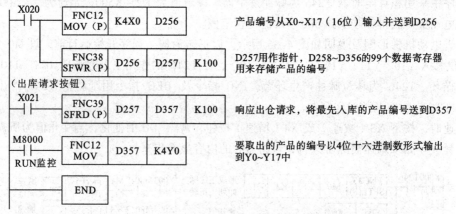

图 4-56　产品的进出库控制梯形图及说明

练习与提高

1. 比较带进位和不带进位移位指令的区别。

2. 现有5行3列15个彩灯组成的点阵，自行编号，按照中文"王"字的书写顺序依次以1s间隔点亮，形成"王"字，保持3s后熄灭，再循环。

3. 广场上安装6盏霓虹灯L0~L5，要求以正序每隔1s轮流点亮，然后全亮5s，再循环。

任务6　数据处理指令及应用

任务目标

1. 学会区间复位指令的应用；

2. 学会解码编码指令的应用；

3. 学会报警置位、复位指令的应用。

**预备知识**

（1）区间复位指令

该指令的指令名称、功能号/助记符、操作数、程序步长见表4-34。

表4-34　区间复位指令表

指令名称	功能号/助记符	操 作 数		程序步长	备 注
		[D1•]	[D2•]		
区间复位	FNC40 ZRST(P)	Y、M、S、T、C、D （D1≤D2）		16位—5步	16位指令； 连续/脉冲执行

说明：区间复位指令又称成批复位指令，使用说明如图4-57所示。当M8002由OFF→ON时，执行区间复位指令。位元件M500~M599成批复位，字元件C235~C255成批复位，状态元件S0~S100成批复位。

目标操作数[D1•]和[D2•]指定的元件应为同类软元件，[D1•]指定的元件号应小于或等于[D2•]指定的元件号。若[D1•]的元件号大于[D2•]的元件号，则只有[D1•]指定的元件被复位。

该指令为16位处理指令，但是可在[D1•]、[D2•]中指定32位计数器。不过不能混合指定，即不能在[D1•]中指定16位计数器，在[D2•]中指定32位计数器。

与其他复位指令的比较如下：

① 采用RST指令仅对位元件Y、M、S和字元件T、C、D单独进行复位不能成批复位。

② 也可以采用多点传送指令FMOV（FNC 16）将常数K0对KnY、KnM、KnS、T、C、D软元件成批复位。

其他复位指令功能说明如图4-58所示。

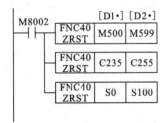

图4-57　区间复位指令使用说明

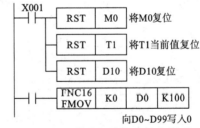

图4-58　其他复位指令功能说明

（2）解码指令

该指令的指令名称、功能号/助记符、操作数、程序步长见表4-35。

表4-35　解码指令表

指令名称	功能号/助记符	操 作 数			程序步长	备 注
		[S•]	[D•]	n		
解码	FNC41 DECO(P)	K、H、X、Y、 M、S、T、C、 D、V、Z	Y、M、S T、C、D	K、H 1≤n≤8	16位—7步	16位指令； 连续/脉冲执行

说明：所谓解码（又称译码）就是求出源数据对应的十进制数码（权）值Q的过程。即将n位二进制源数据的Q值求出后在目标元件对应Q位置1，其余位则置0，n表示源操作

数共有几个位参与工作。若目标元件是位软元件，n 取值为 1～8，若目标元件是字软元件，n 取值为 1～4。

① 当[D•]是 Y、M、S 位元件时，若源元件[S•]指定起始地址起计算的 n 位连续位元件所表示的十进制数码值为 Q，则指令将[D•]指定的目标元件的第 Q 位（不含目标元件本身）置 1，其他位置 0。如图 4-59 所示，图中 3 个连续源元件[S•]数据的十进制数码值 $Q=2^1+2^0=3$，因此从 M10 开始的第 3 位 M13 为 1。若源数据 Q=0，则第 0 位（即 M10）为 1。

若 n=0 时，程序不操作；n 在 1～8 以外时，出现运算错误；若 n=8 时，[D•]的位数 $2^8=256$。驱动输入为 OFF 时，不执行指令，上一次解码输出置 1 的位保持不变。若指令是连续执行型，则在各个扫描周期都执行，必须注意。

② 当[D•]是字元件时，若源元件[S•]所指定字元件的低 n 位所表示的十进制数码值为 Q，则指令 X 对[D•]指定的目标字元件的第 Q 位（不含最低位）置 1，其他位置 0。如图 4-59（b）所示，图中源数据 $Q=2^1+2^0=3$，因此 D1 的第 3 位为 1。（当源数据为 Q=0 时，第 0 位为 1）

若 n=0 时，程序不执行；n 在 1～4 以外时，出现运算错误；若 n≤4 时，则在[D•]的 $2^4=16$ 位范围解码；若 n≤3 时，在[D•]的 $2^3=8$ 位范围解码，高 8 位均为 0。

驱动输入为 OFF 时，不执行指令，上一次解码输出置 1 的位保持不变。

若指令是连续执行型，则在各个扫描周期都会执行，必须注意。

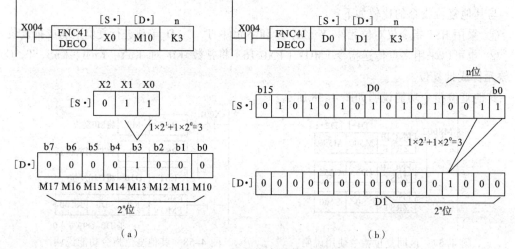

图 4-59 解码指令的使用说明

（3）编码指令

该指令的指令名称、功能号/助记符、操作数、程序步长见表 4-36。

表 4-36 编码指令表

指令名称	功能号/助记符	操 作 数			程序步长	备 注
		[S•]	[D•]	n		
编码	FNC42 ENCO(P)	X、Y、M、S、T、C、D、V、Z	T、C、D、V、Z	K、H 1≤n≤8	16 位—7 步	16 位指令；连续/脉冲执行

说明：

① 当[S•]是位元件时，以源[S•]为起始地址，长度为 2^n 的位元件中，指令将最高置 1 的

位号存放到目标[D·]指定的元件中，[D·]中数值的范围由 n 确定，使用说明如图 4-60（a）所示，图中源元件的长度为 2^n（此时 n=3，2^3=8）位，即 M10~M17，其最高置 1 位是 M13 即第 3 位。将"3"对应的二进制数存放到 D10 的低 3 位中。

② 当源操作数的第一个（即第 0 位）位元件为 1，则[D·]中存放 0。若源操作数中无 1，出现运算错误。

若 n=0 时，程序不执行；n＞8 时，出现运算错误；若 n=8 时，[S·]中位数为 2^8=256。

③ 当[S·]是字元件时，在其可读长度为 2^n 位中，最高置 1 的位被存放到目标[D·]指定的元件中，[D·]中数值的范围由 n 确定，使用说明如图 4-60（b）所示，图中源字元件的可读长度为 2^n=2^3=8 位，其最高置 1 位是第 3 位。将"3"位置数（二进制）存放到 D1 的低 3 位中。

当源操作数的第一个（即第 0 位）位元件为 1，则[D·]中存放 0；当源操作数中无 1，则出现运算错误。

若 n=0 时，程序不执行；n 在 1~4 以外时，出现运算错误；若 n=4 时，[S·]的位数为 2^4=16。

若指令输入条件为 OFF 时，不执行指令，上次编码输出保持不变。

若指令是连续执行型，则在各个扫描周期都执行。

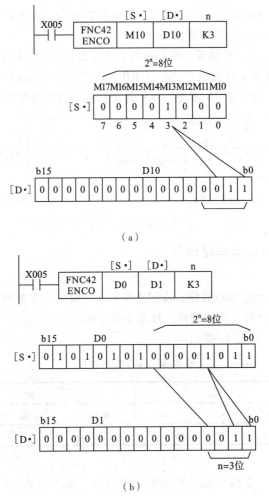

图 4-60 编码指令的使用说明

（4）报警信号置位和复位指令

该指令的指令名称、功能号/助记符、操作数、程序步长见表4-37。

表4-37　报警信号置位和复位指令表

指令名称	功能号/助记符	操 作 数			程序步长	备 注
		[S·]	[D·]	m		
报警信号置位	FNC46 ANS	T（T0~T199）	T（S900~S999）	M=1~32 767	16位—7步	16位指令；连续/脉冲执行
报警信号复位	FNC47 ANR	—	—	—	1步	—

说明：

① 报警信号置位指令是驱动信号报警器M8048动作的方便指令，当执行条件为ON时，[S·]中定时器定时 m ms后，[D·]指定的标志状态寄存器置位，同时M8048动作。使用说明如图4-61（a），若X0与X1同时接通1s以上，则S900被置位，同时M8048动作。以后即使X0或X1为OFF，S900置位的状态不变，但定时器复位。若X0与X1同时接通不满1s变为OFF，则定时器复位，S900不置位。

② 报警信号复位指令可将被置位的报警状态寄存器复位。使用说明如图4-61（b）所示，当X3为ON时，如果有多个报警状态寄存器动作，则将动作的新地址号的报警状态复位。若采用连续型ANR指令，X3为ON不变，则在每个扫描周期中按顺序对各报警状态寄存器复位，直至M8048为OFF，请务必注意。

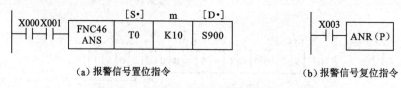

（a）报警信号置位指令　　　　　　　（b）报警信号复位指令

图4-61　报警信号置位复位指令使用说明

2 5台电动机的单按钮启停控制

（1）控制要求

用一个按钮控制5台电动机启停，按钮连按数次（最后一次保持1s以上），则号码与按的次数相同的电动机运行，再按按钮，该电动机停止。

（2）I/O地址分配（见表4-38）

表4-38　I/O地址分配

输　　入			输　　出		
输入元件	输　入　点	作　用	输出元件	输　出　点	作　用
按钮	X0	启停	接触器	Y0~Y4	电动机控制

（3）程序设计

用解码指令控制5台电动机梯形图如图4-62所示，输入电动机编号的按钮接于X0，电动机号数使用加1指令记录在K1M10中，解码指令DECO则将K1M10中的数据解码并令

M0～M7 中相应的位元件置 1。M9 及 T0 用于输入数字确认及停车复位控制。

如调试时，按钮连按 3 次，且最后一次保持 1 s 以上，则 M10～M12 中为（011）BIN，通过解码，使 M0～M7 中相应的 M2 为 1，则接于 Y2 上的电动机运行，再按 1 次 X0，则 M9 为 1，T0 和 M10～M12 复位，电动机停车。

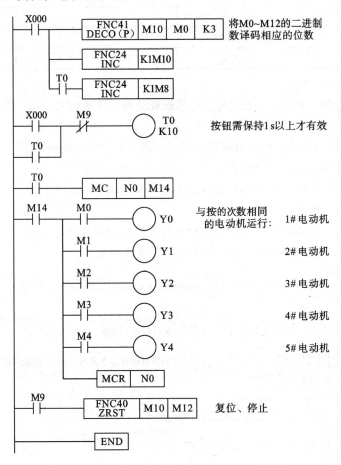

图 4-62 用解码指令控制 5 台电动机梯形图

3 外部故障诊断处理

（1）控制要求

某生产设备，在前进输出有效后 1 s 内没到达目标位时，或者在上、下限之间行程时间超过 2 s 以上时，或者在循环连续运行模式下 10 s 内运作开关不动作情况下，均能给出报警信号，按下复位按钮，报警复位。

（2）I/O 地址分配（见表 4-39）

表 4-39 I/O 地址分配

输　　　　　入			输　　　　　出		
输入元件	输入点	作　　用	输出元件	输出点	作　　用
行程开关	X1	上限位	接触器	Y5	前进
行程开关	X2	下限位	指示灯	Y6	报警输出

续表

输　　　　入			输　　　　出		
输入元件	输入点	作　　用	输出元件	输出点	作　　用
选择开关	X3	连续模式			
行程开关	X4	循环运作开关			
行程开关	X5	前进限位			
按钮	X7	复位			

（3）程序设计

用报警信号置位、复位指令实现外部故障诊断处理梯形图如图 4-63 所示。该程序中采用了两个特殊辅助寄存器：

① 报警器有效 M8049：若 M8049 被驱动后，则可将 S900～S999 中的工作状态的最小地址号存放在特殊数据寄存器 D8049 内。

② 报警器动作 M8048：若 M8049 被驱动后，状态 S900～S999 中任何一个动作，则 M8048 动作，并可驱动对应的故障显示。

在程序中，对于多故障同时发生的情况一般采用 M8049 监视，在消除 S900～S999 中动作的信号报警器最小地址号以后，可以知道下一个故障地址号。

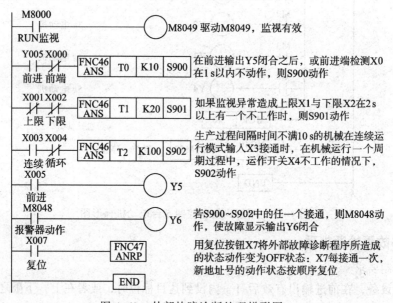

图 4-63　外部故障诊断处理梯形图

练习与提高

1. 区间复位指令，对前后两个操作数有何要求？

2. 编程实现双按钮控制 5 台电动机的启停。

3. 试用 DECO 指令实现喷水池花式喷水控制。喷水顺序为：第 1 组喷 4 s，第 2 组喷 4 s，第 3 组喷 4 s，第 4 组喷 4 s，4 组齐喷 4 s，4 组均停 4 s，然后重复以上过程。

任务 7　时钟计算指令及应用

 任务目标

1. 学会时钟比较指令的应用；
2. 学会时钟读取指令的应用；
3. 学会时钟写入指令的应用。

1 预备知识

（1）时钟数据比较指令

该指令的指令名称、功能号/助记符、操作数、程序步长见表4-40。

表 4-40　时钟数据比较指令表

指令名称	功能号/助记符	操 作 数				程序步长	备 注
		[S1·]	[S2·] [S3·]	[S·]	[D·]		
时钟数据比较	FNC160 (D)TCMP(P)	K$_n$H、K$_n$X、K$_n$Y、K$_n$M、K$_n$S、T、C、D、V、Z		T、C、D	X、Y、M、S	11 步	[D·]占用 3 点；连续/脉冲执行

说明：将源数据 S1、S2、S3 与 S 起始的 3 点时间数据进行比较，输出 D 起始的三点 ON/OFF 状态。S1 指定"时"，S2 指定"分"，S3 指定"秒"，S 开始的 3 点时间数据依次为"时""分""秒"。"时"的设定范围为 1~23，"分"的设定范围为 0~59，"秒"的设定范围为 0~59。时钟数据比较梯形图如图 4-64 所示。

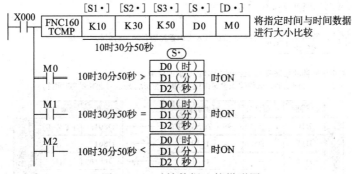

图 4-64　时钟数据比较梯形图

（2）时钟数据读取指令

该指令的指令名称、功能号/助记符、操作数、程序步长见表4-41。

表 4-41　时钟数据读取指令表

指 令 名 称	功能号/助记符	操 作 数 [D·]	程序步长	备 注
时钟数据读取	FNC166 (D)TRD(P)	T、C、D	3 步	[D·]占用 7 点；连续/脉冲执行

项目 4 功能指令及应用

时钟数据读取说明如图 4-65 所示。

```
X000      [D·]
─┤ ├─ FNC166  D0    将可编程控制器的实时时钟的时钟数据读入7点数据寄存器
       TRD(P)        中的指令。
```

按照下列格式读取可编程控制器中的实时时钟的时钟数据。
读取源为保存时钟数据的特殊数据寄存器（D8013~D8019）。

	元件	项目	时钟数据		元件	项目
特殊数据寄存器实时时钟存用	D8018	年（公历）	0~99（公历后两位）	→	D0	年（公历）
	D8017	月	1~12	→	D1	月
	D8016	日	1~31	→	D2	日
	D8015	时	0~23	→	D3	时
	D8014	分	0~59	→	D4	分
	D8013	秒	0~59	→	D5	秒
	D8019	星期	0（日）~6（六）	→	D6	星期

图 4-65　时钟数据读取说明

（3）时钟数据写入指令

该指令的名称、功能号/助记符、操作数范围、程序步见表 4-42。

表 4-42　时钟数据写入指令表

指令名称	功能号/助记符	操作数 [S·]	程序步长	备注
时钟数据写入	FNC167 (D)TWR(P)	T、C、D	3步	[S·]占用7点；连续/脉冲执行

时钟数据写入说明如图 4-66 所示。

```
X001      [D·]
─┤ ├─ FNC167  D10   将时钟数据写入可编程控制器的实时时钟中的指令
       TWR(P)
```

将设定时钟的数据写入可编程控制器的实时时钟中。
为了写入时钟数据，必须预先设定由[S·]指定的元件地址号起始的7点元件。

	元件	项目	时钟数据		元件	项目	
时钟设定用数据	D10	年（公历）	0~99（公历后两位）	→	D8018	年（公历）	特殊数据寄存器实时时钟存用
	D11	月	1~12	→	D8017	月	
	D12	日	1~31	→	D8016	日	
	D13	时	0~23	→	D8015	时	
	D14	分	0~59	→	D8014	分	
	D15	秒	0~59	→	D8013	秒	
	D16	星期	0（日）~6（六）	→	D8019	星期	

图 4-66　时钟数据写入说明

2 设定实时时钟

（1）控制要求

将 PLC 实时时钟设定为 2000 年 4 月 25 日（星期二）15 时 20 分 30 秒。

（2）I/O 地址分配（见表 4-43）

表 4-43　I/O 地址分配

输　入			输　出		
输入元件	输　入　点	作　用	输出元件	输　出　点	作　用
按钮	X0	时钟设定	—	—	—
按钮	X1	时钟修正	—	—	—

（3）程序设计

设定实时时钟梯形图如图 4-67 所示。

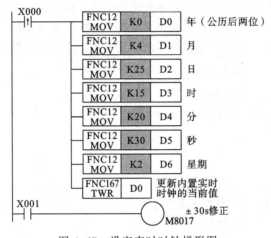

图 4-67　设定实时时钟梯形图

在进行时钟设定时，预先几分钟设定时间数据，在到达时间时，接通 X0，则将时间数据写入实时时钟，修改当前时间。X1 接通时，能够进行 ± 30 s 的修正操作。

练习与提高

1. 编写程序，将 PLC 时钟设定为当前日期和时间？

2. 查找资料，不使用 TWR 指令，如何在 GX Developer 编程软件中进行时钟设定？

3. 试编写时钟读取程序，将时钟数据存入 D20 开始的存储单元中。

4. 编写程序实现一定时控制器，将此控制器做如下控制：①6：30 电铃（Y0）每秒响 1 次，6 次后自动停止；②9：00~17：00，启动住宅报警系统（Y1）；③18：00 开园内照明（Y2）；④22：00 关园内照明（Y2）。采用时钟读取指令及时钟区间比较指令实现。

5. M8017 的功能是什么？

项目⑤

程序控制类指令及应用

本项目通过对自动与手动程序编程、温度控制编程、坡信号发生器编程、查找最大数编程等实例学习，掌握条件跳转指令、子程序调用指令、中断指令、程序结束指令、监视定时器刷新指令、程序循环指令等控制类指令的功能及应用。通过学习掌握程序结构的概念，学会根据程序设计的要求，选用这类控制指令，使程序结构优化，达到最佳控制效果。

任务 1　条件跳转指令及应用

 任务目标

1. 学习条件跳转指令的使用要素；
2. 掌握条件跳转指令的应用及注意事项；
3. 了解跳转对编程元件的影响。

1　预备知识

二十大报告
知识拓展 5

条件跳转指令的指令名称、功能号/助记符、操作数、程序步长见表 5-1。

表 5-1　条件跳转指令表

指 令 名 称	功能号/助记符	操 作 数	程 序 步 长
		[D·]	
条件跳转	FNC00 CJ（P）	P0~P127； P63 即 END 所在步，不需要标记	CJ 和 CJ（P）—3 步； 标号 P—1 步

说明：条件跳转指令在梯形图中使用的情况如图 5-1 所示。图中跳转指针 P8、P9 分别对应 CJ P8 及 CJ P9 两条条件跳转指令。

① 条件跳转指令执行的意义是在满足条件跳转条件之后的各个扫描周期中，PLC 将不再扫描执行跳转指令与跳转指针 Pn 之间的程序，即跳到以指针 Pn 为入口的程序段中执行。直到跳转的条件不再满足，跳转停止进行。在图 5-1 中，当 X0 置 1，跳转指令 CJ P8 执行条件满足，程序从 CJ P8 指令处跳至标号 P8（36 号地址）处，因 X0 常闭触点断开，仅执行 40 号地址的最后 3 行程序。

② 条件跳转程序段中元器件在跳转执行中的工作状态。表 5-2 给出了图 5-1 中跳转发生前后输入或其他元件状态发生变化对程序执行结果的影响。

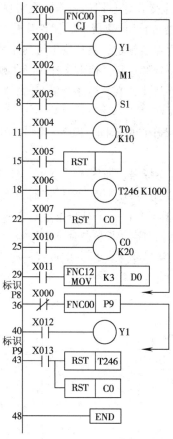

图 5-1 条件跳转指令使用说明

表 5-2 跳转对编程元件状态的影响

元件	跳转前的触点状态	跳转后的触点状态	跳转过程中线圈的动作
Y、M、S	X1、X2、X3 断开	X1、X2、X3 断开	Y1、M1、S1 断开
	X1、X2、X3 接通	X1、X2、X3 接通	Y1、M1、S1 接通
10ms 100ms 定时器	X4 断开	X4 断开	定时器不动作
	X4 接通	X4 接通	定时中断，X0 断开后继续计时
1ms 定时器	X5 断开、X6 断开	X6 接通	定时器不动作
	X5 断开、X6 接通	X6 断开	定时器停止，X0 断开后继续计时
计数器	X7 断开、X10 断开	X10 接通	计时器不动作
	X7 断开、X10 接通	X10 断开	计时器停止，X0 断开后继续计时
应用指令	X11 断开	X11 接通	除 FNC52~FNC59 之外的其他应用指令不执行
	X11 接通	X11 断开	

从表中可以看到以下两点：

处于被跳过程序段中的输出继电器 Y、辅助继电器 M、状态 S 由于该段程序不再执行，即使梯形图中涉及的工作条件发生变化，它们的工作状态将保持跳转发生前的状态不变。

被跳过程序段中的时间继电器 T 及计数器 C，无论其是否具有掉电保持功能，由于相关程序停止执行，它们的当前值寄存器被锁定，跳转发生后其计时、计数值保持不变，在跳转中止、程序继续执行时，计时计数将继续进行。但由于计时、计数器的复位指令具有优先权，当复位指令位于条件跳转跳过的程序段中，在复位条件满足时，将不能保持而将执行复位。

③ 使用跳转指令的注意事项：

a. 由于跳转指令具有选择程序段的功能，同一程序一个扫描周期中因跳转而不同时执行的同一线圈不视为双线圈。

b. 允许多条跳转指令使用同一标号。如图 5-2 所示，当 X20 接通，第一条跳转指令有效，从这一步跳到标号 P9；当 X20 断开，而 X21 接通，则第二条跳转指令有效，程序从第二条跳转指令处跳到 P9 处。但不允许一个跳转指令对应两个标号，即同一程序中不允许存在两个相同的标号。在编写跳转程序的指令表时，标号需占一行。

c. 指针标号一般设在相关的跳转指令之后，虽也可设在跳转指令之前，如图 5-3 所示，但从程序执行顺序来看，如果 X24 接通约 200 ms 以上，造成该程序的执行时间超过了警戒时钟设定值，会发生监视定时器出错。

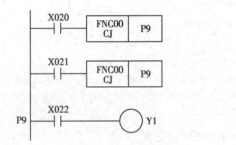 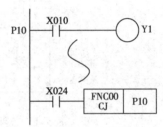

图 5-2　两条跳转指令使用同一指针标号　　图 5-3　指针标号可以设在跳转指令之前

d. 使用 CJ（P）指令时，跳转只执行一个扫描周期。若辅助继电器 M8000 作为跳转指令的执行条件，跳转就称为无条件跳转。

e. 跳转可用来执行程序初始化工作，如图 5-4 所示。在 PLC 运行的第一个扫描周期中，跳转 CJ P7 将不被执行，程序执行跳转指令与 P7 之间的初始化程序。

④ 图 5-5 说明了主控指令与跳转指令的关系。

a. 跳过整个主控区（MC~MCR）的跳转不受任何限制。

b. 从主控区外跳到主控区内时，跳转独立于主控操作，CJ P1 执行时，不论 M0 状态如何，均作 ON 处理。

c. 在主控区内跳转时，如 M0 为 OFF，跳转不能执行。

d. 从主控区内跳到主控区外时，若 M0 为 OFF，跳转不能执行；若 M0 为 ON，跳转条件满足，可以跳转，这时 MCR N0 无效，但不会出错。

e. 从一个主控区内跳到另一个主控区内时，若 M1 为 ON，则可以跳转。执行跳转时不论 M2 的实际状态如何，均看作 ON。MCR N0 被忽略。

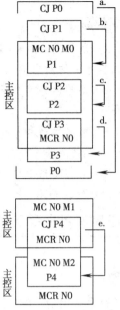

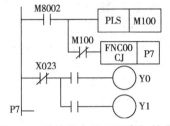

图 5-4　跳转指令用于程序初始化　　　　图 5-5　主控指令与跳转指令的关系

2　自动、手动工作方式的编程实现

实际生产中，为了提高设备的可靠性和调试的需要，许多设备都建立自动及手动两种工作方式。因而要在程序中编排两段程序：一段用于手动；另一段用于自动，然后设立一个手动/自动转换开关对程序段进行选择。图 5-6 为一段手动/自动转换程序梯形图，图中 X0 为手动/自动转换开关。当 X0 置 0 时，执行手动工作程序；置 1 时，执行自动工作程序。

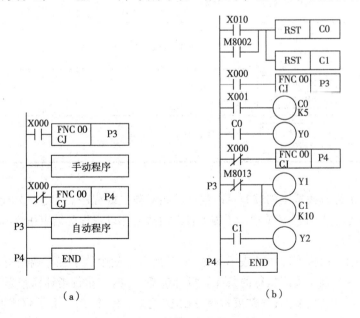

图 5-6　手动/自动转换程序梯形图

练习与提高

1. 跳转发生后，CPU 是否还对被跳转指令跨跃过的程序进行逐行扫描？被跨跃的程序中的输出继电器、定时器及计数器的工作状态如何？

2. 某报时器有春冬季和夏季两套报时程序。请设计两种程序结构，安排这两套程序。

3. 考察跳转和主控区关系，说明从主控区外跳入主控区和由主控区内跳出主控区各有什么条件？跳转和主控哪个优先？

4. 用跳转指令设计一个按钮 X0 用来控制 Y0 的电路，要求第 1 次按下按钮 X0，Y0 变为 ON；第 2 次按下按钮 X0，Y0 变为 OFF。

任务 2　子程序调用指令及应用

任务目标

1. 学会子程序调用指令的应用；
2. 掌握子程序的结构及功能。

1 预备知识

该指令的指令名称、助记符/功能号、操作数、程序步长见表 5-3。

表 5-3　子程序指令表

指令名称	助记符/功能号	操作数 [D•]	程序步长
子程序调用	FNC01 CALL　（P）	指针 P0~P62，P64~P127 嵌套 5 级	3 步
子程序返回	FNC02 SRET	无	1 步
主程序结束	FNC06 FEND	无	1 步

说明：

① 子程序是为一些特定的控制目的编制的相对独立的程序。为了区别于主程序，规定在程序编排时，将主程序排在前边，子程序排在后边，并以主程序结束指令 FEND（FNC06）将这两部分分隔开。

② 子程序指令在梯形图中的表示如图 5-7 所示。图中，子程序调用指令 CALL 要排在主程序段中，X0 是子程序执行的条件。当 X0 置 1 时，执行指针标号为 P11 的子程序 1 次。子程序 P11 安排在主程序结束指令 FEND 之后，标号 P11 和子程序返回指令 SRET 之间的程序构成 P11 子程序的内容。当执行到①处的返回指令 SRET 时，返回主程序。若主程序带有多个子程序或子程序中嵌套子程序时，子程序可依次列在主程序结束指令之后，

并以不同的标号相区别。如图 5-7 第一个子程序又嵌套第二个子程序,当第一个子程序执行中 X11 为 1 时,调用标号 P12 开始的第二个子程序,执行到②处的 SRET 时,返回第一个子程序断点处继续执行。这样的子程序内调用指令可达 4 次,整个程序嵌套可多达 5 次。在编写调用子程序的指令表时,标号需占一行。

③子程序的执行过程及在程序编制中的意义。在图 5-7 中,若调用指令改为非脉冲执行指令 CALL P11,当 X0 置 1 并保持不变时,每当程序执行到该指令,都转去执行 P11 子程序,遇到 SRET 指令即返回断点继续执行原程序;而在 X0 置 0 时,程序的扫描就仅在主程序中进行。子程序的这种执行方式对有多个控制功能需按一定的条件有选择地实现时,有重要的意义,它可以使程序的结构简洁明了。编程时将这些相对独立的功能都设置成子程序,而在主程序中再设置一些入口条件来实现对这些子程序的控制。当有多个子程序排列在一起,标号和最近的一个子程序返回指令构成一个子程序。

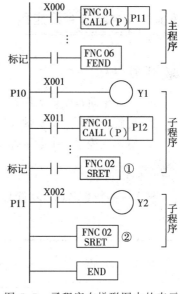

图 5-7 子程序在梯形图中的表示

2 温度控制子程序

某化工反应装置完成多液体物料的化合连续生产,使用 PLC 完成物料的比例投入及送出,并完成反应装置温度的控制工作。反应物料的比例投入根据装置内酸碱度经运算控制有关阀门的开启程度实现,反应物的送出以进入物料的量经运算控制出料阀门的开启程度来实现。温度控制使用加温及降温设备,温度需维持一个区间内。在设计程序的总体结构时,将运算为主的程序内容作为主程序,将加温及降温等逻辑控制为主的程序作为子程序。

子程序的执行条件 X10 及 X11 为温度高限继电器及温度低限继电器。图 5-8 为该程序结构示意图。

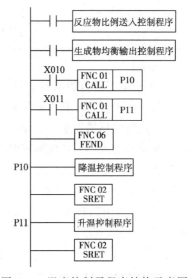

图 5-8 温度控制子程序结构示意图

练习与提高

1. 请说明主程序和子程序的关系,主程序是如何调用子程序的?

2. 子程序能否调用子程序,有什么限制?

3. 主程序和子程序在编写时,对前后顺序是如何要求?各用什么指令标记?

4. 说明 CALL 指令、SRET 指令执行过程。

5. 某广告牌有 16 个边框灯 L1~L16,当广告牌开始工作时,饰灯每隔 0.1 s 从 L1 到 L16 依次轮流点亮,重复进行两周后,又从 L16 到 L1 反序每隔 0.1s 轮流点亮,重复两周后,再从正序轮流点亮两周,再从反序轮流点亮两周,依此类推。请用子程序的方法设计此程序。

任务 3　中断指令及应用

任务目标

1. 学会中断指令的应用；
2. 理解中断源、中断优先级、中断嵌套、中断入口等概念；
3. 掌握主程序、中断子程序的编程方法。

1 预备知识

该指令的指令名称、功能号/助记符、操作数、程序步长见表 5-4。

表 5-4　中断指令表

指 令 名 称	功能号/助记符	操 作 数 [D·]	程 序 步 长
中断返回	FNC 03　　　IRET	无	1 步
允许中断	FNC 04　　　EI	无	1 步
禁止中断	FNC 05　　　DI	无	1 步

说明：

① 中断是计算机所特有的一种工作方式。指主程序的执行过程中，中断主程序的执行去执行中断子程序。其功能与前述子程序一样，区别是中断响应（执行中断子程序）的时间应小于机器的扫描周期。因而，中断子程序的条件都不能由程序内部安排的条件引出，而是直接从外部输入端子或内部定时器作为中断的信号源。

② FX2N 系列可编程控制器有 3 类中断源：输入中断、定时器中断和计数器中断。为了区别不同的中断，在程序中中断子程序的入口标明中断指针标号。中断标号共有 15 个，其中输入中断标号 6 个，内部定时器中断标号 3 个，计数器中断标号 6 个，见表 5-5～表 5-7。

表 5-5　输入中断标号指针表

输 入 编 号	指 针 编 号		中断禁止特殊辅助继电器
X0	I001	I000	M8050
X1	I101	I100	M8051
X2	I201	I200	M8052
X3	I301	I300	M8053
X4	I401	I400	M8054
X5	I501	I500	M8055
X6	I601	I600	M8056

表 5-6　定时器中断标号指针表

输 入 编 号	中 断 周 期	中断禁止特殊辅助继电器
I6□□	指针名称的□□部分中，输入 10~99 的整数。I610 为每 10 ms 执行一次定时器中断	M8056
I7□□		M8057
I8□□		M8058

表 5-7　计数器中断标号指针表

指 针 编 号	中断禁止继电器
I010	
I020	
I030	M8059 ="0"允许
I040	M8059 ="1"禁止
I050	
I060	

输入中断信号从输入端子送入，可用于机外突发随机事件引起的中断。定时器中断是机内中断，使用定时器引出，多用于周期性工作场合。计数器中断是利用机内高速计数器的比较结果而引起中断。

③ 使用中由于中断的控制是脱离于程序的扫描执行机制进行，多个突发事件出现时处理必须有次序，即存在中断优先权。FX2N 系列 PLC 共有 15 个中断，其优先权由中断号的大小决定，号数小的中断优先权高。由于外部中断号整体上高于定时器中断，故外部中断的优先权较高。

④ 由于中断子程序是为一些特定的随机事件而设计的。在主程序的执行过程中，对不同的程序段 PLC 根据工作的性质决定是否响应中断。响应中断的程序段用允许中断指令 EI，否则用不允许中断指令 DI 标示（EI 指令与 DI 指令间的程序段为允许中断程序段）。

如程序的任何地方都可以响应中断，称为全程中断。另外，如果机器安排的中断比较多，而这些中断又不一定需同时响应时，还可以通过特殊辅助继电器 M8050～M8059 实现中断的选择。这些特殊辅助继电器和 15 个中断的对应关系见表 5-5～表 5-7。机器规定，当这些特殊辅助继电器通过控制信号被置 1 时，其对应的中断被封锁。

⑤ 中断指令的使用说明如图 5-9 所示。从图中可以看出，中断程序作为一种子程序安排在主程序结束指令 FEND 之后。主程序中允许中断指令 EI 及不允许中断指令 DI 间的区间表示可以开放中断的程序段。主程序带有多个中断子程序时，中断标号和与其最近的一处中断返回指令构成一个中断子程序。

⑥ FX2N 系列可编程控制器可实现不多于二级的中断嵌套。

图 5-9　中断指令的使用说明

2　外部中断编程

图 5-10 是带有外部输入中断子程序的梯形图。在主程序段程序执行中，特殊辅助继电

159

器 M8050 为零时，标号为 I001 的中断子程序允许执行，该中断在输入口 X0 送入上升沿信号时执行。上升沿信号出现一次，该中断执行一次。执行完毕后，即返回主程序。本程序中，主程序 Y10 由 M8013 驱动，每秒闪一次，而子程序 Y0 输出是当 X0 在上升沿脉冲时，驱动其为"1"信号。此时 Y11 输出由 M8013 当时状态所决定。若 X10=1，使 M8050 为"1"状态，则 I001 中断禁止。

外部中断常用来引入发生频率高于机器扫描频率的外控制信号，或用于处理那些需快速响应的信号。比如在可控整流装置的控制中，取自同步变压器的触发同步信号经专用输入端子引入可编程控制器作为中断源，并以此信号作为移相角的计算起点。

3 时间中断编程

图 5-11 为定时器中断子程序。中断标号 I610 的中断序号为 6，时间周期为 10 ms 的定时器中断。每执行一次中断程序将向数据存储器 D0 中加 1，当加到 1 000 时，M2 为 ON 使 Y2 置 1。为了验证中断程序执行的正确性，在主程序段中设有时间继电器 T0，设定值为 100，并用此时间继电器控制输出端 Y1，这样当 X10 由 ON 变为 OFF 并经历 10 s 后，Y1 及 Y2 应同时置 1。

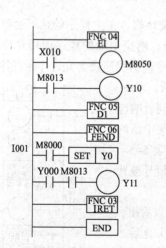

图 5-10 带有外部输入中断子程序的梯形图

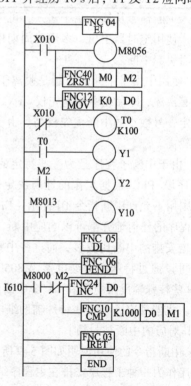

图 5-11 定时器中断子程序

4 计数器中断编程

根据可编程控制器内部的高速计数器的比较结果，执行中断子程序。计数器中断指针 I0□0（□=1～6）是利用高速计数器的当前值进行中断的，要与比较置位指令 FNC53（HSCS）组合使用，如图 5-12 所示。图 5-12 中，当高速计数器 C255 的当前值与 K1000 相等时，发生中断，中断指针指向中断程序，执行中断程序后，返回原断点程序。

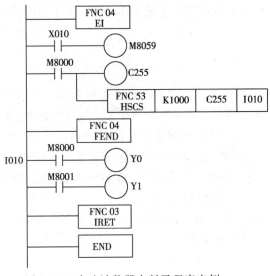

图 5-12　高速计数器中断子程序实例

5　斜坡信号发生器

斜坡输出指令 RAMP 是用于产生线性变化的模拟量输出的指令，在电动机等设备的软启动控制中很有用处。该指令源操作数 D1 为斜坡初值，D2 为斜坡终值，D3 为斜坡数据存储单元。操作数 K1000 是从初值到终值需经过的指令操作次数。该指令如不采取中断控制方式，从初值到终值的时间及变化速率要受到扫描周期的影响。

因此使用标号 I610 时间中断程序，D3 中数值的变化时间及变化的线性就有了保障。梯形图程序如图 5-13 所示。

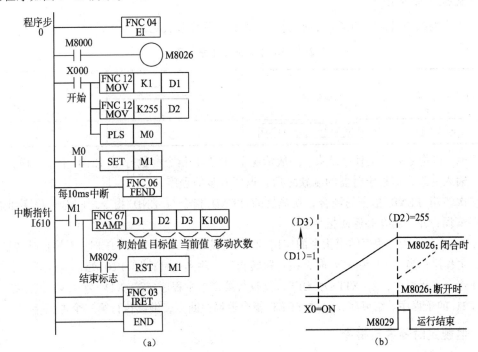

图 5-13　斜坡信号发生电路中使用定时中断

时间中断在工业控制中还常用于快速采样处理。便于定时快速地采集外界迅速变化的信号。

练习与提高

1. 说明中断的概念，中断子程序和普通子程序的区别。

2. FX2N 有哪些中断源？如何使用？这些中断源在程序中如何表示？

3. 如何开放中断？如何禁中断？

4. 什么是中断优先级？如何嵌套？嵌套中断如何返回？

5. 设计一个时间中断子程序，每 20 ms 读取输入口 K2X0 数据一次，每 1s 计算一次平均值，并送 D100 存储器。

6. 某化工设备设有外应急信号，用以封闭全部输出口，以保证设备安全。试用中断方法设计相关梯形图。

任务4　主程序结束、监视定时器刷新、程序循环指令及应用

任务目标

1. 学会主程序结束指令的应用；

2. 学会监视定时器刷新指令的应用；

3. 学会程序循环指令的应用。

1 主程序结束指令

该指令的指令名称、功能号/助记符、操作数、程序步长见表 5-8。

表 5-8　主程序结束指令表

指 令 名 称	功能号/助记符	操 作 数 D	程 序 步 长
主程序结束	FNC06　　FEND	无	1 步

说明：该指令表示主程序结束。一般情况下 FEND 指令的执行与 END 指令一样，进行输出、输入处理，监视定时器的刷新之后，返回 0 步的程序。

多次使用 FEND 指令的场合，在最后的 FEND 指令与 END 指令之间对子程序和中断子程序编程，并一定要有返回指令。

图 5-14 所示为主程序结束指令的应用。由图可见，当 X10 为 OFF 时，不执行跳转指令，仅执行主程序；当 X10 为 ON 时，执行跳转指令，跳到指针标号 P20 处，执行第二个主程序。在这个主程序中，若 X11 为 OFF，仅执行第二个主程序；若 X11 为 ON，调用指针标号为 P21 的子程序。结束后，通过 SRET 指令返回原断点，继续执行第二个主程序。

2 监视定时器刷新指令

该指令的指令名称、功能号/助记符、操作数、程序步长见表 5-9。

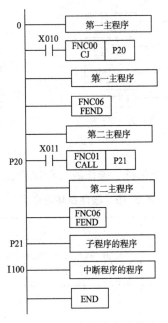

图 5-14 主程序结束指令的应用

表 5-9 监视定时器刷新指令表

指 令 名 称	功能号/助记符	操 作 数	程 序 步 长
		[D•]	
监视定时器刷新 WATCH DOG TIMER	FNC07 WDT (P)	无	1 步

说明：监视定时器（WDT）又称警戒时钟指令。警戒定时器是一个专用定时器，其设定值存放在 D8000 中，计时单位为 ms。当 PLC 通电时，对警戒定时器初始化，将常数 200 通过 MOV 指令装入 D8000 中。在不执行 WDT 指令情况下，每次扫描到 FEND 时，刷新警戒定时器的计时值。当扫描周期超过其设定值，警戒定时器逻辑线圈被接通，PLC 的 CPU 立即停止扫描用户程序，同时切断 PLC 的所有输出，并报警显示。其执行警戒有脉冲执行型和连续执行型两种形式，如图 5-15 所示。实际中，若正常扫描周期大于 200 ms，可在程序中间插入 WDT 指令，则前半部分与后半部分都在 200 ms 以下，如图 5-16 所示就不会报警停机了。还可以通过 MOV 指令改变其设定值。如图 5-17 所示，将 D8000 中时间设定修改为 300 ms。

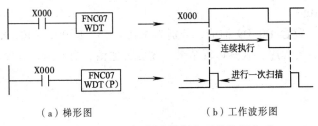

（a）梯形图　　　　　　（b）工作波形图

图 5-15 监视定时器指令两种执行方式

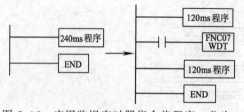
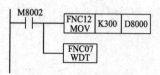

图 5-16　应用监视定时器指令将程序一分为二　　　　图 5-17　修改警戒定时数值

3 程序循环指令

该指令的指令名称、功能号/助记符、操作数、程序步长见表 5-10。

表 5-10　程序循环指令表

指令名称	功能号/助记符	操 作 数	程序步长	备 注
循环开始	FNC 08 FOR	K、H、Knx、KnY、KnM、KnS、T、C、D、V、Z	3 步	可嵌套 5 层
循环结束	FNC 09 NEXT	无	1 步	无

说明：程序循环指令由 FOR 及 NEXT 两条指令构成，这两条指令总是成对出现的。如图 5-18 所示，图中有 3 条 FOR 指令和 3 条 NEXT 指令相互对应，构成 3 层循环，这样的嵌套可达 5 层。在梯形图中相距最近的 FOR 指令和 NEXT 指令是一对，构成最内层循环①；其次是中间的一对指令构成中层循环②；再就是最外层一对指令构成最外层循环③。每一层循环间包括了一定的程序，这就是所谓程序执行过程中需依一定的次数循环的部分。循环的次数由 FOR 指令的 K 值给出，K=1～32 767，若给定为-32 767～0 时，作 K=1 处理。该程序中最内层循环程序是向数据存储器 D100 中加 1，若循环值从输入端设定为 4，它的中层循环②的循环值 D3 为 3，最外层循环③的循环值为 4。循环嵌套程序的执行总是从最内层开始。以图 5-18 的程序为例，当程序执行到最内层循环程序段时先向 D100 中加 4 次 1，然后执行中层循环。中层循环要将最内层的过程执行 3 次，执行完成后 D100 中的值为 12。最后执行最外层循环，即将最内层及中层循环再执行 4 次。从以上的分析可以看出，多层循环间的关系是循环次数相乘的关系，这样，本例中的加 1 指令在一个扫描周期中就要向数据存储器 D100 加入 48 个 1。

4 查找最大数

在数据处理时，经常要求从一批数据中找出一些有特征的数据来，如找出 D0~D9 中数据的最大值，存入 D10。

进入监控模式，设置 D0~D9 的值，分别为 K10、K5、K100、K40、K30、K20、K318、K9、K123、K56，运行程序，观察运行结果。改变其他值，再次运行程序。查找最大数程序如图 5-19 所示。

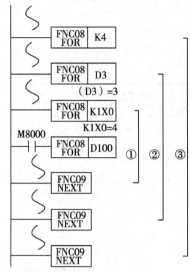

图 5-18 循环指令使用说明

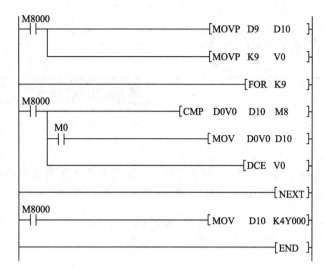

图 5-19 查找最大数程序

1. 说明 FEND、END 的意义和作用。

2. 说明监视定时器的功能及意义。

3. 要求将监视定时器修改为 250 ms，请写出程序。

4. 使用循环指令求 1+2+3+…+30 的和。

5. 编写程序，找出 D0~D99 中数据的最小值，并存入 D100。

项目6

脉冲输出和高速计数器指令及应用

在工业控制中，工件运行的位置和速度是非常重要的运行参数，PLC往往采用脉冲输出以及高速计数器实现对位置和速度的控制与检测。

任务1 脉冲输出指令及应用

任务目标

1. 掌握脉冲输出指令格式；
2. 学会使用脉冲输出指令控制电动机运行的速度；
3. 学会使用脉冲输出指令控制电动机运行的位置。

二十大报告
知识拓展6

1 脉冲信号的认识

要让可编程控制器输出如图6-1所示的脉冲信号，需要开关量输出接口每隔一定的时间进行通断，不断循环。图6-1中，T表示脉冲信号的周期，t_0表示脉冲的宽度，t_0/T表示脉冲信号的占空比。可编程控制器采用晶体管型的开关量输出接口，才能输出频率足够高的脉冲信号。

脉冲信号在工业控制中常常用来控制工件的运行速度和定位，如图6-2所示，从控制器中发出脉冲信号给伺服电动机或者步进电动机驱动器，脉冲信号的脉冲数量就决定了电动机的转动角度，而脉冲信号的频率决定了电动机转动的速度。

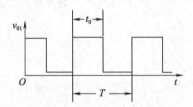

图 6-1 脉冲信号波形图

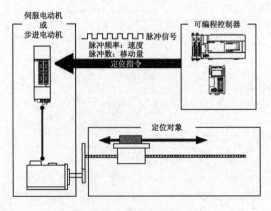

图 6-2 脉冲信号的作用

2 脉冲输出指令（PLSY）

三菱可编程控制器最常用脉冲输出指令（PLSY）的执行格式如图 6-3 所示。

图 6-3　PLSY 的使用格式与发出脉冲图

图 6-3 说明当执行要求满足时，可编程控制器[D•]可以发出图 6-3（b）所示的脉冲。

[S1•]用来指定发出脉冲的频率，FX2N 系列 PLC 频率允许设定的范围为 2 ~ 20 000 Hz。[S2•]用来指定发出脉冲的数量，指令为 16 位时允许设定的范围为 1 ~ 32767。32 位时，[S2•]允许设定的脉冲数为 1 ~ 2 147 483 647。[D•]为发出脉冲的开关量输出接口的编号，允许的设定的接口为 Y0 和 Y1。在指令执行时，[S1•]中的内容可以随时改变，改变时输出频率可以随之改变。而[S2•]中的内容改变后，只能在本次执行完之后，下次执行变更的内容。

PLSY 指令有很多的特殊寄存器辅助工作，比较常用的如 M8029，当输出脉冲到达设定值数时，脉冲输出停止，执行指令结束标志位 M8029 置 1，若执行条件为 OFF，则 M8029 复位。复位后重新执行指令时，[S1•]的内容可以变更，但[S2•]的内容不能变更。再比如记录脉冲个数的数据寄存器，Y0 或 Y1 输出脉冲的个数分别保存在（D8141、D8140）和（D8143、D8142）中，Y0 和 Y1 的总数保存在（D8137、D8136）中。各数据寄存器的内容可以通过[DMOV K0 D81□□]加以清除。

3 切纸机的定长控制

（1）控制要求

步进电动机正常工作时，每接收 1 个控制脉冲就移动一个步距角，即前进 1 步。若连续地输入控制脉冲，电动机就相应地连续转动。根据步进电动机的这一特点，设计一种切纸机，该切纸机需要可编程控制器驱动步进电动机进行送纸动作，步进电动机带动压轮（周长 40 mm）进行送纸动作，也就是说步进电动机转动 1 圈送纸 40mm。该切纸机的切刀由电磁阀带动。每送一定长度的纸，切刀动作，切开纸，如图 6-4 所示。

根据机械结构与精度要求(误差小于 0.1 mm)，选用步距角为 1.8° 的步进电动机。再 4 细分，则得到 0.45° /STEP（接收到 800 个脉冲，步进电动机转 1 圈）。PLC 输出 1 个脉冲，切纸机送纸 0.05 mm。现在要求要将纸张切成 50 mm 大小，PLC 只要每发出 1 000 个脉冲，切刀做一次切纸动作即可。

（2）硬件配置

本例采用的步进电动机驱动器的型号为 XDL-15，外形如图 6-5 所示。

根据图 6-6，驱动器的控制端 P1 中 1 端接受 PLC 脉冲，2 端控制电动机方向。

硬件接线图如图 6-7 所示， PLC 的 Y0 作为脉冲输出端，连接了步进电动机驱动器的脉冲信号端子，PLC 的 Y2 作为方向控制输出，连接了驱动器的 2 端。X0 接启动按钮，X1 接停止按钮，X2 接切刀位置开关（切刀在切纸结束时接通），Y4 控制切刀电磁阀。

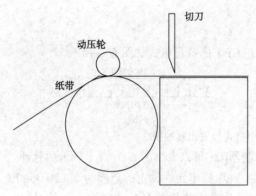

图 6-4　切纸机示意图

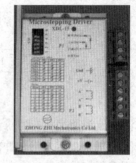

图 6-5　步进电动机驱动器外形

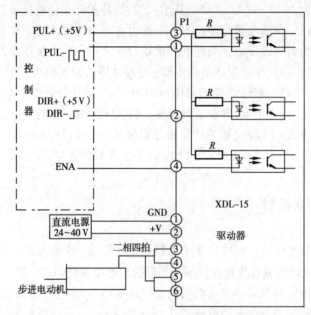

图 6-6　步进电动机驱动器端子图

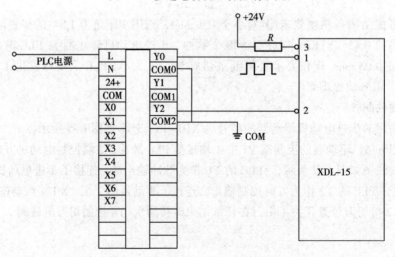

图 6-7　三菱 PLC 与步进电动机驱动器的硬件接线图

（3）控制编程

不考虑电动机转动的方向，认为切纸机只向前运行，程序如图6-8所示。

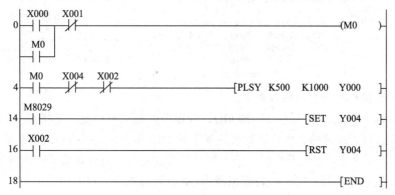

图6-8　切纸机的控制程序

当启动按钮按下之后，采用了一个自锁程序，将启动信号传递给M0。而M0则驱动脉冲输出指令PLSY以500 Hz的频率（这里的频率值可以改变，从而改变电动机的速度），发出脉冲。脉冲数为1 000个，从Y000中发出。一旦脉冲全部发完就表示已经到位，那么M8029给出上升沿信号，驱动切刀动作，并停止PLSY的驱动。切刀动作完成，X002给出信号，让切刀回位。这样又可以让Y000口发出脉冲，从而形成不断往复的重复动作。除非停止按钮按下，让自锁解除，使M0复位。

练习与提高

1. PLSY的使用要素有哪些？
2. 步进电动机如何驱动？
3. 如果切纸机的纸长要控制在60 mm，程序如何编写？
4. 如果切纸机的速度要改成可调式，那么程序如何修改？
5. 如果切纸机在控制中，按下反转按钮，动压轮反转，如何实现？
6. 如果该切纸机改为伺服电动机驱动，如何实现？

任务2　加减速脉冲输出指令及应用

任务目标

1. 掌握加减速脉冲输出指令的指令格式；
2. 掌握加减速脉冲输出指令的编程应用。

1 加减速脉冲输出指令认识

步进电动机往往在启动和停止时存在失步情况，解决方法是通过一个加速和减速过程，即以较低的速度启动，而后逐渐加速到某一速度运行，再逐渐减速直至停止。进行合理、平滑的加减速控制是保证步进驱动系统可靠、高效、精确运行的关键。

在三菱可编程控制器中，通过加减速脉冲输出指令（PLSR）实现了对步进电动机平缓起步和停止的控制，该指令的指令格式如图6-9所示。

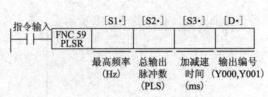

图 6-9 PLSR 指令格式及加减速示意图

图 6-9 中各操作数的设定内容如下：

[S1·]最高频率，设定范围为 10~20 kHz，并以 10 的倍数设定。若指定 1 位数时，则结束运行。在进行定减速时，按指定的最高频率的 1/10 作为减速时的一次变速量，即[S1·]的 1/10。在应用该指令于步进电动机时，一次变速量应设定在步进电动机不失调的范围。

[S2·]是总输出脉冲数（PLS），设定范围为 16 位运算指令，110~32 767（PLS）；32 位指令，110~2 147 483 647（PLS）；若设定不满 110 值时，脉冲不能正常输出。

[S3·]是加减速时间（ms），加速时间与减速时间相等。加减速时间设定范围为 5 000 ms 以下，应按以下条件设定：

① 加减速时需设定在 PLC 的扫描时间最大值（D8012）的 10 倍以上，若设定不足 10 倍时，加减速不一定计时。

② 加减速时间最小值设定应大于下式，即[S3·] > 9 000/[S1·]×5 若小于上式的最小值，加减速时间的误差增大，此外，设定不到 90 000/[S1·]值时，在 90 000/[S1·]值时结束运行。

③ 加减速时间最大值设定应小于下式，即[S3·] < [S2·]/[S1·]×818。

④ 加减速的变速数按[S1·]/10，次数固定在 10 次。

在不能按以上条件设定时，应降低[S1·]设定的最高频率。

[D·]为指定脉冲输出的地址号，只能是 Y0 及 Y1，且不能与其他指令共用。其输出频率为 10~20 kHz，当指令设定的最高频率、加减速时的变速速度超过了此范围时，自动在该输出范围内调低或进位，FNC59（PLSR）指令的输出脉冲数存入的特殊数据寄存器与 FNC57（PLSY）相同。

2 加减速脉冲输出指令在切纸机中的应用

在本项目任务 1 切纸机定长控制中，为了克服失步，在电动机启动时要在 0.5 s 内将输出脉冲频率升到 2 000 Hz；在电动机停止时，要在 0.5 s 内将频率降至 0 Hz。控制程序如图 6-10 所示。

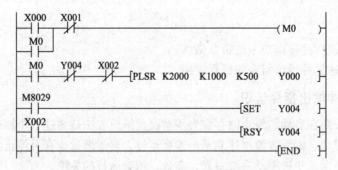

图 6-10 切纸机的 PLSR 指令控制程序

练习与提高

1. 为何要使用 PLSR 指令？

2. 使用 PLSR 与使用 PLSY 指令有哪些异同点？

3. 切纸机的程序要加减速时间要变为 0.3 s，如何修改？

4. PLSR 指令的加减速时间如何设置？有什么要求？

5. 要让切纸机实现变速切纸。运行的最高频率范围，上限频率为 10 000Hz，下限频率为 2 000 Hz。即设置超过上限频率时，最高频率为 10 000 Hz，设置低于下限频率 2 000 Hz 时，以 2 000 Hz 为准。程序如何实现？

6. 步进电动机为什么会失步？伺服电动机的优势是什么？PLC 控制它们的指令是否一样？

7. 当步进电动机步距角为 0.9° /STEP 时，设计程序驱动电动机分别转动 30°、60°、120°、180°。

任务3 脉宽调制指令及应用

任务目标

1. 了解脉宽调制指令的应用场合；

2. 掌握脉宽调制指令的使用以及应用场合。

1 脉冲调制指令（PWM）认识

在工业中，常常遇到一些需要用模拟量来描述或者控制的场合，而又不具备模拟量输出模块。这时，采用脉宽调制指令，用来描述模拟量往往是一种较好的解决方法。该指令可以指定脉冲宽度、脉冲周期、产生脉宽可调脉冲输出，使用格式如图 6-11 所示。

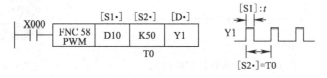

图 6-11　脉宽调制指令使用格式

图 6-11 中[S1·]指定 D10 存入脉冲宽度 t，t 理论上可以在 0~32 767 ms 范围内选取，但不能大于周期[S2·]。本例中 D10 的内容只能在[S2·]指定脉冲周期 $T=50$ 以内变化，否则会出现错误；[D·]指定脉冲输出口（晶体管输出型 PLC 中 Y0 或 Y1）为 Y1，其平均输出对应为 0~100%。当 X0 接通时，Y1 输出为 ON/OFF 脉冲，脉宽调制比为 t/T，可进行中断处理。

2 电热管的控制

（1）控制要求

电热管是专门将电能转化为热能的电器元件，由于其价格便宜、使用方便、安装方便、无污染，被广泛使用在各种加热场合。可以用调压器通过改变输入电压和电流来改变发热量。在本例中采用改变电压的方式来改变放热量，根据公式 $P=U^2/R$，可知电热管的电阻不变时，发热量与电压平方成正比。如电压变为原来的 1/2 时，发热量变为原来的 1/4。

因此控制电压输出的变化就可以控制电热管发热效率的变化。采用 PWM 的方式控制电压的输出，是改变有效电压的一种非常好的方式。

如图 6-12 和图 6-13 所示，在 T 时间内电压输出的时间是不相同的，根据电工学中计算有效电压的方法可以计算出图 6-13 的有效电压比图 6-12 中有效电压降低了。因此，进行脉宽的调节就可以调整有效电压的输出。

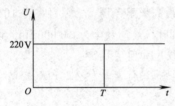

图 6-12　T 时间内全电压输出

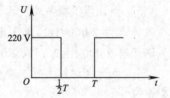

图 6-13　T 时间内一半时间电压输出

（2）硬件配置

根据控制要求，设计控制电路如图 6-14 所示。

图 6-14 中，选用的电热管 Z_a，参数为 220 V，500 W，即在有效电压 220 V 下，加热功率为 500 W。PLC 采用的是晶体管输出型。SSR（见图 6-15）是固态继电器。

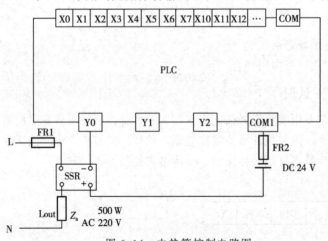

图 6-14　电热管控制电路图

图 6-15　SSR

（3）控制编程

现编写程序如图 6-16 所示。

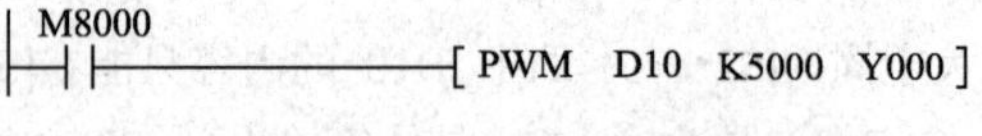

调整 D10 中的数值就可以进行调压了，上面程序 T=K5000，如 D10 中数值为 K2500，则电热管的发热功率为 250 W，输出的电压

```
M8000
├─┤ ├──────────────[ PWM  D10  K5000  Y000 ]
```

图 6-16　电热管控制程序

有效值约为 155 V；再如 D10 中数值变为 K2000，则电热管的发热功率变为 200 W，输出的电压有效值约为 139 V。

3　变频器的控制

（1）控制要求

当启动按钮按下后，要让变频器以 12 Hz 的频率先工作，10 s 后频率升为 30 Hz，再过

10 s，变频器频率增加到 48 Hz。按下停止按钮，变频器停止工作。

（2）硬件配置

可以采用 PWM 输出脉冲到变频器模拟量或者脉冲输入口来调节频率，例如松下 VF-8Z 系列变频器端子 1、3 为电压模拟量输入口，VF0 系列端子 3、9 为脉冲输入口。调节 VF-8Z 系列变频器频率时，PLC 端口分配如下：X0 接启动按钮，X1 接停止按钮，Y0 输出脉冲波至变频器 3 端，与 VF-8Z 系列变频器接线如图 6-17 所示。

变频器的参数设置为 P09=3，0～5 V 输入；P56=1，增益有效；P57=60，偏置为 60 Hz；P58=0.5，增益为 0.5 Hz。当 PWM 频率为 19 Hz 时，占空比与设定频率线性关系较好，基本关系如图 6-18 所示。

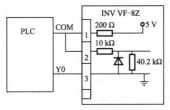

图 6-17　与 VF-8Z 系列变频器接线图

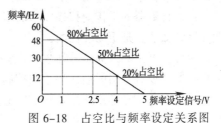

图 6-18　占空比与频率设定关系图

（3）控制编程

按照图 6-18 所示，19 Hz 对应的周期约为 52 ms，那么占空比为 20% 时，对应脉宽时间为 10 ms；占空比为 50% 时，对应脉宽时间为 26 ms；占空比为 80% 时，对应脉宽时间为 42 ms。得到程序如图 6-19 所示。

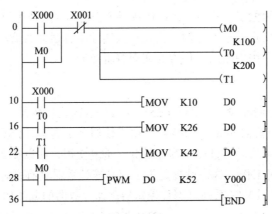

图 6-19　变频器控制程序

练习与提高

1. 为何要使用脉宽调制，有何意义？

2. 如要形成占空比为 60%，程序如何编写？

3. 在 PWM 指令格式中，为何 S1 要小于 S2？

4. 在温度控制中，让加热管全功率工作 1 min 后，功率减半工作 30 s 后，功率变为 125W，工作 30 s 后，停止加热。

5. 在变频控制中，当按下第 1 个按钮时，电动机以 50 Hz 的工频工作；按下第 2 个按钮时，电动机以 30 Hz 的频率工作；当按下第 3 个按钮时，电动机以 10 Hz 的频率工作。按下停止按钮，电动机停止工作。

任务4　高速计数器

任务目标

1. 了解高速计数器的应用场合和工作方式；
2. 掌握高速计数器的使用。

1 高速计数器的认识

高速计数器顾名思义是用来对较高频率的信号计数的计数器。这是和普通计数器比较而言的，普通计数器的工作受扫描频率的限制，只能对低于扫描频率的信号计数。这在许多的工业控制计数场合是不能胜任的。

高速计数器是对外部信号计数，工作在中断方式。一般待计量的高频信号都是来自机外，可编程控制器设有专门的输入端子和控制端子。一般是在输入接口中设置一些带有特殊功能的端子，这些端子可完成普通端子的功能，又能接收高频信号。高速计数器的计数范围较大，计数频率较高，一般高速计数器均为 32 位加减计数器。计数频率最高可达 10 kHz。

高速计数器的工作设置较灵活，从计数器的工作要求而言，高速计数器的工作设置比较灵活。高速计数器除了具有普通计数器通过软件完成启动、复位、使用特殊辅助继电器改变计数方向等功能以外，还可通过机外信号实现对其工作状态的控制和修改，如启动、复位、改变计数方向等。

高速计数器具有专用的工作指令，普通计数器工作时，一般是达到设定值，其触点动作，再通过程序安排其触点实现其他的控制。高速计数器除了普通计数器的这一工作方式外，还具有专门的控制指令，采用中断的工作方式实现逻辑控制。

2 数量及类型

FX2N 系列可编程控制器设有 C235~C255 共 21 点高速计数器，它们共享同一个机箱输入口上的 8 个高速计数器输入端（X0~X7）。由于使用某个高速计数器时可能要同时使用多个输入端，而这些输入端又不可被多个高速计数器重复使用，所以在实际应用中，最多只能有 6 个高速计数器同时工作。这样设置是为了使高速计数器具有多种组合工作方式，方便在各种控制工程中选用。FX2N 系列可编程控制器高速计数器的分类如下：

单相单计数型（单输入）　　　　　　　C235~C245　　　　　　　　11 点
单相双计数输入型　　　　　　　　　　C246~C250　　　　　　　　5 点
双相双计数输入型　　　　　　　　　　C251~C255　　　　　　　　5 点

以上高速计数器都具有掉电保持功能，也可以利用参数设定变为非掉电保持型，不为高速计数器使用的高速计数器也可以作为 32 位数据寄存器使用。

（1）单相单计数输入（C235 ~ C245）

单相单计数输入高数计数器见表 6-1。

表 6-1　单相单计数输入高速计数器表

中断端子	C235	C236	C237	C238	C239	C240	C241	C242	C243	C244	C245
X0	U/D						U/D			U/D	

中断端子	C235	C236	C237	C238	C239	C240	C241	C242	C243	C244	C245
X1		U/D					R			R	
X2			U/D					U/D			U/D
X3				U/D				R			R
X4					U/D				U/D		
X5						U/D			R		
X6										S	
X7											S

单相单计数输入的高速计数器为可以通过 1 个计数的输入端子来实现计数。U/D 可增可减计数，具体是增还是减计数由其对应的特殊继电器 M8235 ~ M8245 的状态来控制。当特殊继电器状态为 0 时，为增计数；当特殊继电器状态为 1 时，为减计数。R 复位信号输入。当复位信号接通时，计数器复位清零。S 启动输入。如果所选用的高速计数器有 S 端子，开始计数时必须先接通启动端子。如 C244 高速计数器要计数必须先接通 X006 端子后才能开始计数。

单相单计数输入的高速计数器计数步骤如下：

① 在程序里要接通计数器线圈。

② 设定计数方向，默认为增计数（设定为增计数则该步可以忽略）。

③ 启动输入（所选的高速计数器必须有这项功能，否则该步可以忽略）。

④ 接收输入高速脉冲。

例如（见图 6-20）：

① 接通 M0，C244 高速计数器线圈接通。

② 默认为增计数器，如果需要减计数，让 M8244=1。

③ 接通 X006 启动输入。

④ 高速脉冲输入信号接入 X000，开始计数。

图 6-20　1 相 1 计数高速计数器程序

图 6-21 为单相单计数的高速计数器工作示意图。这类计数器只有一个脉冲输入端。图中计数器为 C235，其输入端为 X0。X12 为 C235 的启动信号，这是由程序安排的启动信号。X10 为由程序安排的计数方向选择信号，M8235 接通（高电平）时为减计数，相反，X10 断开时为增计数。程序中无辅助继电器 M8235 相关程序时，机器默认为增计数。X11 为复位信号，当 X11 接通时，C235 复位。Y10 为计数器 C235 的控制对象。如果 C235 的当前值大于设定值，则 Y10 接通；反之，小于设定值，则 Y10 断开。

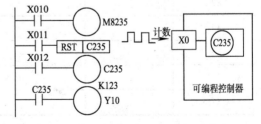

图 6-21　1 相 1 计数的高速计数器工作示意图

（2）单相双计数输入（C246 ~ C250）

和单相单计数类似，区别在于单相双计数输入需要使用两个端子：一个用于增计数；另一个用于减计数。U 表示增计数，D 表示减计数，见表 6-2。例如：C246 高速计数器，X001 端子的脉冲为减计数。

表 6-2　单相双计数高速计数器表

中断端子	C246	C247	C248	C249	C250
X0	U	U		U	
X1	D	D		D	
X2		R		R	
X3			U		U
X4			D		D
X5			R		R
X6				S	
X7					S

（3）双相双计数输入（C251~C255）

和前面的单相计数不同，双相计数需要两相脉冲输入，即输入信号要有 A、B 相，两相同时协作进行计数，一般应用在有 AB 两相输出脉冲串的检测仪器上。典型的应用有：编码器的高速计数定位。

双相双计数输入型高速计数器的编号为 C251~C255，计 5 点，如表 6-3 所示。双相双计数输入型高速计数器的两个脉冲输入端子是同时工作的，外计数方向控制方式由双相脉冲间的相位决定，如图 6-22 所示，当 A 相信号为"1"且 B 相信号为上升沿时为增计数；B 相信号为下降沿时为减计数，这种特性和增量式编码器相对应，实现了当编码器正转时计数器为增计数；当编码器反转时计数器为减计数。

表 6-3　双相双计数高速计数器表

中断端子	C251	C252	C253	C254	C255
X0	A	A		A	
X1	B	B		B	
X2		R		R	
X3			A		A
X4			B		B
X5			R		R
X6				S	
X7					S

需要说明的是，带有外计数方向控制端的高速计数器也配有编号相对应的特殊辅助继电器，只是它们没有控制功能只有指示功能。当采取外部计数方向控制方式工作时，相应的特殊辅助继电器的状态会随着计数方向的变化而变化。例如图 6-23 中，当外部计数方向由双相脉冲的相位决定为增计数时，M8255 闭合，Y5 接通，表示高速计数器 C255 在增计数。

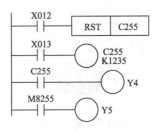

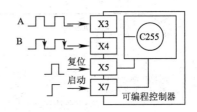

图 6-22　2 相计数器的程序图　　　　图 6-23　2 相计数器的中断端子使用图

3 高速计数器使用时注意问题

由于高速计数器是采取中断方式工作的，受机器中断处理能力的限制，使用高速计数器，特别是一次使用多个高速计数器时，应该注意高速计数器的频率总和。

频率总和是指同时在 PLC 输入端口上出现的所有信号的最大频率总和。FX2N 系列 PLC 频率总和的参考值为 20 kHz。安排高速计数器的工作频率时需考虑以下的几个问题：

（1）各输入端的响应速度

表 6-4 给出了受硬件限制，各输入端的最高响应频率。结合表 6-4 所列，FX2N 系列 PLC 除了允许 C235、C236、C246 输入单相最高 60 kHz 脉冲，C251 输入双相最高 30 kHz 外，其他高速计数输入最大频率总和不得超过 20 kHz。

表 6-4　输入点的频率性能

高速计数器类型	单相输入		双相输入	
输　入　点	特殊输入点 X0、X1	其余输入点 X2 ~ X5	特殊输入点 X0、X1	其余输入点 X2 ~ X5
最高频率/kHz	60	10	30	5

（2）被选用的计数器及其工作方式

单相高速计数器无论是增计数还是减计数，都只需一个输入端送入脉冲信号。单相双计数输入高速计数器在工作时，如已确定为增计数或为减计数，情况和 1 相型类似。如增计数脉冲和减计数脉冲同时存在，同一计数器所占用的工作频率应为双相信号频率之和。双相双计数输入型高速计数器工作时不但要接收二路脉冲信号，还需同时完成对二路脉冲的解码工作。有关技术手册规定，在计算总的频率和时，要将它们的工作频率乘4。

以上所述为硬件频率。当使用高速计数器指令，以软件方式完成高速计数控制时，软件的使用要影响高速计数器的最高使用总频率。硬件工作方式的高速计数器的处理频率可不计入最高 20 kHz 的限制之内。

4 使用高速计数器检测当前位置

（1）控制要求

在工业控制中，需要检测工作台的位置，工作示意图如图 6-24 所示。

（2）硬件配置

在这项工作中需要用到编码器，编码器是常用的感测位置的传感器。编码器可以将角度、长度信号转化为数字化信号。它每转 1 圈就输出相应的脉冲，具体 1 圈输出多少个脉冲由具体的型号决定，图 6-24（b）为增量式编码器外形图。

项目 6　脉冲输出和高速计数器指令及应用

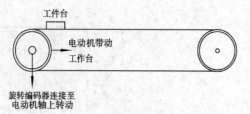

（a）传送带运动示意图　　　　（b）增量式编码器外形图

图 6-24　传送带运动示意及编码器外形图

增量式编码器有 A 相、B 相和 Z 相 3 端。编码器轴每旋转 1 圈，A 相和 B 相都发出相同的脉冲个数，但是 A 相和 B 相之间存在一个 90°（电气角的周期为 360°）的电气角相位差，如图 6-25 所示。可以根据这个相位差来判断编码器旋转的方向是正转还是反转，正转时，A相超前 B 相 90°先进行相位输出；反转时，B 相超前 A 相 90°先进行相位输出。根据这一特点，在接上双相双计数高速计数器时，正转时高速计数器是增计数器，反转时高速计数器是减计数器。编码器每旋转 1 圈，Z 相只在一个固定的位置发一个脉冲。

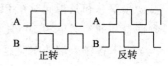

图 6-25　AB 相时序图

分辨率是编码器最重要的参数，编码器以每旋转 360° 提供多少的通或暗刻线称为分辨率，又称解析分度，或直接称多少线，一般在每转分度 5~10 000 线。

电动机每转 1 圈，工作台前进或后退 100 mm，假设选择一个分辨率为 500 p/r 的旋转编码器，则每个脉冲表示工作台直线移动 0.2 mm，选择用 C252 高速计数器来进行计数。

在图 6-26 接线中，编码器的 A 相和 B 相接在 X0 和 X1 上，能够保证在正转时让 C252成为增计数器，反转时让 C252 成为减计数器。在使用 C252 时，X2 端子是复位端，因此不需要接线。编码器的 Z 相接在 X3 端子上，可以使用 C238 记录下编码器转动的圈数。

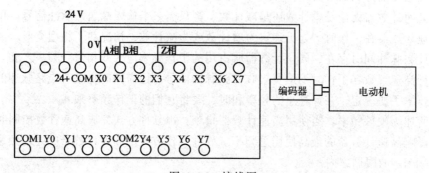

图 6-26　接线图

（3）控制编程

假设现在 C252=5000，此时 C238 计数器计数为 10，可知电动机从原点正转了 10 圈。这样可知工作台的当前位置为 10×100 mm=1 m。

在图 6-27 所示程序中，如果用触点直接输出，就会产生计数误差，即 Y0 在 C252=K10000 的时候，会因为扫描周期的影响延迟一些时间输出，此时可以用高速处理指令。

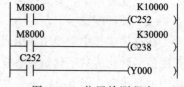

图 6-27　位置检测程序

178

5 使用高速计数器检测移动速度

（1）控制要求

在工业控制中，常常需要检测传送物体的速度，这是计算加工效率以及协调工厂加工工艺过程的重要环节。如图 6-24（a）所示工作台的移动速度，并将移动速度放入 D100 中，单位为 mm/s。

要检测速度，实际上就是需要知道在单位时间内，工作台移动的距离。如果采用编码器，那么就需要知道单位时间内编码器发出的脉冲数量。

在实际应用中，要统计一定时间内的脉冲数量，即

$$V=D/T$$

式中，V 表示速度，D 表示工作台所行进的距离，T 表示所设定的时间。

本任务采用图 6-24（b）所示的增量式编码器，电动机每转 1 圈，工作台前进或后退 100 mm，即高速计数器每一计数意味着工作台移动了 0.2 mm，接线如图 6-26 所示。

（2）测速指令（测频指令）

三菱可编程控制器提供了脉冲密度指令，格式如图 6-28 所示。利用该指令对图 6-29 中所示的开关信号的频率进行测量，可以测量转轮的转动速度。

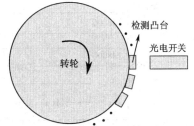

图 6-29　转动速度检测示意图

图 6-28　脉冲密度指令格式

[S1•]，脉冲输入端口，指定 X0 ～ X5,

[S2•]，指定时间，单位为 ms。16 位指令时，指定的时间为[S2•]（ms）；32 位指令时，指定的时间为[S2+1][S2](ms)。

[D•]，结果输出目标。16 位指令时，在指定时间内将[S1•]的脉冲数放入[D•]中，当前值放入[D+1]，剩余时间放入[D+2]中；32 位指令时，在指定时间内将[S1•]的脉冲数放入[D+1][D]中，当前值放入[D+3] [D+2]，剩余时间放入[D+5] [D+4]中。

要测量移动速度，指定时间定为 1s，根据 $V=D/T$，速度 V=脉冲数×100（mm）÷500（p/r）=脉冲数÷5（mm/s）。其程序如图 6-30 所示。

根据图 6-26 的接线，可以对 X0 测频，也可对 X3 测频。本例对 X0 测频更精确，测出 1 s 内 A 相的脉冲数，将脉冲数存放在 D10 中。再用 D10 中的数据进行运算，得到速度存放在 D100 及 D101 中。由于只用了编码器的 A 相，因此测得的速度是没有方向的。

（3）定时器进行测速

本例也可以采用定时器对脉冲数进行统计，然后计算出工作台的移动速度。

以 10 s 作为统计的周期。根据 $V=D/T$，速度 V=脉冲数×100（mm）÷500（p/r）÷10（s）=脉冲数÷50（mm/s）。其程序如图 6-31 所示。

项目 6　脉冲输出和高速计数器指令及应用

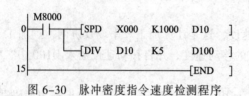

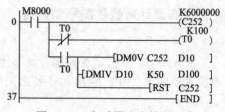

图 6-30 脉冲密度指令速度检测程序　　图 6-31 定时器速度检测程序

C252 根据 A 相和 B 相进行脉冲数的统计，计算出的数值存放入 D101，D100 中，其余放入了 D103，D102 中。这里计算出的速度有方向，但是由于统计周期为 10 s，周期较长，计算的实时性不是非常好。

（4）定时中断进行测速

可编程控制器采用的是循环扫描的工作方式。在使用普通定时器会受到循环扫描工作方式的干扰，一个扫描周期的时间高速计数器可能已经计了很多数了。因此，在进行速度测量时，可以采用定时中断的方式。本任务采用每隔 50 ms 进行一次中断。

根据 $V=D/T$ 有：速度=脉冲数×0.2 mm×1 000÷50 ms=脉冲数×4（mm/s）。根据这一结论，可以实现以下的编程，如图 6-32 所示。

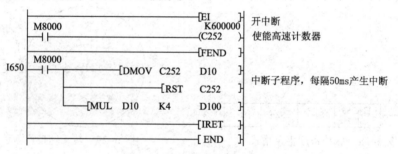

图 6-32 中断速度检测程序

在图 6-32 的程序中，I650 是中断号，表示每隔 50 ms 产生中断。定时将 C252 的计数数值送到 D10 中，并复位 C252，然后计算速度并送到[D101，D100]中。从而计算出工作台的移动实时速度。

练习与提高

1. 高速计数器 C240 以及 C255 的计数方向分别如何控制？有何异同？

2. 什么是高速计数的外启动、外复位功能？该功能在工程上有什么意义？外启动、外复位和在程序中安排的启动复位条件间是什么关系？

3. 高速计数器与普通计数器有哪些异同点？

4. 高速计数器和输入口有什么关系？

5. 采用分辨率为 360 线的编码器时，如果电动机转动了 90°，计数是多少？设计程序，电动机转动 45°、60°、90° 时，分别输出 Y0、Y1、Y2。

6. 如何用编码器判断电动机方向？

任务5 高速计数器相关指令应用

任务目标

1. 了解高速计数器指令的应用场合；
2. 掌握高速计数器指令的使用。

1 高速计数比较置位指令的使用

高速计数器比较置位指令 HSCS 只有 32 位运算，占 13 个程序步。当高速计数器的当前值达到预置值时[D·]指定的输出以中断方式立即动作，让目标置位。该指令的使用格式如图 6-33（a）所示。

[S1·]：设定值（如 K10000，D0 等）。

[S2·]：需要进行比较的高速计数器(如 C252 等)。

[D·]：需要进行置位的位状态（如 Y0）。

功能：当[S1·]=[S2·]的瞬间（不受扫描周期的影响），置位[D·]，立即输出执行。

例：C251 计数至 2 000 时， Y0 立即置 1，程序如图 6-33（b）所示。

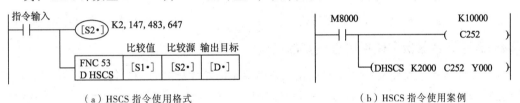

（a）HSCS 指令使用格式　　　　　　　　（b）HSCS 指令使用案例

图 6-33　HSCS 指令使用格式及使用案例

2 高速计数比较复位指令的使用

高速计数器比较复位指令 HSCR，同样只有 32 位运算，占用 13 个程序步。当高速计数器的当前值达到预置值时[D·]指定的输出以中断方式立即动作，让目标复位。其使用格式如图 6-34 所示。

[S1·]：设定值（如：K10000，D0 等）。

[S2·]：需要进行比较的高速计数器(如 C252 等)。

[D·]：需要进行复位的位状态（如 Y0）。

功能：当[S1·]= [S2·]的瞬间（不受扫描周期的影响），复位[D·]，立即输出执行。

如图 6-35 所示，当 C252 计数到 2000 时，Y1 复位。

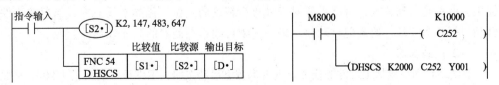

图 6-34　HSCR 指令使用格式　　　　图 6-35　HSCS 指令使用案例

以上两指令用于需要立即向外部输出高速计数器的当前值与设定值比较结果时置位与复位情况的场合。需要说明以下两点：

项目 6 脉冲输出和高速计数器指令及应用

① 高速计数器比较置位指令中[D•]可以指定计数中断指针。

② 高速计数器比较复位指令也可以用于高速计数器本身的复位。

3 高速计数器区间比较指令的使用

高速计数器区间比较指令 HSZ 指令是 32 位专用指令，故必须以（D）HSZ 指令输入。指令功能与传送比较类中 ZCP 相类似，其指令格式如图 6-36 所示。

[S1•]和[S2•]：设定的范围，[S2•]>[S1•]（设定值如 K10000,D0 等）。

[S•]：需要比较的高速计数器（如 C251）。

[D•]：输出的目标（如 Y0）。

功能：当[S•]当前值<[S1•]时，[D•]置位；当[S1•]<[S•]当前值<[S2•]时，（[D+1]）置位；当[S•]当前值>[S2•]时，（[D+2]）置位。置位均为立即输出，不受扫描周期影响。

如图 6-37 所示，高速计数器 C251 的当前值小于 1 000 时，Y0 置 1；大于或等于 1 000 时，而小于或等于 2 000 时，Y1 置 1；大于 2 000 时，Y2 置 1。

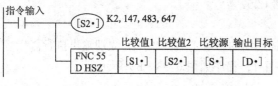

图 6-36 HSZ 指令使用格式

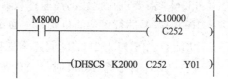

图 6-37 HSZ 指令使用程序

4 高速计数器指令使用时应注意的问题

① 比较置位、比较复位、区间比较三条指令是高速计数器的 32 位专用控制指令。使用这些控制指令时，梯形图应含有计数器设置内容，并明确被选用的计数器。当不涉及计数器触点控制时，计数器的设定值可设为计数器计数最大值或任意高于控制数值的数据。

② 在同一程序中如多处使用高速计数器控制指令，其控制对象输出继电器的编号的高 2 位应相同，以便在同一中断处理过程中完成控制。例如，使用 Y0 时应为 Y0~Y7；使用 Y10 时应为 Y10~Y17 等。

③ 特殊辅助继电器 M8025 是高速计数指令的外部复位标志。PLC 运行，M8025 就置 1，高速计数器的外部复位端 X1 若送来复位脉冲，高速计数比较指令指定的高速计数器立即复位。

④ 高速计数器比较指令在外来计数脉冲作用下以比较当前值与设定值的方式工作。当不存在外来计数脉冲时，可使用传送类指令修改当前值或设定值，指令所控制的触点状态改变。

5 工件自动打孔攻丝的控制

高速计数器以及高速计数指令常用在位置控制及定长控制中，比如一些数控加工中心，加工工件都是自动完成，这就需要对工件进行精确的定位。比如本任务中，需要对工件进行自动的打孔和攻丝。要实现自动化，采用三菱可编程控制器的高速计数器资源。

（1）控制要求

要实现自动完成加工工件的任务，现要求按下启动按钮，工件被自动夹紧（Y0），夹紧后电动机正转（Y1），在 1 m 出打孔（Y3），在 2m 处攻丝（Y4），完毕后，返回（Y2）。从机械结构上，认定电动机每转 1 圈，工作台走 100 mm。如采用的编码器分辨率为 500 p/r，那么可以认定其脉冲当量为 0.2 mm，即编码器每发 1 个脉冲可认为工作台行走了 0.2 mm，如图 6-38 所示。

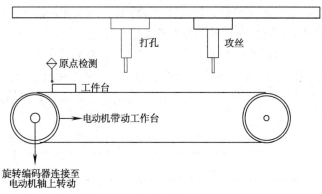

図 6-38 自動打孔攻丝示意図

（2）端子分配

本任务要求明确之后，需要对可编程控制器的端子进行分配，以便接线和编程。I/O 地址分配见表 6-5。

表 6-5　I/O 地址分配

输　入　口	功　　能	输　出　口	功　　能
X0	编码器 A 相	Y0	工件自动夹紧
X1	编码器 B 相	Y1	电动机正转
X2	启动信号	Y2	电动机反转
X3	原点信号	Y3	打孔
		Y4	攻丝

本任务采用了高速计数器 C251。

（3）程序编写

① 初始化：如图 6-39 所示，程序中首先一开机就进行了初始化设置，如果工件台不在原点位置，还要自动返回到原点，一旦回到原点，那么原点检测 X003 检测到位，则系统等待启动按钮的信息。一旦启动按钮被按下，则借助两个辅助继电器 M0，M1，发出系统启动的信息。

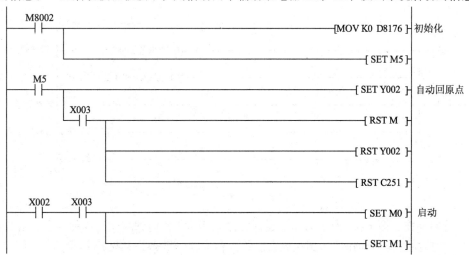

图 6-39　初始化程序

② 打孔动作：图 6-40 所示为打孔程序，当启动信号产生，程序要将工件加紧后，启动

传送带传送。一旦高速计数器当前值计数达到 5 000 时，用 HSCR 指令停止传送带前进，而用 HSCS 指令进行打孔。打孔完成用辅助继电器 M2 传递信息。

③ 攻丝动作：图 6-41 所示为攻丝程序，当 M2 信息传来。首先将转头复位，再启动电动机，传送带前进。一旦高速计数器当前值达到 10 000 时，说明已到达攻丝转头下。用 HSCR 指令停止传送带，用 HSCS 指令进行攻丝动作。完成后，用辅助继电器 M3，传递信息。

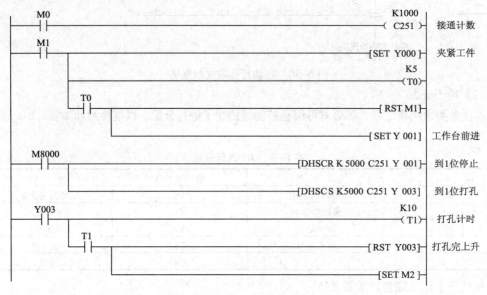

图 6-40　打孔程序

图 6-41　攻丝程序

④ 返回动作：图 6-42 所示为完成返回程序，当 M3 传递到攻丝完成的信息，首先将转头回位。然后执行返回动作，当到达原点时，复位高速计数器，并松开夹具。

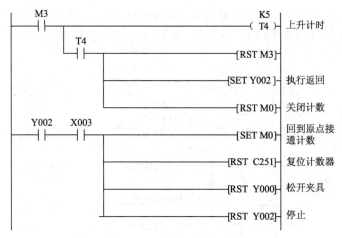

图 6-42　完成返回程序

练习与提高

1. 要让高速计数器 C255 计数到 500 时，Y0 立即置位，程序如何写？
2. 要让高速计数器 C245 计数到 500 时，Y0 立即复位，程序如何写？
3. 要让高速计数器 C251 在计数达到 2 000～3 000 之间时，Y2 置位，程序如何写？
4. 如果控制要求改成打孔—攻丝—打孔—返回原点，程序如何修改？
5. 如果没有编码器，要实现打孔—攻丝—返回原点，应该如何实现？

任务 6　定位指令

任务目标

1. 了解定位指令的应用场合；
2. 掌握定位指令的使用。

1　原点回位的控制

（1）控制要求

在采用伺服电动机做定位控制时，不管是初始状态，或是重新通电，都需要进行原点回位的动作。以保证定位的准确。如图 6-43 所示，某一工作台当按下归位按钮时，就能从初始位置以一定的速度后退，当接近原点时，工作台低速后退，到达原点时停止。

（2）原点回位指令 ZRN（见图 6-44）

[S1•]:原点回归速度，需要指定回归原点开始时的速度，16 位指令范围为 10 ~ 32 767 Hz，32 位指令范围为 10 ~ 100 000 Hz。

[S2•]:爬行速度，当近点信号置 ON 时的速度，指定范围为 10 ~ 32 767 Hz。

[S3•]:近点信号，指定近点信号的输入。

[D•]:脉冲输出地址，仅能指定晶体管型 Y0 或 Y1。

当该指令执行时，首先电动机将以[S1•]的初始速度做后退动作，一旦近点信号置 ON，那么电动机将以[S2•]的爬行速度运行，当近点信号重新变为 OFF 时，停止脉冲输出。同时如果[D·]为 Y0，那么[D8141，D8140]将被清零。如果[D·]为 Y1，那么[D8143，D8142]将清零。一旦清零，那么 Y2（[D·]为 Y0）或 Y3（[D·]为 Y1）将给出清零信号。然后 M8029 将置 ON，给出执行完成信号。

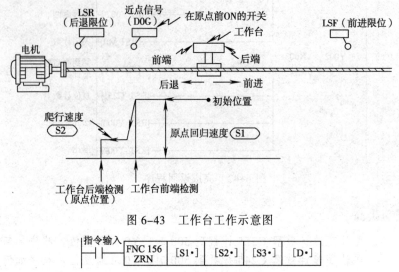

图 6-43　工作台工作示意图

指令输入	FNC 156 ZRN	[S1·]	[S2·]	[S3·]	[D·]

图 6-44　原点回位指令格式

（3）硬件接线（见图 6-45）

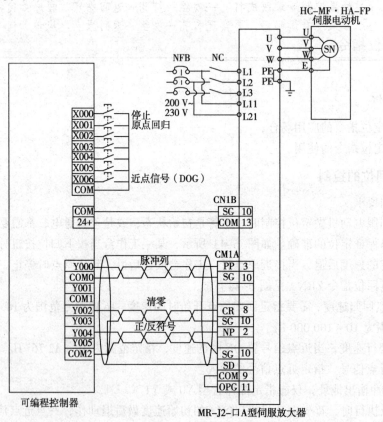

图 6-45　硬件接线图

这里采用的是三菱 MR 型伺服驱动，该伺服驱动需要控制器发出的信号有：脉冲信号，清零信号以及方向信号。本任务的 I/O 地址分配见表 6-6。

表 6-6 I/O 地址分配

输 入 端	功　　能	输 出 端	功　　能
X0	停止信号	Y0	脉冲信号输出
X1	原点回位按钮	Y2	清零信号输出
X6	近点信号	Y4	正/反转信号

（4）程序的编写（见图 6-46）

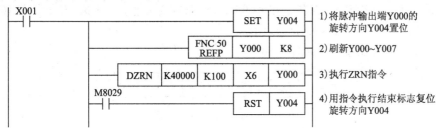

图 6-46 回原点程序

2 相对位置控制 DRVI

（1）相对位置控制示意图

在定位控制时，往往可以采用相对位置的方法进行位置的定位控制。

如图 6-47 所示，在上海如果我们的当前位置在徐家汇，现在要去上海火车站，距离是 20.7 km。那么就只需要从当前位置向火车站方向移动 20.7 km 就可以到达目的地了。

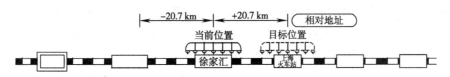

图 6-47 相对位置移动示意图

（2）相对位置控制指令（见图 6-48）

[S1•]：指定输出的脉冲数，16 位指令的数量范围为 −32 768 ～ +3 276 7+32 767；32 位指令 −999 999 ～ +999 999。

图 6-48 相对位置指令格式

[S2•]：指定输出脉冲频率，16 位指令的数量范围为 10 ～ +32 767Hz；32 位指令 10 ～ 100 000Hz。

[D1•]：输出脉冲的输出端口，晶体管型 Y0 或 Y1。

[D2•]：指定方向的输出端口。

当该指令的执行条件满足时，那么可编程控制器就向[D1•]发送脉冲。方向由[S1•]决定：当[S1•]为正值时，[D2•]为 ON；当[S1•]为负值时，[D2•]为 OFF。这样以[S2•]指定的频率发送脉冲，并采用[D8141，D8140]（[D1•]为 Y0）以及[D8143，D8143]（[D1•]为 Y1）记录相对位置脉冲数，反转即数值减小。脉冲发送完，M8029 置 ON。

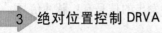
3 绝对位置控制 DRVA

（1）绝对位置控制示意图

在定位控制中，除相对位置控制之外，还有就是绝对位置控制。绝对位置是依据原点的，如图 6-49 所示。

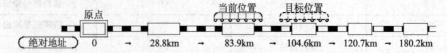

图 6-49　绝对位置移动示意图

我们的位置是在徐家汇，位置是在 83.9 km 处。现在要去上海火车站，位置是在 104.6 km 处。那么去 104.6 km 处，就到达目的地了。

（2）绝对位置控制指令（见图 6-50）

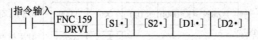

图 6-50　绝对位置指令格式

[S1•]：目标位置（绝对地址），16 位指令的数量范围为 –32 768 ~ +32 767，32 位指令 –999 999 ~ +999 999。

[S2•]：指定输出脉冲频率，16 位指令的数量范围为 10 ~ +32 767 Hz；32 位指令 10 ~ 100 000 Hz。

[D1•]：输出脉冲的输出端口，晶体管型 Y0 或 Y1。

[D2•]：指定方向的输出端口。

当该指令的执行条件满足时，那么可编程控制器就向[D1•]发脉冲。方向由[S1•]与当前位置决定，当[S1•]减当前位置为正值时，[D2•]为 ON；当[S1•]减当前位置为负值时，[D2•]为 OFF。这样以[S2•]指定的频率发送脉冲，并采用[D8141，D8140]([D1•]为 Y0)以及[D8143，D8142]([D1•]为 Y1)记录绝对位置脉冲数，反转即数值减小。脉冲发送完，M8029 置 ON。

练习与提高

1. 原点回位指令的指令格式是怎样的？

2. 在图 6-45 中，如果脉冲输出端被接到了 Y1 上，会出现什么状况，如要达到原先的目的，软硬件应该如何修改？

3. 在某应用中，控制器让工作台正向移动了 50 cm，设每发 1 个脉冲，工作台移动 0.02 cm，那么程序采用 DRVI 指令，如何实现？如果程序采用 DRVA 指令，如何实现？

项目⑦

📥 FX2N 系列 PLC 模拟量模块及应用

本项目通过温度采集、压力显示系统、温度控制系统等任务训练，介绍各种模拟量输入/输出模块的使用和模拟量数据及模拟量数据处理流程、模拟量扩展模块读写指令、PID 过程控制功能的使用。掌握 FX2N-4AD 和 FX2N-2DA 的安装接线、BFM 分配与应用。

任务 1　认识 FX2N 系列 PLC 模拟量模块

🐰 **任务目标**

1. 了解模拟量的应用与处理流程；
2. 掌握模拟量数据在 PLC 程序中的处理方法；
3. 了解各种三菱 FX 系列 PLC 模拟量模块的性能和使用。

二十大报告
知识拓展 7

1　PLC 对模拟量的处理

PLC 的普通输入/输出端口是开关量处理端口，为了使 PLC 能完成模拟量的处理，常见的方法是为整体式 PLC 基本单元加配模拟量扩展模块。

在实际生产过程中，当控制对象有模拟量和数字量时，要通过硬件接口实现模–数和数–模的转换，模拟量扩展模块可将外部模拟量转换为 PLC 可处理的数字量，或将 PLC 内部运算结果转换为机外所需的模拟量。图 7-1 是模拟量处理流程，按流程图组成模拟量处理系统。

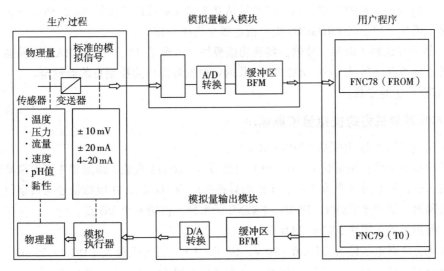

图 7-1　模拟量处理流程

其设计内容应包括：

① 接入 PLC 系统的 A/D、D/A 接口模块的型号及主要技术数据；

② 模拟量输入/输出单元的接线；

③ 模拟量输入/输出单元中缓冲寄存器 BFM 的分配；

④ A/D、D/A 转换中的比例关系；

⑤ 用户控制程序。

模拟量扩展模块都是特殊功能模块，可用特殊功能模块读指令FROM（FNC78）和特殊功能模块写指令 TO（FNC79）进行编程。

（1）FROM 指令

该指令用于从特殊单元缓冲存储器（BFM）中读入数据。指令格式如图 7-2 所示。

说明：将编号为 m1 的特殊单元模块内，从缓冲存储器（BFM）号为 m2 开始的 n 个数据读入基本单元，并存放在从[D.]开始的 n 个数据寄存器中。

m1：特殊功能模块号（范围 0 ~ 7）。接在 FX2N 基本单元右边扩展总线上的功能模块（例如模拟量输入单元、模拟量输出单元、高速计数器等），从最靠近基本单元的那个开始顺次编为 0 ~ 7 号。

m2：缓冲寄存器首元件号（范围 0 ~ 31）。

n：需要传送的点数（范围 1 ~ 16/1 ~ 32）。

（2）TO 指令

该指令用于向特殊单元缓冲存储器（BFM）中写入数据。指令格式如图 7-3 所示。

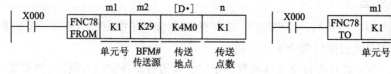

图 7-2　FROM 指令格式　　　　　图 7-3　TO 指令格式

说明：

m1：特殊功能模块的模块号码。模块号从基本单元最近的开始按 No.0→No.1→No.2······顺序连接。模块号用于以 FROM/TO 指令指定哪个模块工作。

m2：缓冲存储器（BFM）号码。特殊功能模块中内藏了 32 点 16 位 RAM 存储器，即缓冲存储器。缓冲存储器号为#0 ~ #32 766，其内容根据各模块的控制目的而设定。

n：需要传送的点数。

2　FX2N 系列机型的模拟量扩展模块

（1）模拟量输入/输出模块 FX0N-3A

该模块具有 2 路模拟量输入（0 ~ 10 V 直流或 4 ~ 20 mA 直流）通道和 1 路模拟量输出通道。其输入通道数字分辨率为 8 位，A/D 的转换时间为 100 μs，在模拟信号与数字信号之间采用光电隔离，适用于 FX1N、FX2N、FX2NC 子系列，占用 8 个 I/O 点。

（2）模拟量输入模块 FX2N-2AD

该模块为 2 路电压输入（DC 0 ~ 10 V，DC 0 ~ 5 V）或电流输入（DC 4 ~ 20 mA），12 位高精度分辨率，转换速度为 2.5 ms/通道。这个模块占用 8 个 I/O 点，适用于 FX1N、FX2N、

FX2NC 子系列。

（3）模拟量输入模块 FX2N-4AD

该模块有 4 个输入通道，其分辨率为 12 位。可选择电流或电压输入，选择通过用户接线来实现。可选模拟值范围为 DC±10V（分辨率为 5 mV）或 4~20 mA、-20~20 mA（分辨率为 20 μA）。转换速度最高为 6 ms/通道。FX2N-4AD 占用 8 个 I/O 点。

（4）模拟量输出模块 FX2N-2DA

该模块用于将 12 位的数字量转换成 2 点模拟输出。输出的形式可为电压，也可为电流。其选择取决于接线不同。电压输出时，两个模拟输出通道输出信号为 DC 0~10 V，DC 0~5 V；电流输出时为 DC 4~20 mA。分辨率为 2.5 mV（DC 0~10 V）和 4 μA（4~20 mA）。数字到模拟的转换特性可进行调整。转换速度为 4 ms/通道。本模块需占用 8 个 I/O 点。适用于 FX1N、FX2N、FX2N 子系列。

（5）模拟量输出模块 FX2N-4DA

该模块有 4 个输出通道。提供了 12 位高精度分辨率的数字输入。转换的速度为 2.1ms/4通道，使用的通道数变化不会改变转换速度。其他的性能与 FX2N-2DA 相似。

（6）模拟量输入模块 FX2N-4AD-PT

该模块与 PT100 型温度传感器匹配，将来自 4 个铂温度传感器（PT100，3 线，100 Ω）的输入信号放大，并将数据转换成 12 位可读数据，存储在主机单元中。摄氏温度和华氏温度数据都可读取。它内部有温度变送器和模拟量输入电路，可以矫正传感器的非线性。读分辨率为 0.2~0.3 ℃。转换速度为 15 ms/通道。所有的数据传送和参数设置都可以通过 FX2N-4AD-PT 的软件组态完成，由 FX2N 的 TO/FROM 应用指令来实现。FX2N-4AD-PT 占用 8 个 I/O 点，可用于 FX1N、FX2N、FX2NC 子系统，为温控系统提供了方便。

（7）模拟量输入模块 FX2N-4AD-TC

该模块与热电偶型温度传感器匹配，将来自 4 个热电偶传感器的输入信号放大，并将数据转换成 12 位的可读数据，存储在主单元中，摄氏温度和华氏温度数据均可读取，读分辨率在类型为 K 时为 0.2 ℃；类型为 J 时为 0.3 ℃，可与 K 型（-100~1200 ℃）和 J 型（-100~600 ℃）热电耦配套使用，4 个通道分别使用 K 型或 J 型，转换的速度为 240 ms/通道。所有的数据传输和参数设置都可以通过 FX2N-4AD-TC 的软件组态完成，占用 8 个 I/O 点。

练习与提高

1. 以一工程案例叙述 PLC 对模拟量的处理过程。
2. 解释 FROM 指令和 TO 指令的使用方法。
3. 例举几种 FX2N 系列机型的模拟量扩展模块的性能。

任务 2　模拟量输入模块 FX2N-4AD 的使用

任务目标

1. 了解 FX2N-4AD 的技术指标与使用注意事项；
2. 了解 FX2N-4AD 的 BFM 分配和接线；

3. 掌握 FX2N-4AD 的应用。

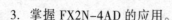

1 预备知识

（1）FX2N-4AD 简介

FX2N-4AD 为 12 位 4 通道模拟输入模块。根据外部接线方式的不同，模拟量输入可选择电压或电流输入，通过简易的调整或改变 PLC 的指令可以改变模拟量输入的范围。它与 PLC 之间通过缓冲存储器交换数据，其技术指标见表 7-1。

表 7-1　FX2N-4AD 的技术指标

项　　目	输　入　电　压	输　入　电　流
模拟量输入范围	–10~+10 V（输入电阻 200 kΩ）	–20~20 mA（输入电阻 250 kΩ）
数字输出	12 位、最大值+2 047、最小值–2 048	
分辨率	5 mV	20 μA
总体精度	±1%	±1%
转换速度	15 ms（6 ms 高速）	
隔离	模–数转换电路之间采用光电隔离，从基本单元来的电源经 DC/DC 转换器隔离，各输入端子间不隔离	
电源规格	主单元提供 5 V/30 mA 直流，外部提供 24 V/55 mA 直流	
占用 I/O 点数	占用 8 个 I/O 点，可分配为输入或输出	
使用 PLC	FX1N、FX2N、FX2NC、FX3U	

（2）安装使用说明

FX2N-4AD 通过扩展电缆与 PLC 主机相连，4 个通道的外部连接则根据外部输入或电流量的不同而不同。FX2N-4AD 的外部接线与 FX2N-2AD 相类似，图 7-4 所示为 FX2N-2AD 的电压输入和电流输入的两种接线方式。

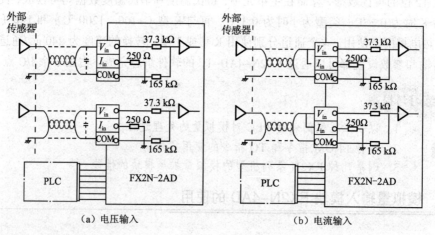

（a）电压输入　　　　　　　　　（b）电流输入

图 7-4　FX2N-2AD 的接线方式

接线说明：

① 模拟输入通过双绞屏蔽电缆来接收，电缆应远离电源线或其他可能产生电气干扰的电线。

② 如果输入有电压波动，或在外部接线中有电气干扰，可以接 1 个平滑电容器（容量

为 0.1~0.47 μF，25 V）。

③ 如果使用电流输入，应互连 V+和 I+端子。

④ 如果存在过多的电气干扰，应连接 FG 的外壳地端和 FX2N-4AD 的接地端。

⑤ 连接 FX2N-4AD 的接地端与主单元的接地端，若可行，在主单元使用 3 级接地。

模块的最大 A/D 转换位为 12 位，可以转换成的最大数字量为 2 047，但为了计算方便，通常情况下都将最大模拟量输入（DC 10 V/5 V 或 20 mA）所对应转换数字量设定为 2 000，转换关系如图 7-5 所示。

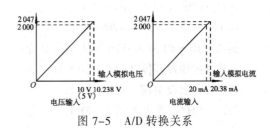

图 7-5　A/D 转换关系

（3）BFM 分配

FX2N-4AD 共有 32 个 BFM，每个 BFM 均为 16 位，BFM 分配见表 7-2。

表 7-2　BFM 分配表

BFM	内　　　　容							
*#0	通道初始化，默认设定值=H 0000							
*#1	通道 1	平均值取样次数，默认设定值=8						
*#2	通道 2							
*#3	通道 3							
*#4	通道 4							
#5	通道 1	平均值						
#6	通道 2							
#7	通道 3							
#8	通道 4							
#9	通道 1	当前值						
#10	通道 2							
#11	通道 3	—						
#12	通道 4							
#13~19	不能使用							
*#20	重置为默认设定值，默认设定值=H 0000							
*#21	禁止零点和增益调整，默认设定值=0.1（允许）							
*#22	零点、增益调整	b7	b6	b5	b4	b3	b2	b1	b0
		G4	O4	G3	O3	G2	O2	G1	O1
*#23	零点值，默认设定值=0							
*#24	增益值，默认设定值=5000							
#25~#28	空置							
*#29	出错信息							
*#30	识别码 2010D							
*#31	不能使用							

表 7-2 中带"*"号的缓冲寄存器的数据可由 PLC 通过 TO 指令改写。改写带"*"号的

项目 7　FX2N 系列 PLC 模拟量模块及应用

BFM 的设定值即可改变 FX2N-4AD 的运行参数，调整其输入方式、输入增益和零点等。

① 通道选择：通道初始化由缓冲存储器 BFM#0 中的 4 位十六进制数字 HOOOO 控制，第 1 个字符控制通道 1，而第 4 个字符控制通道 4，设置的每 1 个字符的方式如下：

O=0：预设范围（-10~+10 V）；　　　　　O=2：预设范围（-20~+20 mA）；

O=1：预设范围（4~+20 mA）；　　　　　O=3：通道关闭 OFF。

例如，BFM#0 为 H3310 所表示含义为：

通道 1：预设范围（-10~+10 V）；

通道 2：预设范围（4~20 mA）；

CH3、CH4：通道关闭（OFF）。

② 模拟到数字转换速度的改变。在 FX2N-4AD 的 BFM#15 中写入 0 或 1，就可以改变 A/D 转换的速度，不过要注意几点：

a. 为保持高速转换率，尽可能少使用 FROM/TO 指令。

b. 改变了转换速度后，BFM#1~BFM#4 将立即设置默认值，这一操作将不考虑它们原有的数值。如果速度改变作为正常程序执行的一部分时，应记住此点。

③ 调整增益和偏移值：

a. 当通过将 BFM#20 设为 K1 而将其激活后，包括模拟特殊功能模块在内的所有设置将复位成默认值，对于消除不希望的增益/偏移调整，这是一种快速的方法。

b. 如果 BFM#21 的（b1，b0）设为（1，0），增益/偏移的调整将被禁止，以防止操作者不正确的改动，若需要改变增益/偏移，（b1，b0）必须设为（0，1），默认值是（0，1）。

c. BFM#23 和 BFM#24 的增益/偏移量被传送进指定输入通道增益/偏移的稳定寄存器，待调整的输入通道可以由 BFM#22 适当的 G-O（增益-偏移）位来指定。

2 FX2N-4AD 的读写

功能要求：通道 1 与通道 2 用作电压输入，FX2N-4AD 模块连接在特殊功能模块的 0 号位置，平均数设为 4，PLC 的 D0，D1 接收平均数字值。

FX2N-4AD 读写程序如图 7-6 所示。

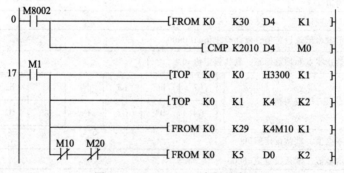

图 7-6　FX2N-4AD 读写程序

① 读出识别码与 K2010 比较，如果识别码是 K2010 则表示 PLC 所连模块是 FX2N-4AD，CMP 指令将 M1 闭合（K2010 等于 D4）。

② 建立模拟输入通道#1，#2。

#0 缓冲区的作用是通道初始化，从低位到高位分别指定通道 1~通道 4，位的定义如下：

0——预设范围（–10～10 V）；1——预设范围（4～20 mA）；

2——预设范围（–20～20 mA）；3——通道关闭。

本例的 H3300 是关闭 3，4 通道，1，2 通道设为模拟值范围是–DC 10～+10 V。

③ 将 4 写入缓冲区#1，#2，即将通道 1 和通道 2 的平均采样数设为 4，含义是每读取 4 次将这 4 次的平均值写入#5，#6。

④ 读取 FX2N-4AD 当前的状态，判断是否有错误。如果有错误 M10-M22 相应的位闭合。

⑤ 如果没有错误，则读取#5，#6 缓冲区（采样数的平均值）的值并保存到 PLC 寄存器 D0，D1 中。

3 FX2N–4AD 的温度采集

功能要求：利用通道 1 和通道 2 两个通道采集两路温度信号，分别判断温度 20 ℃和 10 ℃，低于标准温度则启动控制加热系统。

程序设计如图 7-7 所示，运行分析如下：

① PLC 通电后检测扩展模块无错误，Y1=OFF；

② 假如通道 1 当前温度为 17.9 ℃，小于 20 ℃，则 M6=ON；

假如通道 2 当前温度为 17.1 ℃，大于 10 ℃，则 M30=OFF；

假如 X0=OFF，则 Y2 和 Y3 均为 OFF；

假如 X0=ON，则在 M6 开关已经闭合情况下，Y2=ON 控制加温通道 1 系统工作，Y3 为 OFF。

③ 假如通道 1 当前温度为 23.3 ℃，大于 20 ℃，则 M6=OFF；

假如通道 2 当前温度为 7.1 ℃，小于 10 ℃，则 M30=ON；

假如 X0=OFF，则 Y2 和 Y3 均为 OFF；

假如 X0=ON，则在 M30 开关已经闭合情况下，Y3=ON 控制加温通道 2 系统工作，Y2 为 OFF。

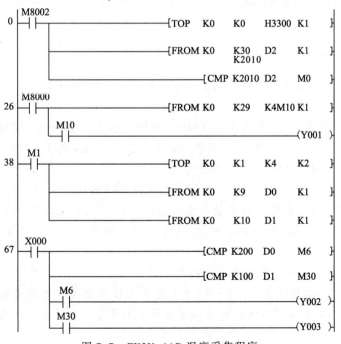

图 7-7 FX2N-4AD 温度采集程序

4 FX2N-4AD 的故障判断和检查

（1）诊断

① 检查输入配线或扩展电缆是否正确连接到 FX2N-4AD 模拟特殊功能模块上。

② 检查有没有违背 FX2N 系统配置规则，例如：特殊功能模块的数目不能超过 8 个，并且总的系统 I/O 点数不能超过 256 点。

③ 确保应用中选择正确的操作范围。

④ 检查在 5 V 或 24 V 电源上有没有电源过载，记注：FX2N 主单元或者有源扩展单元的负载是根据所连接的扩展模块或特殊功能模块的数目而变化的。

⑤ 是否置 FX2N 主单元为 RUN 状态。

（2）检查错误

如果特殊功能模块 FX2N-4AD 不能正常运行，请检查下列项目：

① 检查电源 LED 指示灯的状态。

点亮：扩展电缆正确连接；

不亮：检查扩展电缆的连接情况。

② 检查外部配线。

检查"24 V"LED 指示灯的状态（FX2N-4AD 的右上角）：

点亮：FX2N-4AD 正常，DC 24 V 电源正常；

否则：可能 DC 24 V 电源故障，如果电源正常则是 FX2N-4AD 故障。

检查"A/D"LED 指示灯的状态（FX2N-4AD 的右上角）。

点亮：A/D 转换正常运行；

不亮：检查缓冲存储器 BFM#29（错误状态），如果任何一个位（b2 和 b3）是 ON 状态，那就是 A/D 指示灯熄灭的原因。

练习与提高

1. 以一工程案例叙述 PLC 对模拟量输入的处理过程。

2. 压力显示系统实例。控制要求：

压力变送器的量程为 1 ~ 10 MPa，输出信号为 4 ~ 20 mA，FX2N-2AD 模拟量输入模块的量程为 4 ~ 20 mA，转换后的数字量（12 位）为 0 ~ 4 000，设转换后的数字为 N，试求以 MPa 为单位的压力值。

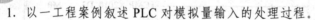

$$P=(10-1)\times N/4\ 000+1$$

式中"N"代表 A/D 转换后送入 D0 的数字信号；压力变送器输出信号从 A/D 模块通道 2 通道输入到 PLC 中，实际压力值送输出口 K2Y0，用数码管显示，试编写程序。

3. 对输入电压进行显示。控制要求：

现将外部可调电压（0 ~ 9.7 V）通过 A/D 模块通道 1 通道输入到 PLC 中，并通过 PLC 的 K2Y0 连接的数码管显示出电压值，进行连线仿真调试。

输入电压显示参考程序如图 7-8 所示。

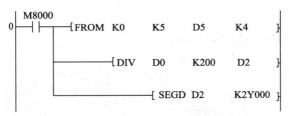

图 7-8 输入电压显示参考程序

任务 3　模拟量输出模块 FX2N-2DA 的使用

任务目标

1. 了解 FX2N-2DA 的技术指标与使用注意事项；
2. 了解 FX2N-2DA 的 BFM 分配和接线；
3. 掌握 FX2N-2DA 的应用。

1　预备知识

（1）简介

FX2N-2DA 为 12 位 2 通道模拟输出模块。根据外部接线方式的不同，模拟量输出可在电压或电流输出中进行选择，也可以是一个通道为电压输出，而另一个通道为电流输出。通过简易的调整或改变 PLC 的指令可以改变模拟量输出的范围。它与 PLC 之间通过缓冲存储器交换数据，其技术指标见表 7-3。

表 7-3　FX2N-2DA 的技术指标

项　目	参　数		备　注
	电压输出	电流输出	
输出通道	2		2 通道输出方式可以不一致
输入范围	DC 0~10 V 或 0~5 V	DC 4~20 mA	
负载阻抗	≥2 kΩ	≤500 Ω	—
数字输入	12 位		0~4 095
分辨率	2.5 mV(DC 0~10 V 输出) 1.25 mV(DC 0~5 V 输出)	4 μA(DC 4~20 mA 输出)	—
转换精度	±1%(全范围)		—
处理时间	4 ms/通道		—
调　节	偏移调节/增益调节		电位器调节
输出隔离	光电耦合		模拟电路与数字电路之间
占用 I/O 点数	8 点		—
消耗电流	24 V/50 mA,5 V/20 mA		由 PLC 供给
使用 PLC	FX1N、FX2N、FX2NC、FX3U		—

（2）安装使用说明

FX2N-2DA 的安装接线如图 7-9 所示。

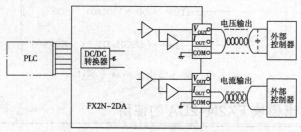

图 7-9　FX2N-2DA 的安装接线图

接线时，当电压输出存在波动或有大量噪声时，应在输出端连接 0.1~0.47 μF、25 V 的电容器。对于电压输出，须将 I_{OUT} 和 COM 进行短路。

对于每个带有有源扩展单元的主单元来说，FX0N 系列的 PLC 可连接的 FX2N-2DA 数目为 4 或更少，FX2N 系列的 PLC 可连接的 FX2N-2DA 数目为 8 或更少，FX2NC 系列的 PLC 可连接的 FX2N-2DA 数目为 4 或更少。但是，当连接下述特殊功能模块时，存在以下限制：

① FX2N：主单元和其具有 32 个或更少 I/O 点的有源扩展单元。

DC 24 V，特殊功能模块消耗电流总值≤190 mA。

② FX2N：主单元和其具有 48 个或更少 I/O 点的有源扩展单元。

DC 24 V，下列特殊功能模块消耗电流总值≤300 mA。

③ FX2NC：不考虑主单元的 I/O 点数，可连接的特殊功能模块可达 4 个。

④ FX0N：不考虑主单元和有源扩展单元的 I/O 点数，可连接的下列特殊功能模块可达 2 个。模拟量模块的消耗电流见表 7-4。

表 7-4　模拟量模块的消耗电流

项　　目	FX2N-2DA	FX2N-2AD	FX0N-3A
对一个单元来说，DC 24 V 的消耗电流	50 mA	85 mA	90 mA

PLC 实际运行电源容量等于从 PLC 初始的运行电压源容量中减去特殊功能模块的消耗电流总值。例如：FX2N-32MT 的运行电源为 250 mA，当连接两个 FX2N-2DA 模块时，运行电源减少到 150 mA。FX2N-2DA 的特性见表 7-5。增益和偏置的定义见表 7-6。

表 7-5　FX2N-2DA 的特性

项　　目	内　　　容
绝缘承受电压	AC 500V 1 min（在所有的端子和外壳之间）
模拟电路	DC 24 ×（1 ± 10%）V，50 mA（主要来自主电源的内部电源供电）
数字电路	DC 5V，20 mA（主要来自主电源的内部电源供电）
隔离	在模拟电路和数字电路之间用光耦合器进行隔离； 主单元的电源用 DC/DC 转换器进行隔离； 模拟通道之间不进行隔离
占用 I/O 点数	模块占用 8 个输入或输出点数

表 7-6 增益和偏置的定义

项 目	电 压 输 出	电 流 输 出
模拟输出范围	在装运时，对于 DC 0~10 V 的模拟电压输出，此单元调整的数字范围是 0~4 000。当使用 FX2N-2DA 并通过电流输入或通过 DC 0~5 V 输出时，就有必要通过偏置和增益调节器进行再调节	
	DC 0~10 V, DC 0~5 V（外部负载阻抗为 2 kΩ ~ 1 MΩ）	4~20 mA（外部负载阻抗为 500 Ω 或更小）

模块的最大 D/A 转换位为 12 位，可以进行转换的最大数字量为 4 095，但为了计算方便，通常情况下都将输出的最大模拟量（DC 10 V/5 V 或 20 mA）所对应的数字量输出设定为 4 000，转换关系如图 7-10 所示。

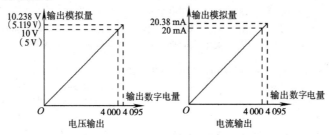

图 7-10 D/A 转换关系

当使用的数字范围为 0~4 000 时，模拟范围为 0~10 V，数字值 40 等于 100 mV 模拟输出值；当使用的数字范围为 0~4 000 时，电流输出偏置值固定为 4 mA，而模拟范围为 4~20 mA，则数字值 0 等于 4 mA 的模拟输出值。

（3）FX2N-2DA 的 BFM 分配

FX2N-2DA 的 BFM 分配见表 7-7。

表 7-7 FX2N-2DA 的 BFM 分配表

BFM 编号	b15~b8	b7~b3	b2	b1	b0
#0~#15	保留				
#16	保留	输出数据的当前值（8 位数据）			
#17	保留		D/A低 8 位数据保持	通道 1 的 D/A 转换开始	通道 2 的 D/A 转换开始
#18 或更大	保留				

BFM#16：存放由 BFM#17（数字值）指定通道的 D/A 转换数据。D/A 转换数据以二进制形式出现，并以低 8 位和高 4 位两部分顺序进行存放和转换。

注意：在 FX2N-2DA 模块中转换数据当前值只能保持 8 位数据，但在实际转换时要进行 12 位转换，为此必须进行二次传送，才能完成。

BFM#17：b0 位由 1 变成 0，通道 2 的 D/A 转换开始；b1 位由 1 变成 0，通道 1 的 D/A 转换开始；b2 位由 1 变成 0，D/A 转换的低 8 位数据保持。

2 FX2N-2DA 的应用实例

（1）控制要求

设某系统的控制要求如下：利用不同的开关控制两组数据的模拟量输出，控制开关分别是 X0 和 X1，两组数据分别存放在 D100 和 D101。

当输入 X0 为 ON 时，需要将数据寄存器 D100 的 12 位数字量转换为模拟量，并且在通道 1 中进行输出；当输入 X1 为 ON 时，需要将数据寄存器 D101 的 12 位数字量转换为模拟量，并且在通道 2 中进行输出。

（2）程序编写

FX2N-2DA 实例程序如图 7-11 所示。

图 7-11 FX2N-2DA 实例程序

通道通道 1 的输入执行数字到模拟的转换：X0。

通道通道 2 的输入执行数字到模拟的转换：X1。

D/A 输出数据通道 1：D100（以辅助继电器 M100 到 M131 进行替换，对这些编号只进行一次分配）。

D/A 输出数据通道 2：D101（以辅助继电器 M100 到 M131 进行替换，对这些编号只进行一次分配）。

3 FX2N-2DA 的故障判断和检查

当 FX2N-2DA 不能正常进行工作时，确认下述各项：

① 确认电源 LED 的状态：

亮起：扩展电缆已正确连接；

灭或闪烁：确认扩展电缆的正确连接。

② 确认外部连线是否正确。

③ 确认连接到模拟输出端子的外围设备，其负载阻抗是否对应于 FX2N-2DA。

④ 使用电压表和电流表确认输出电压值和电流值。确认输出特性的数字到模拟的转换。当已转换的 D/A 值不适合于输出特性时，对偏置和增益进行再调整。出厂时，其输出特性为 DC 0～10 V。

练习与提高

1. 以一工程案例叙述 PLC 对模拟量输出的处理过程。

2. PLC 输出电压测量系统。控制要求：

将 PLC 内部寄存器中的数值传给 FX2N-4DA 模块，输出 0～10 V 电压。通过编程可以实现阶梯波、锯齿波、三角波。连接线路图扩展模块换成 FX2N-4DA，用万用表或示波器测量电压输出。

图 7-12 为实现锯齿波参考程序，图 7-13 为实现三角波参考程序。

请参考程序进行接线与调试，自己编写阶梯波调试程序。

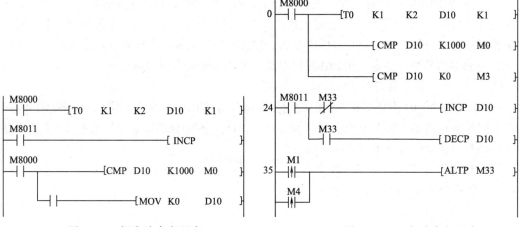

图 7-12 锯齿波参考程序   图 7-13 三角波参考程序

3. 汇川的模拟量指令简洁，功能大大增强，及其好用和实用，请自学。

任务 4 PID 过程控制功能的应用

任务目标

1. 了解 PID 在工业控制应用方面的优点；

2. 了解 PID 指令的功能；

3. 掌握 PID 指令的应用。

1 预备知识

（1）PID 概述

PID（Proportional, Integral and Derivative）是闭环控制中最常用的一种算法，在温控、水泵、张力、伺服阀、运控等行业得到了广泛的应用，但因为每个应用的对象特性都不一样，这就要求调试工程师充分了解 PID 的控制原理，只有这样才能把 PID 应用好。

PID 是由比例、微分、积分 3 个部分组成的，在实际应用中经常只使用其中的一项或者两项，如 P、PI、PD、PID 等。

从控制原理来说，当一个控制对象，我们希望控制的输出达到设定的值，通常会使用开环或者闭环控制，如果控制对象的响应很稳定不会受到其他环节的影响，可以选用开环控制；反之如果控制对象受到设定值、负载或者源端的影响而产生波动，应该选用闭环控制。

在工业控制中，PID 控制（比例–积分–微分控制）得到了广泛的应用，这是因为 PID 控制具有以下优点：

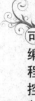
① 不需要知道被控对象的数学模型。实际上大多数工业对象准确的数学模型是无法获得的，对于这一类系统，使用 PID 控制可以得到比较满意的结果。据统计，目前 PID 及变型 PID 约占总控制回路数的 90%。

② PID 控制器具有典型的结构，程序设计简单，参数调整方便。

③ 有较强的灵活性和适应性，根据被控对象的具体情况，可以采用各种 PID 控制的变种和改进的控制方式，如 PI、PD、带死区的 PID、积分分离式 PID、变速积分 PID 等。随着智能控制技术的发展，PID 控制与模糊控制、神经网络控制等现代控制方法相结合，可以实现 PID 控制器的参数自整定，使 PID 控制器具有经久不衰的生命力。

（2）PID 指令及参数表

FX2N 系列的 PID 回路运算指令的功能指令编号为 FNC88，源操作数[S1•]，[S2•]，[S3•] 和目标操作数均为 D，16 位运算占 9 个程序步，[S1•]，[S2•]分别用来存放给定值 SV 和当前测量到的反馈值 PV，[S3•]～[S3•]+6 用来存放控制参数的值，运算结果 MV 存放在[D]中。PID 指令格式如图 7-14 所示。所有 PID 指令操作数设置功能说明见表 7-8。

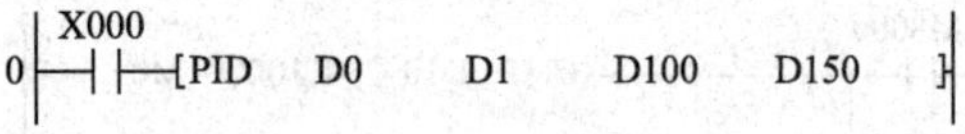

```
     X000
0 ───┤├──[PID  D0    D1   D100   D150  ]├
```

图 7-14　PID 指令格式

表 7-8　PID 指令操作数设置功能说明

源操作数	参　　数	设定范围或说明	备　　注
[S3•]	采样周期（Ts）	1~32 767 ms	不能小于扫描周期
[S3•]+ 1	动作方向（ACT）	Bit0: 0 为正作用；1 为反作用。 Bit1: 0 为无输入变化量报警； 1 为有输入变化量报警。 Bit2: 0 为无输出变化量报警； 1 为有输出变化量报警	Bit3　Bit15 不用
[S3•]+ 2	输入滤波常数（L）	0~99（%）	对反馈量的一阶惯性数字滤波环节
[S3•]+ 3	比例增益（Kp）	1~32 767（%）	—
[S3•]+ 4	积分时间（TI）	0~32 767（×100 ms）	0 与 ∞ 作同样处理
[S3•]+ 5	微分增益（KD）	0~100（%）	—
[S3•]+ 6	微分时间（TD）	0~32 767（×10 ms）	0 为无微分
[S3•]+ 7 ~ [S3•]+ 19	—	—	PID 运算占用
[S3•]+ 20	输入变化量（增方）警报设定值	0~32 767	由用户设定 ACT（[S3•]+ 1）为 K2~K7 时有效，即 ACT 的 Bit1 和 Bit2 至少有一个为 1 时才有效。 当 ACT 的 Bit1 和 Bit2 都为 0 时，[S3•]+20~[S3•]+24 无效
[S3•]+ 21	输入变化量（减方）警报设定值	0~32 767	
[S3•]+ 22	输出变化量（增方）警报设定值	0~32 767	
[S3•]+ 23	输出变化量（减方）警报设定值	0~32 767	
[S3•]+ 24	警报输出	Bit0: 输入变化量（增方）超出。 Bit1: 输入变化量（减方）超出。 Bit2: 输出变化量（增方）超出。 Bit3: 输出变化量（减方）超出	

[S1•]——D0：设定值（SV）；

[S2•]——D1：当前值（PV）；

[S3•]~[S3•]+6——D100~D106：设定控制参数；

[D•]——D150：运算结果。

PID 指令用于闭环模拟量的控制，在 PID 控制之前，应使用 MOV 指令将参数设定值预先写入数据寄存器中。如果使用有掉电保护功能的数据存储器，不需要重复写入。如果目标操作数[D•]有掉电保护功能，应使用初始化脉冲 M8002 的常开触点将它复位。

PID 指令在定时器中断、子程序、步进梯形图、跳转指令中也可使用。在这种情况下，执行 PID 指令前请清除[S3•]+7 后再使用。

控制参数的设定和 PID 运算中的数据出现错误时，运算错误标志 M8067 为 ON，错误代码存放在 D8067 中。

（3）PID 的使用

在 P，I，D 这 3 种控制作用中，比例部分与误差部分信号在时间上是一致的，只要误差一出现，比例部分就能及时地产生与误差成正比例的调节作用，具有调节及时的特点。比例系数越大，比例调节作用越强，系统的稳态精度越高；但是对于大多数的系统来说，比例系数过大，会使系统的输出振荡加剧，稳定性降低。

调节器中的积分作用与当前误差的大小和误差的历史情况都有关系，只要误差不为零，控制器的输出就会因积分作用而不断变化，一直要到误差消失，系统处于稳定状态时，积分部分才不再变化，因此，积分部分可以消除稳态误差，提高控制精度；但是积分作用的动作缓慢，可能给系统的动态稳定性带来不良影响，因此很少单独使用。

积分时间常数增大时，积分作用减弱，系统的动态性能（稳定性）可能有所改善，但是，消除稳态误差的速度减慢。

根据误差变化的速度（即误差的微分），微分部分提前给出较大的调节作用，微分部分反映了系统变化的趋势，它较比例调节更为及时，所以微分部分具有预测的特点。微分时间常数增大时，超调量减小，动态性能得到改善，但抑制高频干扰的能力下降。如果微分时间常数过大，系统输出量在接近稳态值时上升缓慢。

采样时间按常规来说应越小越好，但是时间间隔过小时，会增加 CPU 的工作量，相邻两次采样的差值几乎没有什么变化，所以也不易将此时间取的过小，另外，假如此项取比运算时间短的时间数值，则系统无法执行。

2 PID 控制的应用实例

（1）控制要求

某一温控系统欲使受热体维持一定的温度，则需一电风扇不断给其降温。这就需要同时有一加热器以不同加热量给受热体加热，这样才能保证受热体温度恒定。

本系统的给定值（目标值）可以预先设定后直接输入到回路中；过程变量由在受热体中的 Pt100 测量并经温度变送器给出，为单极性电压模拟量；输出值是送至加热器的电压，其允许变化范围为最大值的 0%～100%。外部连接引脚及功能端口见表 7–9。

表 7-9　外部连接引脚及功能端口

加热指示+	加热指示-	冷却风扇+	冷却风扇-	控制输入+	控制输入-	信号输出+	信号输出-
主机 24+	Y1	主机 24+	Y0	FX2N-3A Iout	FX2N-3A Out-com	FX2N-3A Vin1	FX2N-3A Com1

FX2N-3A 模块输入/输出特性如图 7-15 所示。

加热器由 4 个内热式烙铁心构成，长时间的满负荷工作会使受热体温度明显升高，影响挂箱内环境温度，可能会对元器件造成损坏。因此，在进行实验时对设定值不要设定过高（一般高于室内温度 10~20℃即可），以免对挂箱造成不良影响。

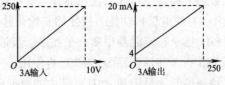

图 7-15　FX2N-3A 模块输入/输出特性

（2）程序编写

梯形图如图 7-16 所示。

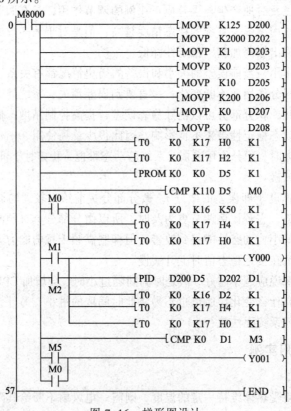

图 7-16　梯形图设计

3　PID 控制的应用经验

（1）PID 调试步骤

在 PID 的调试过程中，应注意以下步骤。

① 关闭 I 和 D，加大 P，使其产生振荡。

② 减小 P，找到临界振荡点。

③ 加大 I，使其达到目标值。

④ 重新通电看超调、振荡和稳定时间是否吻合要求。

⑤ 针对超调和振荡的情况适当增加一些微分项。

⑥ 注意所有调试均应在最大负载的情况下调试，这样才能保证调试完的结果可以在全工作范围内均有效。

在温度、阀门控制、水泵控制中使用的是位置 PID，又称全量 PID，这是最常用到的；另一个 PID 公式称为增量 PID，其公式如下：

$$\Delta u(t) = u(t) - u(t-1)$$

这在运动控制中最常使用，其输出是两次 PID 运算结果的差值，一般的步进或者伺服电动机的位置控制可以采用这种方式。

（2）PID 参数经验参照

PID 控制器参数的工程整定，各种调节系统中 PID 参数经验数据参照如下：

温度 T：P=20%~60%，T=180~600 s，D=3～180 s；

压力 P：P=30%~70%，T=24~180 s；

液位 L：P=20%~80%，T=60~300 s；

流量 L：P=40%~100%，T=6~60 s。

（3）PID 常用口诀

参数整定找最佳，从小到大顺序查；

先是比例后积分，最后再把微分加；

曲线振荡很频繁，比例度盘要放大；

曲线漂浮绕大弯，比例度盘往小扳；

曲线偏离回复慢，积分时间往下降；

曲线波动周期长，积分时间再加长；

曲线振荡频率快，先把微分降下来；

动差大来波动慢，微分时间应加长；

理想曲线两个波，前高后低 4 比 1；

一看二调多分析，调节质量不会低。

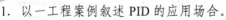 练习与提高

1. 以一工程案例叙述 PID 的应用场合。

2. 复习 PID 指令操作数的设置说明，查阅资料进行参数经验总结。

3. 简述 PID 的调试步骤。

4. 三菱和汇川 PLC 模拟量模块可互换吗？

项目⑧

⏎ PLC 网络通信技术及应用

PLC 不仅具有逻辑控制、数据处理功能，还具有过程控制、运动控制、联网通信等功能，网络通信成为工厂自动化、管控一体化的重要标志，如多级分布式 PLC 网络成为 CIMS 系统（计算机集成制造系统）不可缺少的基本组成部分。本项目主要介绍 *N:N* 网络、MODBUS、CAN 总线网络通信协议及应用。

任务 1　了解网络通信知识

 任务目标

1. 了解工业控制网络结构；
2. 了解工业控制网络通信基本知识；
3. 掌握可编程控制器网络通信的协议。

二十大报告
知识拓展 8

1　网络结构基础知识

在一家工厂、一个车间、几台或一台设备中采用 PLC 控制变得越来越普遍，互相之间的数据和信息交流非常频繁，这必须依靠完善的工厂自动化网络，为了解决工厂网络自动化的问题，各家 PLC 厂商提出相应的解决方案：A–B 公司（罗克韦尔公司）、MODICON 公司（施耐德公司）和 SIEMENS 公司纷纷提出自己的 PP （生产金字塔）结构，如图 8–1 所示。

图 8–1　各公司提出的 PP 结构

美国国家标准学会（ANBI）曾为工厂计算机控制系统提出了 NBS 模型，如图 8–2 所示。国际标准化组织（ISO）也对企业自动化系统提出了如图 8–3 所示的模型。

PLC 网络结构根据企业自动化控制模型进行开发，最终形成了如图 8–4 所示的典型三级复合型拓扑结构：最高层为信息管理网络，选用 Ethernet（以太网）或 MAPnet；中间层为高速数据通道，它负责过程监控，一般配置令牌总线通信协议；底层为远程 I/O 链路，负责现场控制功能，配置周期 I/O 通信机制。

| Corporate（公司级） |
| Plant（工厂级） |
| Area（区间级） |
| Cell/Supervisory（单元/监控级） |
| Equipment（设备级） |
| Device（装置级） |

图 8-2　NBS 控制系统模型

图 8-3　ISO 提出的模型

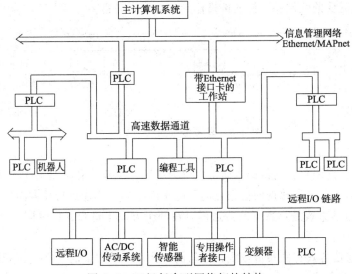

图 8-4　三级复合型网络拓扑结构

2　网络通信的数据传送方法

（1）数据传送方式

数据传送方式主要分：并行通信和串行通信。

并行通信是所传送数据的各个位同时进行发送或接收的通信方式。并行通信适用于近距离通信。

串行通信是将数据一位一位顺序发送或接收，因而只要一根或两根传送线。PLC 通信广泛采用串行通信技术。它的特点是通信线路简单、成本低。

串行通信中很重要的问题是使发送端和接收端保持同步，按同步方式可分为同步传送和异步传送。

异步传送以字符为单位发送数据，每个字符都用开始位和停止位作为字符的开始标志和结束标志，构成一帧数据信息。因此异步传送又称起止传送，它是利用起止法达到收发同步的。异步传送的帧字符构成如图 8-5 所示。每个字符的起始位为 0，然后是数据位（有效数据位可以是 5～7 位），随后是奇偶检验位（可根据需要选择），最后是停止位（可以是 1 位或多位），该图中停止位为 1。在停止位后可以加空闲位，空闲位为 1，位数不限制，空闲位的作用是等待下一个字符的传送。有了空闲位，发送和接收可以连续或间断进行而不受时间限制。异步串行传送的优点是硬件结构简单，缺点是传送效率低，因为每个字符都要加上起始位和停止位。因此异步串行通信主要用于中低速的数据传送。在进行异步串行数据传送时，

项目 8　PLC 网络通信技术及应用

要保证发送设备和接收设备有相同的数据传送格式和传输速率。

数据传送经常用到传输速率这个指标，它表示单位时间内传输的信息量，例如每秒传送 120 个字符，每个字符为 10 位，则传输速率为（120 字符/s）×（10 bit/字符）=1200 bit/s。但传输速率与有效数据的传输速率有时并不一致，如果上例中每个字符的真正有效位为 5 位，则有效数据的传输速率为：（120 字符/s）×（5 bit/字符）=600 bit/s。

同步传送是以数据块（一组数据）为单位进行数据传送的，在数据开始处用同步字符来指示，同步字符后则是连续传送的数据。由于不需要起始位和停止位，克服了异步传送效率低的缺点，但是需要的软件和硬件的价格比异步传送要高得多。

图 8-5　异步传送的帧字符构成

（2）数据传送方向

串行通信时，按照数据的传送方向可以分为单工、全双工和半双工 3 种通信方式。

① 单工通信方式是指数据的传送方向只能是固定的，不能进行反方向的传送。

② 半双工通信方式是指数据的传送可以在两个方向上进行，但是同一个时刻只能是一个方向的数据传送。

③ 全双工通信方式有两条传输线，通信的两台设备可以同时进行发送和接收数据。

（3）数据传送介质

在 PLC 通信网络中，传输媒介的选择是很重要的一环。传输媒介决定了网络的传输速率、网络段的最大长度及传输的可靠性。目前常用的传输媒介主要有双绞线、同轴电缆和光缆等，如图 8-6 所示。

（a）双绞线　　　　　　　（b）同轴电缆　　　　　　　（c）光缆

图 8-6　双绞线、同轴电缆、光缆实物图

① 双绞线。双绞线是将两根绝缘导线扭绞在一起，一对线可以作为一条通信线路。这样可以减少电磁干扰，如果再加上屏蔽套，则抗干扰效果更好。双绞线的成本低、安装简单，RS-485 多用双绞线实现通信连接。

② 同轴电缆。同轴电缆由中心导体、电介质绝缘层、外屏蔽导体及外绝缘层组成。同轴电缆的传输速率高，传送距离远，成本比双绞线高。

③ 光缆。光缆是一种传导光波的光纤介质。由纤芯、包层和护套 3 部分组成。纤芯是

最内层部分，由一根或多根非常细的由玻璃或塑料制成的绞合线或纤维组成，每一根纤维都由各自的包层包着，包层是玻璃或塑料涂层，具有与光纤不同的光学特性，最外层则是起保护作用的护套。光缆传送经编码后的光信号，其尺寸小、质量小、传输速率及传送距离比同轴电缆好，但是成本高，安装需要专门设备。表 8-1 所示为双绞线、同轴电缆和光缆的性能表。

表 8-1　双绞线、同轴电缆和光缆的性能表

性　能	双　绞　线	同　轴　电　缆	光　缆
传输速率	1~4 Mbit/s	1~450 Mbit/s	10~500 Mbit/s
连接方法	点对点，多点； 1.5 km 不用中继器	点对点，多点； 1.5 km 不用中继器（基带）； 10 km 不用中继器（宽带）	点对点； 50km 不用中继器
传送信号	数字信号、调制信号、模拟信号（基带）	数字信号、调制信号（基带）、数字、声音、图像（宽带）	调制信号（基带）、数字、声音、图像（宽带）
支持网络	星状、环状	总线状、环状	总线状、环状
抗干扰	好	很好	很好

3　串行通信接口标准

在工业控制网络中，PLC 常采用 RS-232、RS-485 和 RS-422 标准的串行通信接口进行数据通信。

（1）RS-232

RS-232 串行通信接口标准是 1969 年由美国电子工业协会 EIA(Electronic Industries Association)公布的串行通信接口标准，RS (Recommend Standard)是推荐标准，232 是标志号。它既是一种协议标准，也是一种电气标准，它规定了终端和通信设备之间信息交换的方式和功能。PLC 与上位机的通信就是通过 RS-232 串行通信接口完成的。

RS-232 接口采用按位串行的方式单端发送、单端接收，传送距离近（最大传送距离为 15 m），数据传输速率低（最高传输速率为 20 kbit/s），抗干扰能力差。

（2）RS-422

RS-422 串行通信接口采用两对平衡差分信号线，以全双工方式传送数据。通信速率叮达到 10 Mbit/s，最大传送距离为 1 200 m。抗干扰能力较强，适合远距离传送数据。

（3）RS-485

RS-485 串行通信接口是 RS-422 串行通信接口的变型。与 RS-422 串行通信接口相比，只有一对平衡差分信号线，以半双工方式传送数据，能够在远距离高速通信中，以最少的信号线完成通信任务，因此在 PLC 的控制网络中广泛应用。

4　工业控制网络的结构

（1）工业控制网络常用的结构形式

①总线状网络如图 8-7（a）所示，总线状网络利用总线连接所有的站点，所有的站点对总线有同等的访问权。总线状网络结构简单、易于扩充、可靠性高、灵括性好、响应速度快，工业控制网以总线状居多。

② 环状网络如图 8-7（b）所示，环状网络的结构特点是各个结点通过环路接口首尾相接，

形成环状，各个结点均可以请求发送信息。环状网络结构简单、安装费用低、系统的可靠性高。

③ 星状网络如图 8-7（c）所示，星状网络以中央结点为中心，网络中任何两个结点不能直接进行通信，数据传送必须经过中央结点的控制。上位机（主机）通过点对点的方式与多个现场处理机（从机）进行通信。星状网络建网容易，便于程序的集中开发和资源共享。但是上位机的负荷重、线路利用率较低、系统费用高。如果上位机发生故障，整个通信系统将瘫痪。

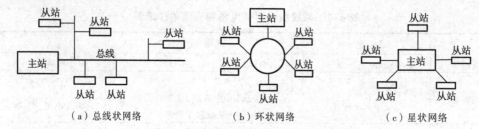

（a）总线状网络　　　　　　（b）环状网络　　　　　　（c）星状网络

图 8-7　工业控制网络常用的 3 种结构形式

（2）主站与从站

连接在网络中的通信站点根据功能可分为主站与从站。主站可以对网络中的其他设备发出初始化请求；从站只能响应主站的初始化请求，不能对网络中的其他设备发出初始化请求。网络中可以采用单主站（只有一个主站）连接方式或多主站（有多个主站）连接方式。

5　通信协议

在进行网络通信时，通信双方必须遵守约定的规程，这些为进行可靠的信息交换而建立的规程称为协议（Protocol）。在 PLC 网络中配置的通信协议可分为两类：通用协议和公司专用协议。

（1）通用协议

国际标准化组织于 1978 年提出了开放系统互连参考模型 OSI（Open System Interconnection），它所用的通用协议一般分为 7 层，OSI 模型的底层为物理层，实际通信就是在物理层通过互相连接的媒体进行通信的。RS-232、RS-485 和 RS-422 等均为物理层协议。物理层以上的各层都以物理层为基础，在对等层实现直接开放系统互连。常用的通用协议有两种：MAP 协议和 Ethernet 协议。

（2）公司专用协议

公司专用协议一般用于物理层、数据链路层和应用层。使用公司专用协议传送的数据是过程数据和控制命令，其信息短、实时性强、传输速率快。FX2N 系列 PLC 与计算机的通信就采用公司专用协议。常见公司专用协议介绍如下：

① MODBUS 协议。MODBUS 是由 Modicon（莫迪康）公司，在 1979 年发明的，是全球第一个真正用于工业现场的总线协议。在我国，MODBUS 已经成为国家标准 GB/T 19582—2008《基于 Modbus 协议的工业自动网络规范》。MODBUS 通信的底层为 RS-485 信号，采用双绞线进行连接即可，在工业控制中被广泛使用，现在众多厂家的变频器、PLC 通信都采用该协议。

根据传送数据有 HEX 码和 ASCII 码两种，分别称为 MODBUS-RTU 和 MODBUS-ASC 协议，前者为数据直接传送，而后者需将数据变换为 ASCII 码后传送。

MODBUS 为单主多从通信方式，采用的是主问从答方式，每次通信都是由主站首先发起，从站被动应答。因此，如变频器之类的被控设备，一般内置的是从站协议，而 PLC 之类的控制设备，具有主站协议、从站协议。

注意：在使用 MODBUS-RTU 协议时，注意地址偏移。具体为：

MODBUS-RTU：地址偏移一个；

MODBUS-RTU（0x/1x Range Adjustable）：设置地址为 0x、1x 范围；

MODBUS-RTU（Adjustable）：参数 1 里面设置地址偏移量；

MODBUS-RTU（Zero-based addressing）：地址不需要偏移；

MODBUS-RTU Server：MODBUS 的从站。

② CAN 总线协议。CAN（Controller Area Network）是控制器局域网络的简称，是由德国的 BOSCH 公司为汽车的监测与控制而研发的，由于 CAN 总线的特点，得到了 Motorola、Intel、Philip、SIEMENS、NEC 等公司的支持。并最终成为国际标准（ISO 11898）。它是国际上应用最广泛的现场总线之一，现在，CAN 的高性能和可靠性已被认同，并被广泛地应用于工业自动化、船舶、医疗设备、工业设备等方面。目前应用的 CAN 器件大多符合 CAN2.0 规范。

CAN 总线标准包括物理层、数据链路层，其中数据链路层定义了不同的信息类型、总线访问的仲裁规则及故障检测与故障处理的方式。

CAN 总线的工作方式：当一个结点要向其他结点发送数据时，该结点的 CPU 将要发送的数据和自己的标识符传送给本结点的 CAN 芯片，并处于准备状态；当它收到总线分配时，转为发送报文状态。CAN 芯片将数据根据协议组织成一定的报文格式发出，这时，网上的其他结点处于接收状态。每个处于接收状态的结点对接收到的报文进行检测，判断这些报文是否是发给自己的，以确定是否接收它。

由于 CAN 总线是一种面向内容的编址方案，因此很容易建立高水准的控制系统并灵活地进行配置。可以很容易地在 CAN 总线中加进一些新结点而无需在硬件或软件上进行修改。

CAN 总线特点：可以点对点、一点对多点及全局广播几种传送方式，可以多主机方式工作，直接通信距离最远可达 6 km（通信速率 10 kbit/s 以下）。通信速率最高可达 1 MB/s（此时距离最长 30 m）。结点数实际可达 110 个。采用短帧结构，每一帧的有效字节数为 8 个。每帧信息都有 CRC 检验及其他检错措施。通信介质可采用双绞线、同轴电缆和光导纤维。结点在严重错误的情况下，具有自动关闭总线的功能，切断它与总线的联系，以使总线上的其他操作不受影响。

③ PROFIBUS 协议介绍。PROFIBUS 是过程现场总线的缩写，是联邦德国国家标准 DIN 19245 和欧洲标准 EN 50170 所规定的现场总线标准，于 1989 年正式成为现场总线的国际标准。PROFIBUS 是一种国际化、开放式、不依赖于设备生产商的现场总线标准。广泛适用于制造业自动化、流程工业自动化和楼宇、交通电力等其他领域自动化。

PROFIBUS 由 3 个兼容部分组成，即 PROFIBUS – DP（Decentralized Periphery）、PROFIBUS – PA（Process Automation）、PROFIBUS–FMS（Field bus Message Specification）。

PROFIBUS – DP：是一种高速低成本通信，用于设备级控制系统与分散式 I/O 的通信。使用 PROFIBUS – DP 可取代 DC 24 V 或 4 ~ 20 mA 信号传输。

PORFIBUS – PA：专为过程自动化设计，可使传感器和执行机构连在一根总线上，并有本质安全规范。

PROFIBUS – FMS：用于车间级监控网络，是一个令牌结构，实时多主网络。

PROFIBUS 是一种多主站系统，可以实现多个控制、配置或可视化系统在一条总线上相互操作。拥有访问权——权标（又称令牌）的主站无须外部请求就可以发送数据。而从站是一种被动设备，不享有总线访问权。从站只能对接收到的消息进行确认，或者在主站请求时进行发送。比特率支持 9.6 kbit/s～12Mbit/s。总线上最多可连接 126 个设备。PROFIBUS 也支持广播和多点通信。

在协议层，PROFIBUS-DP（分布式外围设备）以及它的不同版本 DPV0～DPV2，为不同设备之间进行最佳的通信提供了广泛的选择。从历史上讲，FMS 是第一个 PROFIBUS 通信协议，DP 是被设计用于现场级快速数据交换。分布式设备之间的数据交换以循环为主。这就是 DP 的基本功能（版本 DPV0）。随着不同领域应用的特殊需要，基本的 DP 功能已得到逐步的扩展。目前已有 3 个版本：DPV0、DPV1 和 DPV2，每一个版本都有其特有的功能。

版本 DPV0 提供基本的 DP 功能，包括周期数据交换，以及站诊断、模块诊断和特定通道的诊断；以及 4 种中断类型，分别用于诊断和过程中断，以及站点的插和拔。

版本 DPV1 包括面向过程自动化的增强功能，特别是非周期数据通信用于智能设备的参数分配、操作、可视化和中断控制，允许使用工程工具进行在线访问；另外，DPV1 还有附加的 3 种中断类型：状态中断、更新中断和制造商特定中断。

版本 DPV2 包括更高级的功能，主要面向驱动器技术的需求。由于附加的功能，例如等时同步从站模式和从站横向通信（DXB）等，DPV2 可以实现驱动器总线用于驱动轴的快速运动控制。

④ CC-Link 协议介绍。CC-Link 是 Control and Communication Link（控制与通信链路系统）的缩写，CC-Link 是日本 JEMA 标准，在 1996 年 11 月，由三菱电机为主导的多家公司推出，在亚洲占有较大份额，目前在欧洲和北美发展迅速。在其系统中，可以将控制和信息数据同时以 10 Mbit/s 的高速传送至现场网络，具有性能卓越、使用简单、应用广泛、节省成本等优点。其不仅解决了工业现场配线复杂的问题，同时具有优异的抗噪性能和兼容性。CC-Link 是一个以设备层为主的网络，同时也可覆盖较高层次的控制层和较低层次的传感层。CC-Link 是唯一起源于亚洲地区的总线系统，CC-Link 的技术特点尤其适合亚洲人的思维习惯。2005 年 7 月 CC-Link 被中国国家标准委员会批准为中国国家标准指导性技术文件。

CC-Link 的底层通信协议遵循 RS-485，CC-Link 提供循环传输和瞬时传输两种通信方式。一般情况下，CC-Link 主要采用广播－轮询（循环传输）的方式进行通信。具体的方式是，主站将刷新数据（RY/RWw）发送到所有从站，与此同时轮询从站 1；从站 1 对主站的轮询作出响应（RX/RWr），同时将该响应告知其他从站；然后主站轮询从站 2（此时并不发送刷新数据），从站 2 给出响应，并将该响应告知其他从站；依次类推，循环往复。广播－轮询方式的数据传输速率非常高。

一般情况下，CC-Link 整个一层网络可由 1 个主站和 64 个子站组成，它采用总线方式通过屏蔽双绞线进行连接。网络中的主站由三菱电动机 FX 系列以上的 PLC 或计算机担当，子站可以是远程 I/O 模块、特殊功能模块、带有 CPU 的 PLC 本地站、人机界面、变频器、伺服系统、机器人、各种测量仪表、阀门、数控系统等现场仪表设备。如果需要增强系统的可靠性，可以采用主站和备用主站冗余备份的网络系统构成方式。采用第三方厂商生产的网关还可以实现从 CC-Link 到 ASI、S-Link、Unit-wire 等网络的连接。

练习与提高

1. PLC 通信时主要采用哪些通信协议？

2. 通信参数设置：比特率 9 600 bit/s，7 位数据位，偶检验，1 位停止位，这些表示什么意思？

3. 常见的网络通信协议分别针对哪些公司,哪些型号的PLC? 各有何优缺点?

4. RS-422、RS-485、RS-232 这些串行通信接口如何区别? 主要的连线方式是什么样的? 分别可以采用哪些协议?

5. 三菱 PLC 与计算机、PLC 与 PLC 之间通信,可采用什么样的通信形式? 分别采用什么样的通信接口?

任务2　PLC通用网络通信编程

任务目标

1. 学会 PLC 网络通信模块的选用;
2. 掌握 PLC 之间并行通信编程;
3. 掌握多台 PLC 的 N:N 网络通信编程。

1 常用 PLC 通信器件介绍

除了各厂商的专业工控网络,PLC 组网主要是通过 RS-232、RS-422、RS-485 等通用通信接口进行。若通信的 2 台设备都具有同样类型的接口,可直接通过适配的电缆连接并实现通信。如果通信设备间的接口不同,则需要采用一定的硬件设备进行接口类型的转换。PLC 基本单元本身带有编程通信用的 RS-422 通信接口。为了方便通信,厂商生产了为基本单元增加接口类型或转换接口类型用的各种器件。以外观及安装方式分类,生产的这类设备有两种基本形式:一种是功能扩展板,这是一种没有外壳的电路板,可打开基本单元的外壳后装入机箱内;另一种是有独立机箱的,属于扩展模块一类。常用的 PLC 通信扩展器件参数见表 8-2。

表 8-2　常用的 PLC 通信扩展器件参数

类 型	型 号	主 要 用 途	对应通信功能					连接台数
			简易 PLC 间连接	并行连接	与计算机连接	无协议通信	外围设备通信	
功能扩展板	FX2N-232-BD	与计算机及其他配备 RS-232 接口的设备连接	×	×	○	○	○	1 台
	FX2N-485-BD	PLC 间的 N:N 连接,1:1 的并联连接,以计算机为主机的专用协议通信	○	○	○	○	×	1 台
	FX2N-422-BD	扩展用于与外围设备连接	×	×	×	×	○	1 台
功能扩展板	FX2N-CNV-BD	与适配器配合实现端口转换	—	—	—	—	—	—
特殊适配器	FX2N-232ADP	与计算机及其他配备 RS-232 接口的设备连接	×	×	○	○	○	1 台
	FX2N-485ADP	PLC 间的 N:N 连接,1:1 的并联连接,以计算机为主机的专用协议通信	○	○	○	○	×	1 台

类型	型号	主要用途	对应通信功能					连接台数
			简易PLC间连接	并行连接	与计算机连接	无协议通信	外围设备通信	
通信模块	FX2N-232-IF	作为特殊功能模块扩展的RS-232通信口	×	×	×	○	×	最多8台
	FX-485PC-IF	将RS-485信号转换成计算机所需的RS-232信号	×	×	○	×	×	—

注：×为不可；○为可以。

图8-8所示为各类通信扩展模块。

(a) FX1N-232-BD

(b) FX1N-422-BD

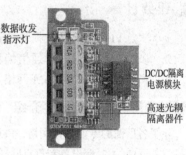

数据收发指示灯

DC/DC隔离电源模块

高速光耦隔离器件

(c) FX2N-485-BD

(d) FX0N-232ADP

(e) FX2N-232-IF

图8-8　各类通信扩展模块

2 PLC的常用通信形式

（1）并行通信

PLC可以通过以下2种连接方式实现2台同系列PLC间的并行通信：

① 通过FX2N-485-BD内置通信板和专用的通信电缆通信。

② 通过FX2N-CNV-BD内置通信板、FX0N-485ADP特殊适配器和专用通信电缆通信。

（2）计算机与多台PLC之间的通信

① 通信系统的连接方式可采用以下接口：

采用RS-485接口的通信系统，1台计算机最多可连接16台PLC，与多台PLC之间的通信连接可采用以下方法：

PLC之间采用FX2N-485-BD内置通信板进行连接（最大有效距离为50 m）或采用

FX2N-CNV-BD 和 FX0N-485ADP 特殊功能模块进行连接（最大有效距离为 500 m）。

计算机与 PLC 之间采用 FX-485PC-IF 和专用的通信电缆，实现计算机与多台 PLC 的连接。

如图 8-9 所示，是采用 FX2N-485-BD 内置通信板和 FX485PC-IF，将 1 台计算机与 3 台 PLC 连接通信示意图。

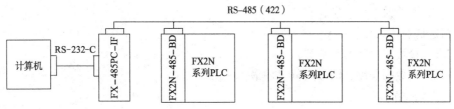

图 8-9　计算机与 3 台 PLC 通信连接通信示意图

② 通信的配置除了线路连接，计算机与多台 PLC 通信时，要设置站号、通信格式（有通信格式 1 及通信格式 4 供选），通信要经过连接的建立（握手）、数据的传送和连接的释放这 3 个过程。这其中 PLC 的通信参数是通过通信接口寄存器及通信参数寄存器（特殊辅助继电器）设置见表 8-3、表 8-4。通信程序可使用通用计算机语言的一些控件编写，或者在计算机中运行工业控制组态程序（如组态王、MCGS 等）实现通信。

表 8-3　通信接口寄存器

元 件 号	功 能 说 明
M8126	标志置 ON 时，表示全体
M8127	标志置 ON 时，表示握手
M8128	标志置 ON 时，表示通信出错
M8129	标志置 ON 时，表示字/字节转换
M8129	暂停值标志

表 8-4　通信参数寄存器

元 件 号	功 能 说 明
D8120	通信格式
D8121	设置的站号
D8127	数据头部内容
D8128	数据长度
D8129	数据网通信暂停值

（3）无协议通信

FX2N 系列 PLC 与计算机（读码机、打印机）之间，可通过 RS 指令实现串行通信。该指令用于串行数据的发送和接收，其指令要素见表 8-5，格式如图 8-10 所示。

图 8-10　RS 指令的使用说明

表 8-5　串行通信指令要素

指令名称	助记符	指令代码	操作值				程序步
			[S·]	m	[D·]	n	
串行通信指令	RS	FNC80	D	K、H、D	D	K、H	RS：9 步

图 8-10 中部分参数含义如下：

[S·]指定传送缓冲区的首地址；

m 指定传送信息长度；

[D·]指定接收缓冲区的首地址；

n 指定接收数据长度，即接收信息的最大长度。

（4）N:N 网络

N:N 网络又称简易 PLC 之间连接。最多可以有 8 台 PLC 连接构成 N:N 网络，实现 PLC 之间的数据通信。在采用 RS-485 接口的 N:N 网络中，FX2N 系列 PLC 可以通过以下 2 种方法连接到网络中：

① FX2N 系列 PLC 之间采用 FX2N-485-BD 内置通信板和专用的通信电缆进行连接（最大有效距离为 50 m）。

② FX2N 系列 PLC 之间采用 FX2N-CNV-BD 和 FX0N-485ADP 特殊功能模块和专用的通信电缆进行连接（最大有效距离为 500 m）。

3　PLC 之间的并行通信配置及应用

（1）通信系统的连接

图 8-11 是采用 FX2N-485-BD 通信模块，连接 2 台 PLC 进行并行通信的示意图。

（2）通信系统的参数设置

FX2N 系列 PLC 的并行通信，是通信双方规定的专用存储单元机外读取的通信。

相关的功能元件和数据并行通信中有关特殊数据元件的功能见表 8-6。

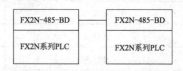

图 8-11　连接 2 台 PLC 进行并行通信的示意图

表 8-6　特殊数据元件的功能

元件号	说明
M8070	M8070 为 ON 时，表示该 PLC 为主站
M8071	M8071 为 ON 时，表示该 PLC 为从站
M8072	M8072 为 ON 时，表示 PLC 工作在并行通信方式
M8073	M8073 为 ON 时，表示 PLC 在标准并行通信工作方式，发生 M8070、M8071 的设置错误
M8162	M8162 为 ON 时，表示 PLC 在高速并行通信工作方式，仅用于 2 个字的读、写操作
D8070	并行通信的警戒时钟 WDT（默认值为 500 ms）

通过表 8-6 可以看到，PLC 的并行通信有 2 种方式：标准并行通信和高速并行通信。当采用标准并行通信时，特殊辅助继电器 M8162 为 OFF，使用的相关通信元件见表 8-7。标准并行通信模式的连接如图 8-12 所示。

表 8-7　标准并行通信模式的相关通信元件

| 通信元件类型 | | 说　明 |
位元件（M）	字元件（D）	
M800~M899	D490~D499	主站数据传送到从站所用的数据通信元件
M900~M999	D500~D509	从站数据传送到主站所用的数据通信元件
通信时间		70 ms+主站扫描周期+从站扫描周期

（3）可编程控制器的并行通信编程

如图 8-13 所示，将 FX2N-48MT 设为主站（主站 M8070 为 ON），FX2N-32MR 设为从站（从站 M8071 为 ON），控制要求如下：

① 将主站的输入端口 X000～X007 的状态传送到从站，通过从站的 Y000～Y007 输出。

② 当主站的计算值（D0+D2）≤100 时，从站的 Y010 输出为 ON。

③ 将从站的辅助继电器 M0～M7 的状态传送到主站，通过主站的 Y000～Y007 输出。

④ 将从站数据寄存器 D10 的值传送到主站，作为主站计数器 T0 的设定值。

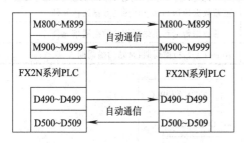

图 8-12　标准并行通信模式的连接

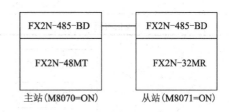

图 8-13　并行通信连接示意图

2 台 PLC 的并行通信，通过分别设置在主站和从站中的程序实现。其中，主站控制系统的程序如图 8-14 所示；从站控制系统的程序如图 8-15 所示。

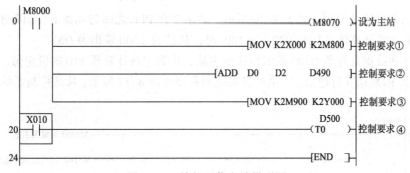

图 8-14　并行通信主站梯形图

（4）高速并行通信的编程实现

① 高速并行通信配置。特殊辅助继电器 M8162 为 ON，使用的相关通信元件只有 4 个，见表 8-8。高速并行通信模式的连接如图 8-16 所示。

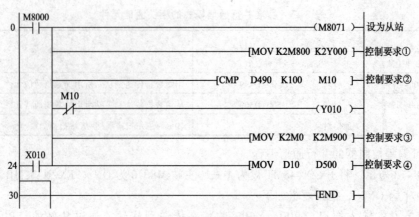

图 8-15　并行通信从站梯形图

表 8-8　高速并行通信模式下的通信元件

通信元件类型		说　明
位元件（M）	字元件（D）	
无	D490~D491	主站数据传送到从站所用的数据通信元件
无	D500~D501	从站数据传送到主站所用的数据通信元件
通信时间		20 ms+主站扫描周期+从站扫描周期

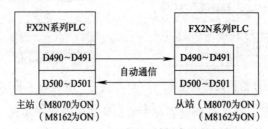

图 8-16　高速并行通信模式的连接

② 高速并行通信编程。如图 8-16 所示，要求 2 台 PLC 之间完成如下控制要求：

a. 当主站的计算值（D10+D12）≤ 100 时，从站的 Y000 输出为 ON；

b. 将从站数据寄存器 D100 的值传送到主站，作为主站计数器 T10 的设定值。

2 台 PLC 的高速并行通信，主站控制系统的程序如图 8-17 所示，从站控制系统的程序如图 8-18 所示。

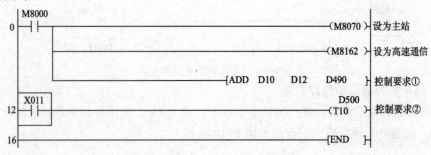

图 8-17　高速并行通信主站梯形图

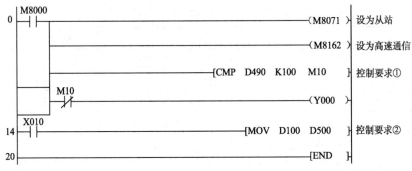

图 8-18　高速并行通信从站梯形图

4 ▶ *N*∶*N* 网络通信

（1）*N*∶*N* 网络的构成

4 台 PLC 连接的网络示意图如图 8-19 所示，4 台 FX2N 系列 PLC 采用 FX2N-485-BD 内置通信板和专用通信电缆连接，构成的 *N*∶*N* 网络。

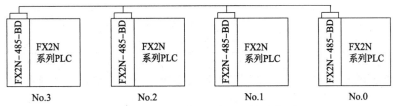

图 8-19　4 台 PLC 连接的网络示意图

表 8-9 所示为采用 *N*∶*N* 网络系统的主要技术规格。

表 8-9　*N*∶*N* 网络系统的主要技术规格

通信标准	传送距离	连接数量	通信方式	字长 停止位	传输速率	数据头 数据尾	奇偶位 求和检验
RS-485	最大 500 m	最大 8 台	半双工	固定值	38.4 kbit/s	固定值	固定值

（2）*N*∶*N* 网络系统的说明

在 *N*∶*N* 网络系统中，通信数据元件对网络的正常工作起到了非常重要的作用，只有对这些数据元件进行准确设置，才能保证网络的可靠运行。

特殊辅助继电器 *N*∶*N* 网络系统中，通信用特殊辅助继电器的编号和功能见表 8-10。

表 8-10　*N*∶*N* 网络的特殊辅助继电器的编号和功能

继电器号	功　能	说　　明	响应类型	读/写方式
M8038	网络参数设置	为 ON 时，进行 *N*∶*N* 网络的参数设置	主站、从站	读
M8183	主站通信错误	为 ON 时，主站通信发生错误	从站	读
M8184 ~ M8190	从站通信错误	为 ON 时，从站通信发生错误	主站、从站	读
M8191	数据通信	为 ON 时，表示正在同其他站通信	主站、从站	读

注：① 通信错误不包括各站的 CPU 发生错误、各站工作在编程或停止状态的指示。

　　② 特殊辅助继电器 M8184 ~ M8190 对应的 PLC 从站号为 No.1 ~ No.7。

特殊数据寄存器 *N*∶*N* 网络系统中，通信用特殊数据寄存器的编号和功能见表 8-11。

表 8-11　N∶N 网络的特殊数据寄存器的编号和功能

寄存器号	功　能	说　明	响应类型	读/写方式
D8173	站号	保存 PLC 自身的站号	主站、从站	读
D8174	从站数量	保存网络中从站的数量	主站、从站	读
D8175	更新范围	保存要更新的数据范围	主站、从站	读
D8176	站号设置	对网络中 PLC 站号的设置	主站、从站	写
D8177	设置从站数量	对网络中从站的数量进行设置	从站	写
D8178	更新范围设置	对网络中数据的更新范围进行设置	从站	写
D8179	重试次数设置	设置网络中通信的重试次数	从站	读/写
D8180	公共暂停值的设置	设置网络中的通信公共等待时间	从站	读/写
D8201	当前网络扫描时间	保存当前的网络扫描时间	主站、从站	读
D8202	最大网络扫描时间	保存网络允许的最大扫描时间	主站、从站	读
D8203	主站发生错误的次数	保存主站发生错误的次数	主站	读
D8211	从站发生错误的次数	保存从站发生错误的次数	主站	读
D8204~D8210	主站通信错误代码	保存主站通信错误的代码	主站、从站	读
D8212~D8218	从站通信错误代码	保存从站通信错误的代码	主站、从站	读

注：① 通信错误的次数不包括主站的 CPU 发生错误、本站工作在编程或停止状态引起的网络通信错误。
　　② 特殊数据寄存器 D8204 ~ DD8210 对应的 PLC 从站号为 No.1 ~ No.7。特殊数据寄存器 D8212 ~ D8218 对应的 PLC 从站号为 No.1 ~ No.7。

（3）N∶N 网络的参数设置

当 PLC 的电源打开，程序处于运行状态时，所有的设置有效。

站号的设置将数值 0~7 写入相应 PLC 的数据寄存器 D8176 中，完成了站号设置。站号与对应的数值见表 8-12。

从站数的设置将数值 1~7 写入主站的数据寄存器 D8177 中，每一个数值对应从站的数量，默认值为 7（7 个从站），这样就完成了网络从站数的设置。该设置不需要从站的参与。

（4）设置数据更新范围

将数值 0~2 写入主站的数据寄存器 D8178 中，每一个数值对应一种更新范围的模式，默认值为模式 0，见表 8-13，这样就完成了网络数据更新范围的设置。该设置不需要从站的参与。

表 8-12　站号的设置

数　值	站　号
0	主站（站号 No.0）
1~7	从站（站号 No.1~No.7）

表 8-13　通信数据更新范围的模式

通信元件类型	模式 0	模式 1	模式 2
位元件（M）	0 点	32 点	64 点
字元件（D）	4 个	4 个	4 个

在 3 种工作方式下，N∶N 网络中各站对应的位元件号和字元件号分别见表 8-14~表 8-16。

表 8-14　模式 0 时使用的数据元件编号

站　号	No.0	No.1	No.2	No.3	No.4	No.5	No.6	No.7
位元件（M）	无	无	无	无	无	无	无	无
字元件（D）	D0~D3	D10~D13	D20~D23	D30~D33	D40~D43	D50~D53	D60~D63	D70~D73

表 8-15　模式 1 时使用的数据元件编号

站　　号	No.0	No.1	No.2	No.3	No.4	No.5	No.6	No.7
位元件（M）	M1000~ M1031	M1064~ M1095	M1128~ M1159	M1192~ M1223	M1256~ M1287	M1320~ M1351	M1384~ M1415	M1448~ M1479
字元件（D）	D0~D3	D10~D13	D20~D23	D30~D33	D40~D43	D50~D53	D60~D63	D70~D73

表 8-16　模式 2 时使用的数据元件编号

站　　号	No.0	No.1	No.2	No.3	No.4	No.5	No.6	No.7
位元件（M）	M1000~ M1063	M1064~ M1127	M1128~ M1191	M1192~ M1255	M1256~ M1319	M1320~ M1383	M1384~ M1447	M1448~ M1511
字元件（D）	D0~D7	D10~D17	D20~D27	D30~D37	D40~D47	D50~D57	D60~D67	D70~D77

（5）设置通信重试次数

将数值 0~10 写入主站的数据寄存器 D8179 中，每一个数值对应一种通信重试次数，默认值为 3，这样就完成了网络通信重试次数的设置。该设置不需要从站的参与。当主站向从站发出通信信号，如果在规定的重试次数内没有完成连接，则网络发出通信错误信号。

（6）设置公共暂停时间

将数值 5~255 写入主站的数据寄存器 D8180 中，每一个数值对应一种公共暂停时间，默认值为 5（每 1 单位为 10 ms），例如：数值 10 对应的公共暂停时间为 100 ms，这样就完成了网络通信公共暂停时间的设置。该等待时间的产生是由于主站和从站通信时引起的延迟等待。

（7）$N:N$ 网络编程

亚龙 YL-335B 自动生产线中，供料站、加工站、装配站、分拣站、输送站的每台 PLC 以 FX2N-485-BD 通信板连接，数据更新范围采用模式 1，以输送站作为主站，站号为 No.0，供料站、加工站、装配站、分拣站作为从站，站号分别为 No.1、No.2、No.3、No.4。如图 8-20 所示，功能要求如下：

① 0 号站的 X1~X4 分别对应 1 号站~4 号站的 Y0（注：即当网络工作正常时，按下 0 号站 X1，则 1 号站的 Y0 输出，依次类推）。

② 1 号站~4 号站的 D200 的值等于 50 时，对应 0 号站的 Y1，Y2，Y3，Y4 输出。

③ 从 1 号站读取 4 号站的 D41 的值，保存到 1 号站的 D220 中。

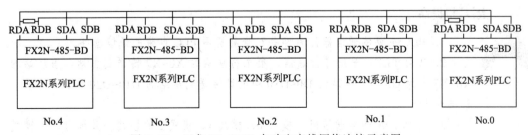

图 8-20　亚龙 YL-335B 自动生产线网络连接示意图

图 8-21 和图 8-22 分别给出输送站和供料站的参考程序。

程序中使用了站点通信错误标志位（特殊辅助继电器 M8183~M8187）。例如，当某从站发生通信故障时，主站程序中对应的特殊辅助继电器（M8183~M8187）断开，不允许主站从该从站的网络元件读取数据。使用站点通信错误标志位编程，对于确保通信数据的可靠性是有益的。其余各工作站的程序类同，请自行编写。

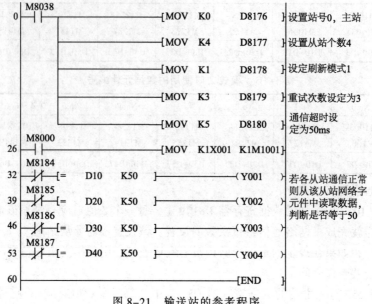

图 8-21　输送站的参考程序

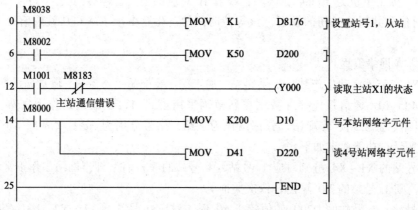

图 8-22　供料站的参考程序

练习与提高

1. PLC 主要的通信器件有哪些？查看所用 PLC 自带的通信器件。

2. 2 台 PLC，采用并行通信，要求将从站的 X0~X7 传送到主站，当从站的 X0~X7 全为 ON 时，主站的 D0~D10 中的数传送到从站的 D10~D20 中。通信采用标准模式。

3. 分析 N:N 网络通信时，模式 0、模式 1、模式 2 的区别，并练习使用模式 0、模式 1、模式 2 进行编程。

4. 尝试编写程序：主站的输入点的 X0 ~ X5 的输入信号传送到从站 1 号和 2 号的输出点的 Y0 ~ Y5，数据更新范围采用模式 2。

任务 3　PLC 之间 MODBUS 通信编程

任务目标

1. 熟悉 PLC 之间 MODBUS 通信，掌握 RS 指令编程；
2. 掌握 PLC 之间 MODBUS 主站、从站通信编程；
3. 掌握多台 PLC 之间 MODBUS 通信协议编程。

1 预备知识

汇川 H2U 系列 PLC 不仅全面兼容三菱 FX2N 系列网络通信协议，并且还支持 MODBUS 协议通信，同时还能通过 CAN 扩展卡实现 CAN 总线网络通信。而三菱的 FX2N 系列 PLC 不支持 MODBUS 通信，三菱 FX3U 系列 PLC 具备 MODBUS 协议通信功能。

汇川 H2U 系列 PLC 主模块包含 4 个独立串行通信口，分别命名为 COM0、COM1、COM2 和 COM3。COM0 为标准 RS-422 接口，接口端子为圆形 8 孔母头，具有通信下载、监控功能；COM1、COM2 为标准 RS-485 接口，接口为接线端子；COM3 不标配，需要通过扩展卡扩展。汇川系列 PLC 的系统软件内已封装了 MODBUS 协议，包括 MODBUS-RTU 主站和从站、 MODBUS-ASC 主站和从站。若应用于 COM1 通信口，只需要给系统寄存器 D8126 设置相应的数值即可。汇川协议与通信格式见表 8-17。

表 8-17　汇川协议与通信格式

协议名称	比 特 率	数 据 位	检 验 位	停 止 位
N:N 协议	默认为 38 400，D8120 的 Bit7 ~ Bit4 不为 0000b，COM1 比特率由 D8120 设定；同理：COM2 由 D8260 设定；COM3 由 D8270 设定	固定为 7	固定为偶检验 E	固定为 1 位
并联协议	默认为 19200，D8120 的 Bit7 ~ Bit4 不为 0000b，COM1 比特率由 D8120 设定；同理：COM2 由 D8260 设定；COM3 由 D8270 设定	固定为 7	固定为偶检验 E	固定为 1 位
HMI 监控协议	固定为 9600	固定为 7	固定为偶检验 E	固定为 1 位
计算机链接协议	串口 0 由 D8110、串口 1 由 D8120、串口 2 由 D8260、串口 3 由 D8270 的 Bit7 ~ Bit4 设定： 0011b: 300 bit/s 0100b: 600 bit/s 0101b: 1 200 bit/s 0110b: 2 400 bit/s 0111b: 4 800 bit/s 1000b: 9 600 bit/s 1001b: 19 200 bit/s 1010b: 38 400 bit/s 1011b: 57 600 bit/s 1100b: 115 200 bit/s	串口 0 由 D8110、串口 1 由 D8120、串口 2 由 D8260、串口 3 由 D8270 的 Bit0 设定： 0 ~ 7bit 1 ~ 8bit 注：MODBUS-RTU 从站协议及指令只支持 8 位数据位，否则将造成通信出错	串口 0 由 D8110、串口 1 由 D8120、串口 2 由 D8260、串口 3 由 D8270 的 Bit2 ~ Bit1 设定： 00b-无检验（N） 01b-奇检验（O） 11b-偶检验（E）	串口 0 由 D8110、串口 1 由 D8120、串口 2 由 D8260、串口 3 由 D8270 的 Bit3 设定： 0 ~ 1bit 1 ~ 2bit
MODBUS-RTU 从站				
MODBUS-ASC 从站				
RS 指令				
MODBUS-RTU 从站				
MODBUS-ASC 从站				

RS 指令实现的通信编程格式

（1）掌握 MODBUS 协议相关参数

在进行 RS 指令编程之前，首先要掌握 MODBUS 协议的相关参数，见表 8-18。

表 8-18　MODBUS 协议的相关参数

变　量	说　明	备　注
D8120	通信格式设定	例：81h：9 600 bit/s,BN1 91h：19 200 bit/s,BN1
D8121	设定本 PLC 的从站地址	程序运行中随时更新有效
D8126	从站协议设定	0.2h：MODBUS RTU 从站 0.3h：MODBUS ASC 从站
M8063	MODBUS 通信错误指示	只读：用户程序清除或关机到开机时消除
D8063	通信错误码	只读：用户程序清除或关机到开机时清除

参数 D8126 的定义见表 8-19。

表 8-19　参数 D8126 的定义

COM1 协议	D8126 设定	半双工/全双工模式	COM1 通信格式
RS 功能	00h	由 D8120 的 Bit10 设定	由 D8120 决定
HMI 监控协议	01h	半双工	固定
并联协议主站	50h	半双工	固定
并联协议从站	05h	半双工	固定
$N:N$ 协议主站	40h	半双工	固定
$N:N$ 协议从站	04h	半双工	固定
计算机链接协议	06h	半双工	由 D8120 决定
MODBUS-RTU 从站	02h	半双工	由 D8120 决定
MODBUS-ASC 从站	03h	半双工	由 D8120 决定
RS 功能	10h	由 D8120 的 Bit10 设定	由 D8120 决定
MODBUS-RTU 主站功能	20h	半双工	由 D8120 决定
MODBUS-ASC 主站功能	30h	半双工	由 D8120 决定

RS 指令半双工/全双工模式由 D8120 的 Bit10 设定，参数 D8120 通信格式定义见表 8-20。

表 8-20　参数 D8120 通信格式定义表

位　号	名　称	内　容	
		0（OFF）	1（ON）
b0	数据长	7 位	8 位
b2b1	奇偶性	00 无 01：奇检验（ODD） 11：偶检验（EVEN）	
b3	停止位	1 位	2 位
b7b6b5b4	比特率/（bit/s）	0011：300　　0100：600　　0101：1200　　0110：2400 0111：4800　　1000：9600　　1001：19200　　1010：38400 1011：57600　　1100：115200	
b8	起始符	无	有，D8124 为起始符

位　号	名　称	内　容	
		0（OFF）	1（ON）
b9	终止符	无	有，D8125 为起始符
b10	全半双工	全双工	半双工
b11	保留	不可使用	
b12	保留	不可使用	
b13	和检验	不附加	附加
b14	协议	不使用	使用
b15	控制顺序	方式 1	方式 4

PLC 程序中，将上述几个寄存器配置完毕，当相应通信口有 MODBUS 主站发送给本机地址的通信帧时，PLC 系统程序即会根据通信要求，自动组织 MODBUS 通信帧进行应答，无须用户程序的参与。

MODBUS 从站支持的操作如下：

H2U、H1U 作为 MODBUS 从站时，支持 MODBUS 的 0x01，0x03，0x05，0x06，0x0f，0xl0 等通信操作命令。通过这些命令，可读写 PLC 的线圈有 M，S，T，C，X（只读），Y 等变量。寄存器变量有 D，T，C。

MODBUS 从站协议的相关寄存器见表 8–21。

表 8–21　MODBUS 从站协议的相关寄存器

通信端口	设置字	功能定义	说　明
COM0 口	D8116	协议设定	02h:MODBUS RTU 从站 03h:MODBUS ASC 从站
	D8110	通信格式设定	—
	D8111	本 PLC 的 COM0 口从站地址	默认为 1，运行中更改有效
COM1 口	D8126	协议设定	02h:MODBUS RTU 从站 03h:MODBUS ASC 从站
	D8120	通信格式设定	—
	D8121	本 PLC 的 COM1 口从站地址	默认为 1，运行中更改有效

（2）RS 编程指令分析

如图 8–23 所示，将 D8126 设定为 H20，就将 COM1 口的通信协议配置为 RS 通信协议，若采用 MODBUS 通信协议进行通信，则通信过程中占用的寄存器定义与标准 RS 指令不同，请给予注意。

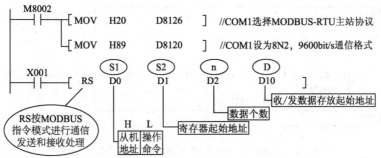

图 8–23　RS 指令通信协议格式

RS（MODBUS 模式）指令中的各操作数定义与标准的 RS 指令定义不同，分别如下：

S1 为从机地址（高字节）、通信命令（低字节，按 MODBUS 协议定义）。

S2 为访问从站的寄存器起始地址号。

n 为欲读或写的数据长度，单位为 word。

D 为读或写数据的存放单元起始地址，占用后续地址单元，长度由 n 决定。

RS（MODBUS 模式）指令中各操作数支持的变量类型见表 8-22。

表 8-22　RS 指令中各操作数支持的变量类型

操作数	字元件										
	K	H	KnX	KnY	KnM	KnS	T	C	D	V	Z
S1									√		
S2	√	√							√		
n									√		
D									√		

编程时，在每个 RS(MODBUS 模式)指令的前面，根据要进行的通信操作对象地址、操作类型、操作寄存器地址、数据个数、发送或接收的单元等各操作数单元赋值，赋值完毕，一旦开始执行，系统程序会自动计算 CRC 校验，组织通信帧，完成发送数据、接收应答操作。

若使用 MODBUS-ASC 协议通信（将 D8126 设定为 H30），其中收发数据的 HEX-ASC 格式变换由 PLC 系统程序自动完成，用户使用 RS（MODBUS 模式）指令的方法与使用 MODBUS-RTU 协议的方法完全相同。

在 H2U 程序中，若有多个 RS(MODBUS 模式)指令被驱动，系统程序在执行时，仍是将一个 RS 指令的"发送、等待回答、接收、校验解析存放"等环节进行完毕后，再对下一个 RS 指令做同样处理，直到所有 RS 指令执行完毕，重新开始，用户无须关心其执行的时序和过程，简化了 PLC 编程设计，这是 H2U 的 MODBUS 指令的优点所在。

RS（MODBUS 模式)指令每当完成一个发送数据、接收应答操作时，就会自动将 M8123 置位一次，利用该标志，就可以判别 RS 指令是否已执行完成。参考编程如图 8-24 所示。

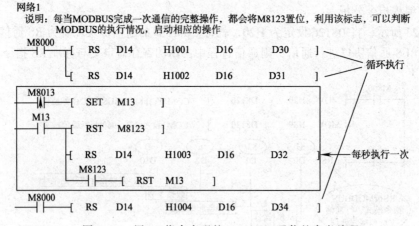

图 8-24　用 RS 指令实现的 MODBUS 通信的参考编程

3 ▶ MODBUS 指令的通信编程格式

如图 8-25 所示，将 D8126 设定为 H20，就将 COM1 口的通信协议配置为 MODBUS-RTU 主站协议，在 V24120 版本以上的 H2U 系列 PLC 中，还可直接使用 MODBUS 指令进行通信。

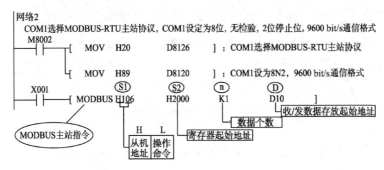

图 8-25　用 MODBUS 指令实现的通信

S1 为从机地址（高字节）、通信命令（低字节，按 MODBUS 协议定义）。

S2 为访问从站的寄存器起始地址号。

n 为欲读或写的数据长度，单位为 word。

D 为读或写数据的存放单元起始地址，占用后续地址单元，长度由 n 决定。

MODBUS 指令中各操作数支持的变量类型见表 8-23。

表 8-23　MODBUS 指令中各操作数支持的变量类型

操　作　数	字　元　件										
	K	H	KnX	KnY	KnM	KnS	T	C	D	V	Z
S1	√	√							√		
S2	√	√							√		
n	√	√							√		
D									√		

相比 RS（MODBUS 模式）指令和 MODBUS 指令，后者的 S1、S2、n 操作数都支持常数和 D 变量类型，方便用户编程。

因为一次完整的 RS（MODBUS）通信，都是以从机的应答完毕作为结束的，系统程序在该指令接收环节执行完成时，会将 M8123 置位，因此用户可用 M8123 作为该指令结束的判断依据。

用户程序中，循环执行的 RS（MODBUS）指令越少，通信数据的更新就越频繁，读数刷新速度就越快，提高了实时性，合理安排一些不重要参数的读取频度，可以改善通信效果。利用特殊变量 M8129，还可判断通信超时故障，可做相应的保护或报警处理。

4 ▶ 多台 PLC 之间采用 MODBUS 通信的编程

对于有 2 台或更多的 PLC 并机通信的系统，采用 MODBUS 协议的编程，具有简单灵活的特点。在多种设备组合的工控系统中，更显方便。

MODBUS 通信的系统是一主多从方式，通信所需的数据交换完全由主站发起，所有从站都是被动接收和响应，通信相关的编程主要在主站的程序中进行，从站的通信编程中，只需要配置好通信协议、通信格式、本机站号即可，对通信数据进行适当处理即可。

多台 PLC 的通信连接如图 8-26 所示，若要实现主 PLC 与 #2 从 PLC 之间的数据交换，交换的数据是，主（D50~D55，M10~M17）→从（D100~D105，Y10~Y17）；从（D110~D119，X0~X17）→主（D60 ~ D69，M100~M115）。

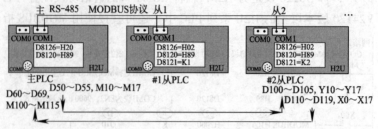

图 8-26　多台 PLC 的通信连接

（1）参数设置

将主 PLC 的 COM1 通信口配置为 MODBUS 主站协议，9 600 bit/s，8 位数据位，N 无检验，2 位停止位格式，数据的交换（读写）全部由主 PLC 完成。

因其中还有部分位变量 X、Y、M 需要数据交换，将这些变量整合成 D 变量，在一片连续的 D 变量区域，成批交换，主从双方各自进行位变量的组合与解析，这样的交换效率高，编程简单。

这里将主站内的 M10 ~ M17 变量组合成 D56，主站要发送的数据为 D100 ~ D106 共 7 个 D 变量；将从站内的 X0 ~ X17 变量组合成 D120，主站要读取的数据为 D110 ~ D120 共 11 个 D 变量。

（2）用 RS 指令的主站编程

图 8-27 所示为初始化 COM1 口程序，图 8-28 所示为对#2 从机写操作程序。图 8-29 所示为对#2 从机读操作程序。

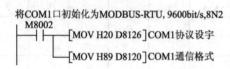

图 8-27　初始化 COM1 口程序

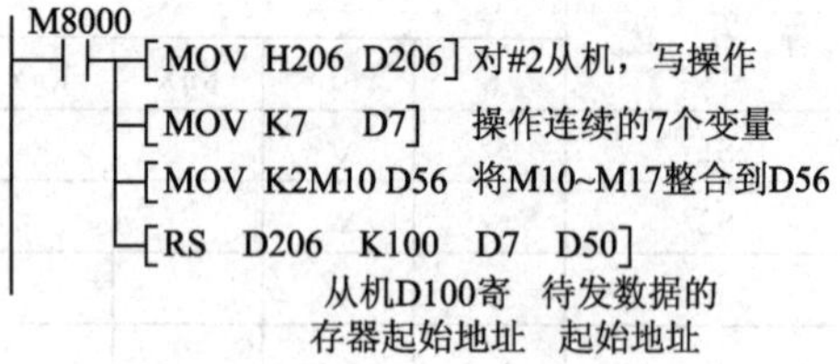

图 8-28　对#2 从机写操作程序

（3）用 MODBUS 指令的主站编程

用 MODBUS 指令的主站编程完成同样的数据交换功能，语句精练，可减少寄存器占用，如图 8-30 所示

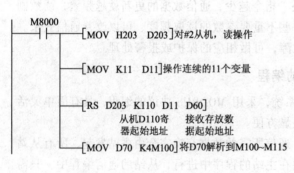

图 8-29　对#2 从机读操作程序

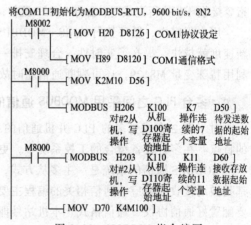

图 8-30　MODBUS 指令编写

（4）#2从站的编程

将COM1端口配置为MODBUS-RTU从站，通信格式与主站相同，即9 600 bit/s，8N2，将本机站号设置为2，及时刷新主站要读取的数据寄存器，主站由通信写过来的数据维护，#2从站程序如图8-31所示。

图8-31 #2从站程序

其他从站的编程方法，可参考上述从站的编程方法，注意设置的站号不要有重复的情况。

练习与提高

1. MODBUS协议分哪几类，通信格式是什么样的？

2. 采用MODBUS协议通信时，主站、从站如何设置？

3. 用MODBUS通信时，要用到哪几个指令？

4. 根据图8-26多台PLC进行通信连接的要求，尝试采用MODBUS协议，写入和读出从站的数据。

5. 汇川H2U系列PLC的COM1，COM2，COM3通信功能如何定义？

6. FX3U系列PLC的MODBUS协议通信如何编程？如何设置主站和从站？

任务4 PLC与变频器之间MODBUS网络通信

任务目标

1. 掌握汇川PLC与汇川MD320变频器网络连接方法；

2. 掌握PLC与变频器网络通信程序编写，达到控制变频器运行目的。

1 设置汇川PLC通信参数

设计COM1串口通信初始化程序（见图8-32），初始化COM1串口，设置PLC为MODBUS-RTU主站模式，设置传输速率为9 600 bit/s，8位数据位，无检验，2位停止位，即8N2，此后RS指令即为MODBUS指令模式。

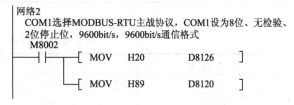

图8-32 COM1串口通信初始化程序

2 设置变频器通信参数

变频器通信示意图如图 8-33 所示。

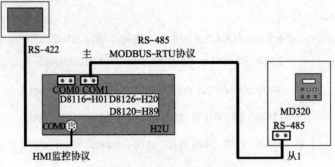

图 8-33　变频器通信示意图

每次通电运行时，H2U 自动将变频器的命令源（F0-02-2）设为串口，修改成功后不再发送修改命令。与 H2U、MD320 这 2 个部件的通电顺序无关。

变频器参数设置见表 8-24。

表 8-24　变频器参数设置

设 定 项 目	功能码设置	说　　明
将命令源选为"串口通信"	F0-02=2	命令源为"串口通信"
将频率源选为"通信口"	F0-03=9	频率源选为"串口通信"
将通信配置为上位机相同的设置，建议采用默认值	FD-00=5 FD-01=0 FD-02=1 FD-05=1	"9 600 bit/s"； 数据格式为"无检验"，（默认 8N2 固定）； 本机通信地址（默认为 1）； 选择"标准 MODBUS"协议
变频器的启停控制	"H2000"单元	分别写入参数： 1=正转运行； 2=反转运行； 3=正转点动； 4=反转电动机； 5=自由停机； 6=减速停机； 7=故障复位
运行频率随时修改	"H1000"单元	以通信式向 H1000 单元写入运行频率的%值 （-10 000 ~ 10 000）对应于最大频率的（-100.00% ~ 100.00%）
其他	FD-03/FD-04：通信应答延迟，通信超时设置酌情处理	

变频器参数地址见表 8-25。

表 8-25　变频器参数地址

参 数 地 址	参 数 描 述	读 写 属 性
H1000	通信设定值（-10 000 ~ 10 000）	R/W
H1001	运行频率	R
H1002	母线电压	

参 数 地 址	参 数 描 述	读 写 属 性
H1003	输出电压	
H1004	输出电流	
H1005	输出功率	
H1006	输出转矩	
H1007	运行速度	
H1008	D1 输入标志	
H1009	D0 输出标志	
H100A	AI1 电压	R
H100B	AI2 电压	
H100C	AI3 电压	
H100D	计数值输入	
H100E	长度值输入	
H100F	线速度	
H10010	PID 设置	
H10011	PID 反馈	
H10012	PIC 步骤	

3 ▷ PLC 程序分析与设计

（1）变频器通信参数设置

每次通电运行时，H2U 自动将变频器的频率选择（F003-9）设为串口，修改成功后不再发送修改命令。与 H2U、MD320 这 2 个部件的通电顺序无关。变频器通信参数设置如图 8-34 所示。

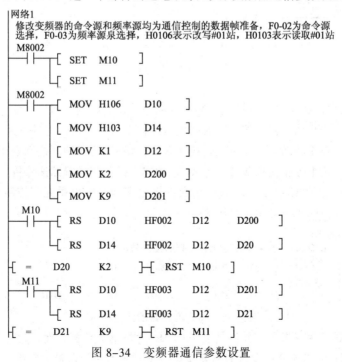

图 8-34　变频器通信参数设置

梯形图说明：

第 1、2 逻辑行，置位 M10、M11。

第 3 逻辑行，将 Hl06 送 D10，高字节设定变频器的站号(01)，设置为#1；低字节用于设置 RS 指令的命令字，06 为通信写寄存器命令字。

第 4 逻辑行，将 Hl03 送 D14，高字节设定变频器的站号(01)，设置为#1；低字节用于设置 RS 指令的命令字，03 为通信读寄存器命令字。

第 5 逻辑行，将 Kl 送 D12，设置读、写数据个数为 1。

第 6 逻辑行，将 K2 送 D200，设置 F0-02 的参数值为 2。

第 7 逻辑行，将 K9 送 D201，设置 F0-03 的参数值为 9。

第 8 逻辑行，利用 RS 指令向变频器 F0-02 参数单元写入常数 2，即设置 F0-02=2。

第 9 逻辑行，利用 RS 指令读出变频器 F0-02 参数单元的数据送 D20。

第 10 逻辑行，如果 D20=2，F0-02=2，复位 M10。

第 11 逻辑行，利用 RS 指令向变频器 F0-03 参数单元写入常数 9，即设置 F0-03=9

第 12 逻辑行，利用 RS 指令读出变频器 F0-03 参数单元的数据送 D21。

第 13 逻辑行，如果 D21=9，即 F0-03=9，复位 M11。

（2）控制变频器的运行（见图 8-35）

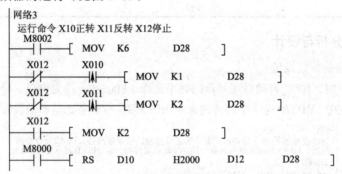

图 8-35　控制变频器的运行

梯形图说明：

第 1 逻辑行，将 K6 送 D28，设置变频器的初始状态为减速停机。

第 2 逻辑行，停止状态时，按下正转按钮 X10，将 Kl 送 D28，控制变频器正转运行。

第 3 逻辑行，停止状态时，按下反转按钮 X11，将 K2 送 D28，控制变频器反转运行。

第 4 逻辑行，按下停止按钮 X12，将 K6 送 D28，控制变频器减速停机。

第 5 逻辑行，通过 RS 指令，将 D28 内数据送变频器 H2000 单元，控制变频器的运行。

（3）写入变频器的运行频率（见图 8-36）

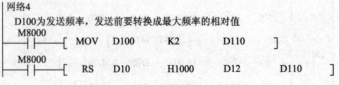

图 8-36　写入变频器的运行频率

下达给变频器的频率指令，并不是以 0.01 Hz 为量纲的数据，而是相对于"最大频率"的百分值，K10000 为满刻度，发送前需要换算一下，例如变频器最大频率为 50.00 Hz，希望以 40.00 Hz 运行，需要发送的数据为 40.00 × K10000/50.00=K8000。本例中将 K10000/K5000 直接以 K2 代替，实际编程中若最大频率不是 50.00 Hz，最好如实地用指令进行计算，指令采用循环发送。

（4）读取变频器运行时的数据(见图 8-37)

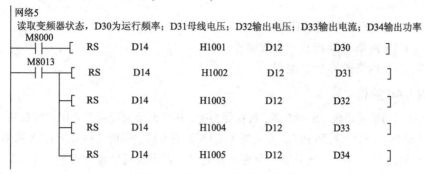

图 8-37　读取变频器运行数据

梯形图说明：

通过 RS 指令读取 H1001 运行频率数据送 D30。

通过 RS 指令读取 H1002 母线电压数据送 D31。

通过 RS 指令读取 H1003 输出电压数据送 D32。

通过 RS 指令读取 H1004 输出电流数据送 D33。

通过 RS 指令读取 H1005 输出功率数据送 D34。

（5）读取变频器运行状态和报警码（见图 8-38）

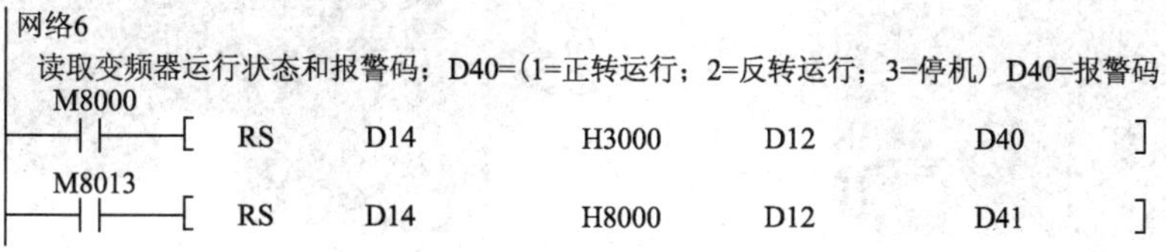

网络6
读取变频器运行状态和报警码；D40=(1=正转运行；2=反转运行；3=停机) D40=报警码

| M8000 | RS | D14 | H3000 | D12 | D40 |
| M8013 | RS | D14 | H8000 | D12 | D41 |

图 8-38　读取变频器运行状态和报警码

梯形图说明：

通过 RS 指令读取 H3000 运行状态数据送 D40。

通过 RS 指令读取 H8000 报警码数据送 D41。

（6）RS 指令执行状态判断

对于有的用户程序，需要知道其中任意的某个 RS 指令是否已经被执行了一次，以便进行一些特定的处理。利用特殊变量 M8123，就可知道某句 RS 指令已经被执行完成，参考图 8-24 进行编程处理。

练习与提高

1. 变频器与 PLC 通信的参数有哪些？列出需要设置的参数表。

2. 如果采用 MODBUS 编程指令，图 8-34 的程序如何编写？

3. 用 MODBUS 协议编写 PLC 程序，要求使变频器以 20 Hz 的第一段速运行 10 s，然后以 35 Hz 的第二段速运行 15 s，最后输出周期 2 s 的 Y0 闪烁信号。变频器加速时间为 3 s，减速时间为 5 s。

任务 5　可编程控制器 CAN 总线网络通信

任务目标

1. 掌握 CAN 通信扩展板的使用；
2. 掌握 CAN 网络通信 PLC 的参数设置；
3. 掌握 CAN 网络通信 PLC 编程。

1　了解 CAN 通信

CAN 网络因通信速率较 RS-485 高，抗扰能力强，接线简单而受到工业用户的欢迎。H2U 系列的 N、XP 型 PLC、H1U 系列 PLC，在安装了 CAN 扩展卡后，即能支持基于 CAN 网络的通信。

在 CAN 网络中，没有主从分别，允许多方通信，若出现通信碰撞现象，靠 CAN 底层通信的优先仲裁机制来令优先级高的站点优先发送。

CAN 扩展板 H1U-CAN-BD 的功能说明如图 8-39 所示，CAN 扩展板 H2U-CAN-BD 的功能说明如图 8-40 所示。下面列出图中对应标号的说明，两图中同一标号指示的为同一功能点。

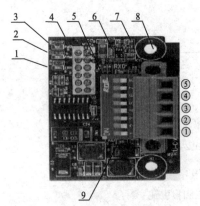
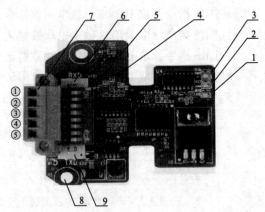

图 8-39　CAN 扩展板 H1U-CAN-BD 的功能说明　　图 8-40　CAN 扩展板 H2U-CAN-BD 的功能说明

图 8-39、图 8-40 各个数值标号的说明如下：

1 为错误指示灯（红色）。对应的丝印标志为 ERR，发生通信错误时点亮。

2 为通信指示灯（黄绿色）。对应的丝印标志为 COM，单位时间内通信数据量越大，指示灯闪烁越频繁，不通信时指示灯不亮。

3 为电源指示灯（黄绿色）。内部逻辑电源指示，主模块通电后该指示灯点亮。

4 为内部接口。通过该接口和主模块进行数据交互，内部的逻辑电源也由主模块通过该接口提供给通信卡。

5 为拨码开关。用于设定本机地址、通信波特率、数据线匹配电阻连接。

6 为接收数据指示灯（黄绿色）。对应的丝印标志为 RXD，当接收到数据时该指示灯闪亮。

7 为总线端口，又称用户端口，CAN-Link 的接口定义如图 8-41 所示，其功能描述见表 8-26。图 8-39、图 8-40

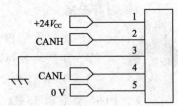

图 8-41　CAN-Link 的接口定义

中圆圈内的数字编号表示引脚号。

8 为固定 CAN 卡的螺钉孔。

9 为发送数据指示灯（黄绿色）。对应的丝印标志为 TXD，当接收发送数据时该指示灯闪亮。

总线端口引脚定义见表 8-26。

表 8-26　总线端口引脚定义

引 脚 号	信 号	描 述
1	+24V_{CC}	外接直流 24 ×（1±20%）V 供电电源。为提高抗扰性，通信板采用光电隔离，内部逻辑电路由 PLC 主模块供电，外部接口电路由该电源供电
2	CANH	CAN 总线正
3	PGND	屏蔽地线，接通信电缆屏蔽层
4	CANL	CAN 总线负
5	0V	外接直流 24 V 供电电源负端

组成 CAN 网络时，所有设备的以上 5 根线（包括屏蔽层）均要一一对应连在一起。并且 +24V_{CC} 和 0 V 间需要外接 24 V 直流电源。总线的两端均要加 120 Ω 的 CAN 总线匹配电阻器。

CAN 通信卡上有 1 个 8 位的拨码开关，用于设定模块的站号，选择波特率，是否端接匹配电阻器。如图 8-42 所示，拨码开关每位都有编号，"ON" 表示逻辑 "1"。

拨码开关各位的功能定义见表 8-27。

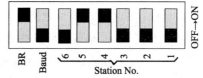

图 8-42　CAN-Link 拨码开关

表 8-27　拨码开关各位的功能定义

拨 码 号	信 号	描 述
1	地址线 A1	此 6 位拨码开关由高到底组合成一个 6 位二进制数字，用来标识本机站号（PLC 主模块还可以通过 D 元件设置站号）。ON 表示逻辑 "1"，OFF 表示逻辑 "0"。高位在高，低位在低。按以下方式组合：A6A5A4A3A2A1。比如 A1=ON，其他位为 OFF，即二进制地址为 000001，十进制地址为 K01，十六进制地址为 H01。若 A5、A4 都为 ON，其他为 OFF，即二进制地址为 011000，十进制地址为 K24，十六进制地址为 H18
2	地址线 A2	
3	地址线 A3	
4	地址线 A4	
5	地址线 A5	
6	地址线 A6	
7	比特率	OFF：高速模式，比特率 500 kbit/s，ON：低速模式，比特率 100 kbit/s
8	匹配电阻	若拨码开关为 ON，表示接入 120 Ω 的终端匹配电阻器，否则断开

2 CAN-Link 网络构建

汇川公司基于 CAN 通信网络和协议，定义了一个特定的 CAN 通信协议，让基于该特定协议的 CAN 通信设备可以直接互联，将该网络命名为 CAN-Link 网络，现在汇川公司的许多控制与传动设备，如 IT 系列人机界面、H2U/H1U 系列 PLC、MD 系列变频器、IS 系列伺服驱动器等，都支持 CAN-Link 通信。其典型网络结构如图 8-43 所示。

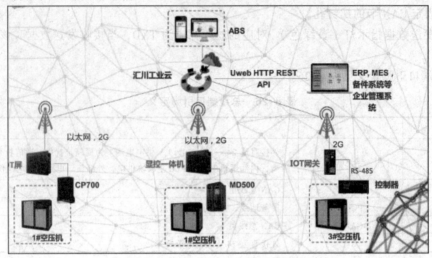

图 8-43　CAN-Link 典型网络结构

基于 CAN-Link 协议的通信，在 PLC 系统软件中，对发送、接收的各环节的具体操作，进行了软件功能封装，采用 FROM/TO 指令，就可以 CAN-Link 通信，访问这些 CAN-Link 外设，就如同访问扩展模块一样简单。

基于 CAN-Link 协议通信设备的连接如图 8-44 所示。

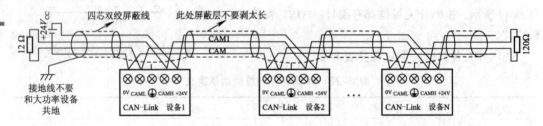

图 8-44　基于 CAN-Link 协议通信设备的连接

H2U 的 N、XP 型 PLC 主模块通电时，当检测到 H2U-CAN-BD 扩展卡，就会自动初始化 CAN 通信端口。同样 H1U 系列 PLC 主模块通电时，当检测到 H1U-CAN-BD 扩展卡，也会自动初始化 CAN 通信端口，为进行 CAN 协议，或 CAN-Link 协议通信做好准备。

3　CAN-Link 通信指令

（1）远程扩展模块访问指令

通过远程扩展模块访问指令，可读写通过 CAN 连接的远程扩展模块（需要扩展模块支持）和远程 PLC。该指令兼容本地扩展模块访问指令。

指令格式如下：

读模块数据指令：FROM（M1，M2，D，n）

写模块数据指令：TO（M1，M2，D，n）

（2）参数说明

M1：大于 100 表示 CAN 远程模块，远程模块地址 = 100 + 模块地址；小于 100 表示本地扩展模块。

M2：模块寄存器地址。对扩展模块来说是 BFM 地址，对 PLC 来说是 D 元件序号。

D：PLC 通信缓冲区。若为 FROM 指令，即把指定地址的模块的指定寄存器读到此缓冲区中；若为 TO 指令，即把此缓冲区的数据写入到指定地址的模块的指定寄存器中。

n：表示读写的寄存器（BFM 区）个数。

（3）指令执行说明

该指令被驱动后，立刻通过 CAN 对外部模块发送一帧数据，等待外部模块响应，若在规定时间（D8299 设定，以 ms 为单位）收到外部模块的正确响应数据，指令执行正常并更新数据，否则报错；若是超时，M8299 将置位。

4 CAN-Link 读取数据编程

主站读取远程 1 号从站 4AD 模块中 9 号缓冲寄存器内的数据，存放到地址为 D200 的寄存器内。程序指令如图 8-45 所示。

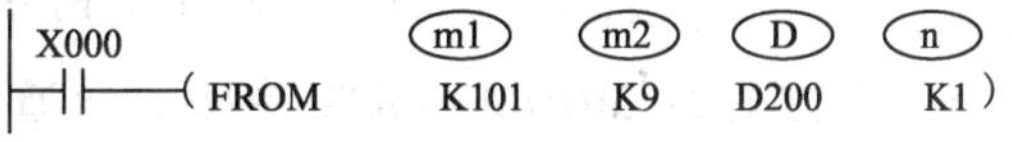

假设访问的远程扩展模块是 H2U-4ADR：

K101 代表（100+站号 1），远程模块在使用 FROM/TO 指令时，增加站号偏移 100；

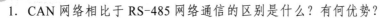

图 8-45　FROM 指令编程

K9 表示 4AD 模块的 BFM9；

D200 表示读出的 BFM9 的存放地址；

K1 表示读取 1 个 16 位 BFM。

在自由 CAN 协议中，不需分配 PLC 的站号，在 CAN-Link 协议或远程扩展模块访问协议的设备中需要分配各 PLC 或远程扩展模块的站号，详细使用请参考汇川公司的 CAN 通信说明。

练习与提高

1. CAN 网络相比于 RS-485 网络通信的区别是什么？有何优势？

2. CAN 网络的通信地址、通信比特率如何设置？

3. 根据样例程序，尝试采用 CAN 协议，把寄存器 D100 的数据写入远程 2 号模块的 4DA 的 BFM1 号中。

任务 6　多台 PLC、变频器与人机界面之间网络通信解决方案

任务目标

1. 熟悉多台 PLC、变频器与人机界面（HMI）之间网络通信解决方案；

2. 掌握一主多从的 MODBUS-RTU 网络控制方案的实施。

在亚龙 YL-335B 自动生产线上，需要人机界面（HMI）触摸屏、多台 PLC、变频器之间数据交换和联网通信。例如在图 8-20 基础上，增加触摸屏和变频器后，如何和 PLC 组成网络通信控制系统。本任务建议采用汇川 H2U 系列 PLC、汇川 MD320 变频器组建系统。

1 解决方案

（1）方案 1：以往网络通信控制

图 8-46 为以往网络通信控制方案示意图，采用 FX2N 系列 PLC 控制变频器只能增加模

拟量模块，或脉冲输出控制，或多段速控制方式，增加了成本、接线和编程难度。

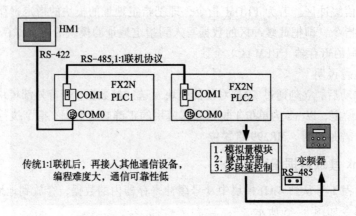

图 8-46　以往网络通信控制方案示意图

（2）方案 2：MODBUS-RTU 主/从协议通信

图 8-47 为 MODBUS-RTU 主/从通信方案示意图。H2U 可轻松实现级联通信。

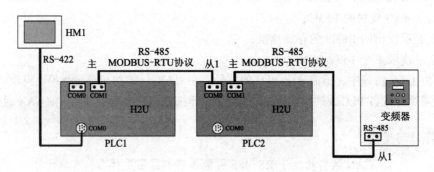

图 8-47　MODBUS-RTU 主/从协议通信方案示意图

（3）方案 3：MODBUS-RTU 一主多从协议通信

图8-48为MODBUS-RTU一主多从通信方案示意图，可给用户预留一个通信口，可为主，也可为从，自由灵活。

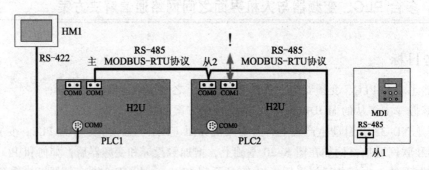

图 8-48　MODBUS-RTU 一主多从通信方案示意图

（4）方案 4：CAN-Link 通信联机

图 8-49 为 CAN-Link 通信联机方案示意图。它的通信速率更高，用户可用通信口更多，2 台 PLC 之间可交互任意变量地址的数据。

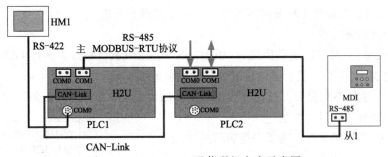

图 8-49　CAN-Link 通信联机方案示意图

（5）方案 5：不同协议通信

图8-50为不同协议通信方案示意图。

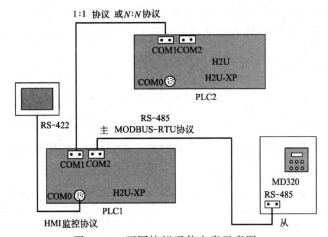

图 8-50　不同协议通信方案示意图

2　MODBUS-RTU 一主多从网络通信控制训练

针对亚龙 YL-335B 自动生产线上，系统网络通信控制方案采用方案 3 一主多从 MODBUS-RTU 协议通信，系统的架构方案如图 8-48 所示。

（1）PLC1 主站设置

在图 8-48 系统中，将 PLC1 的 COM0 口设为（默认的）HMI 监控协议，方便编程下载。

将 PLC1 的 COM1 口配置为 MODBUS-RTU 主站，9 600 bit/s，8N2，由 PLC1 完成系统所需数据交换的全部工作，如 PLC1-PLC2 之间的数据读写、PLC1-变频器之间的运行命令与数据读写等，将 HMI 的设置数据转发到 PLC2 或变频器。

在 PLC 程序中，通过 MODBUS 指令对 PLC2 中的一批 D 变量读取到 PLC1 中，将 PLC1 中的一批 D 变量写入到 PLC2 中，就可等效完成 1∶1 的数据交换。

通过 MODBUS 指令对 # 1 从机（变频器）读写命令，对变频器进行启停控制、频率设定、运行参数读取等操作。

（2）PLC2 从站设置

将 PLC2 的 COM1 口配置为 MODBUS-RTU 从站，设为 # 2 从站。PLC2 只是被动地应答

PLC1 的通信读写，要做的工作是将需要交换的数据整理和分析。

（3）变频器从站设置

① 通信设置：变频器的通信协议为 MODBUS 从站，其默认地址为 #1，9 600 bit/s，8N2，只需要初始化 MD320 后，就会是该设置，被动响应外部控制。

② MD320 运行参数设置。使用变频器最常见的设置是，怎样启停控制，如何调整其输出频率，如何观察读取运行参数。

③ MD320 功能码设置。若事先变频器的功能码已有修改，可首先将 FP-01=1，按 ENT 键确认，恢复默认值。

变频器的通信启停、通信频率控制时，只需使用变频器的通信端口，不需使用逻辑输入 DI 引脚功能，接线简单方便，如图 8-51 所示。

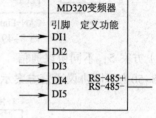

图 8-51　通信启停通信频率控制示意图

④ MD320 通信读取变频器的运行参数，修改功能码举例：上位机只要是采用 MODBUS 协议，采用了与 MD320 变频器的相同的通信格式配置，就可以实时通信、访问变频器、读取变频器的参数，甚至修改功能码。

注意：通信设定值是相对值的百分数（-100.00%~100.00%），可做通信读写操作。

控制命令参数见表 8-28，读取运行状态参数见表 8-29，变频器故障参数见表 8-30，通信故障参数见表 8-31。

表 8-28　控制命令参数

命令字地址	命令功能
H2000	0001：正转运行
	0002：反转运行
	0003：正转点动
	0004：反转点动
	0005：自由停机
	0006：减速停机
	0007：故障复位

表 8-29　读取运行状态参数

参 数 地 址	参 数 描 述
H3000	1：正转
	2：反转
	3：停机
	其他：无意义

注意：① 读取变频器运行状态（只读）；② 控制命令输入到变频器（只写）。

表 8-30　变频器故障参数

故障告警地址	命令功能	故障告警地址	命令功能
H8000	0000：无故障	H8000	000A：变频器过载
	0001：逆变过电流		000B：电动机过载
	0002：加速过电流		000C：输入缺相
	0003：减速过电流		000D：输出缺相
	0004：恒速过电流		000E：散热器过热
	0006：减速过电压		0010：通信故障
	0007：恒速过电压		0011：接触器故障

故障告警地址	命 令 功 能	故障告警地址	命 令 功 能
H8000	0008：控制电源故障	H8000	0012：电流检测故障
	0009：欠电压故障		

表 8-31　通信故障参数

通信故障地址	故障功能描述	通信故障地址	故障功能描述
8001	0000：无故障	8001	0004：无效地址
	0001：密码错误		0005：无效参数
	0002：命令码错误		0006：参数更改无效
	0003：CRC 检验错误		0007：系统被锁定

注意：① 通信故障信息描述数据（故障代码），② 读取变频器故障告警码（只读）。

（4）程序设计

根据控制要求，PLC 与变频器通信时，程序要进行通信设置、地址读写和存储：

① PLC1 的 COM0 口：协议 D8116=H01，格式意义：下载与 HMI 监控协议。

COM1 口：协议 D8126= H20；格式 D8120=H89，格式意义：MODBUS 主站，9 600 bit/s，8N2。

② PLC2 的 COM0 口：协议 D8116= H01，格式意义：下载与 HMI 监控协议。

COM1 口：协议 D8126= H02；格式 D8120=H89；站号 D8121=K2，格式意义：MODBUS 从站 # 2，9 600 bit/s，8N2。

有关 PLC 的详细程序这里不再一一列出。

触摸屏的组态界面可自行设置，主要包括启动、停止按钮，频率输入框以及相关变频器参数的显示框，能动态显示 PLC 及变频器的通信状态及运行情况。

练习与提高

1. 分析以往通信方案和 MODBUS 通信方案在硬件配置、线路连接、性能成本、可靠性方面的异同。

2. 如何进行方案 2 和方案 5 的 PLC 的 MODBUS 通信参数的设置？

3. 除了本书中提到的 5 种方案外，如果以 HMI 触摸屏作为控制主站，将 PLC1、PLC2 以及变频器作为从站进行网络通信控制，系统将如何设计？请画出接线方案，并编写通信程序。

项目⑨

⮐人机界面（HMI）技术及应用

人机界面是系统和用户之间进行交互和信息交换的媒介，主要功能是取代传统的按钮、开关、控制面板和显示仪表，同时可控制 PLC、单片机、变频器、智能仪表等；能有效地节省 PLC 编辑空间和程序量、随时显示重要信息，有利于机械设备的正常运行，便于维修；可以存储丰富多彩的画面信息，使机器具有人性化；具有组网通信功能，能够有效提高该设备的智能化、信息化和自动化控制程度。人机界面技术目前已在工控行业广泛应用，起着重要的监视与控制作用。

任务 1　了解 MCGS 人机界面

任务目标

1. 认识 MCGS 人机界面，了解 MCGS 组态软件；
2. 掌握 MCGS 组态软件下载、安装。

二十大报告
知识拓展 9

 认识 MCGS 人机界面

北京昆仑通态自动化软件科技有限公司生产的 MCGS 人机界面产品，目前已成为国内外最领先的人机界面产品之一，端口主要包括电源接口、通信串口、以太网口、USB 主从接口等。其中，主流产品 TPC7062k，是一套以嵌入式低功耗 CPU 为核心（主频 400 MHz）的高性能嵌入式一体化触摸屏。TPC7062k 触摸屏产品外观如图 9-1 所示。

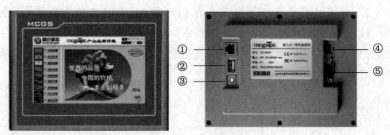

图 9-1　TPC7062k 触摸屏产品外观

图 9-1 中①是以太网口，可以通过网线传输下载程序，并能通过网线上网，②是 USB1口，可以连接鼠标和闪存盘（俗称 U 盘）进行扩展，③是 USB2 口，可用来下载触摸屏程序，④是电源口，连接 24 V 直流电源，给触摸屏供电，⑤是 COM 口为通信接口，主要是通信连接，控制设备。

MCGS 人机界面使用的是 MCGS 嵌入版组态软件。MCGS 嵌入版是在 MCGS 通用版的基础上开发的，专门应用于嵌入式计算机监控系统的组态软件，MCGS 嵌入版组态软件包括组态环境和运行环境两部分。组态环境由主控窗口、设备窗口、用户窗口、实时数据库和运行策略五个部分构成，主控窗口构造了应用系统的主框架，设备窗口是 MCGS 嵌入版系统与外围设备联系的媒介，用户窗口实现了数据和流程的"可视化"，实时数据库是 MCGS 嵌入版系统的数据核心，运行策略是对系统运行流程实现有效控制的手段，嵌入版组态环境窗口系统如图 9-2 所示。

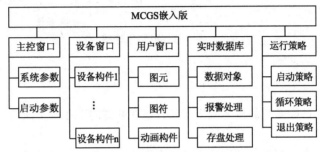

图 9-2　嵌入版组态环境窗口系统

组态环境能够在基于 Microsoft 的各种 32 位 Windows 平台上运行。MCGS 嵌入版组态软件的运行环境可用于对组态后的工程进行模拟测试，方便用户对组态过程的调试。触摸屏的运行环境是在实时多任务嵌入式操作系统 WindowsCE 中运行。适应于应用系统对功能、可靠性、成本、体积、功耗等综合性能有严格要求的专用计算机系统。通过对现场数据的采集处理，以动画显示、报警处理、流程控制和报表输出等多种方式向用户提供解决实际工程问题的方案，在自动化领域有着广泛的应用。

MCGS 嵌入版组态软件（目前为 7.6 版）可进入昆仑通态官方网站下载。

任务 2　HMI 和 PLC 编程口通信控制电动机正反转

任务目标

1. 了解 PLC 编程口通信参数及编程口与触摸屏 RS-232 接口连接方法；
2. 掌握设备组态、窗口组态、模拟调试和联机调试方法；
3. 能通过 MCGS 触摸屏操控 PLC 输入/输出点，实现电动机正反转。

工作任务

现有 1 台 MCGS 触摸屏和 1 台三菱 FX2N 系列 PLC 通过编程口通信连接，控制 1 台电动机正反转，按下触摸屏上正转启动按钮 SB1 后，电动机正转运行；按下触摸屏上的反转按钮 SB3 后，电动机反转运行；按下触摸屏上停止按钮 SB2 后，电动机立即停止运行。

试设计触摸屏画面。本任务由 FX2N 系列 PLC、MCGS 触摸屏、编程电缆和开关电源组成。

2 电路设计

MCGS 触摸屏与三菱 FX2N 系列 PLC 通过编程口连接通信的电路原理图如图 9-3 所示，触摸屏串口直接通过三菱的编程电缆和 FX2N 的 RS-422 编程口连接，PLC 输出回路中，为了防止电路相间短路，建议设置接触器互锁。

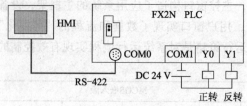

图 9-3　电路原理图

3 组态设计

（1）设备组态

打开计算机上已经安装的嵌入版组态软件，在软件的工作台中激活设备窗口，双击进入设备组态画面，打开"设备工具箱"。

在设备工具箱中，按先后顺序双击"通用串口父设备"和"三菱_FX 系列编程口"添加至组态画面。提示使用三菱 FX 系列编程口默认通信参数设置父设备，单击"是"按钮后关闭设备窗口，如图 9-4 所示。

（2）用户窗口设计

在工作台中激活用户窗口，单击"新建窗口"按钮，将"窗口名称"修改为"HMI 控制电动机正反转"后保存，如图 9-5 所示。

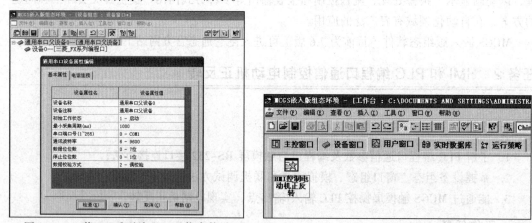

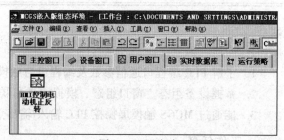

图 9-4　三菱 FX 系列编程口通信参数设置　　　　图 9-5　用户窗口设计

在"用户窗口"选项卡中，双击"HMI 控制电动机正反转"，进入动画组态，打开"工具箱"，分别单击 **A** 标签 3 个，分别输入"HMI 控制电动机正反转""电动机正转""电动机反转"。单击 按钮插入元件，选择"指示灯"2 个，如图 9-6 所示，选择"马达"2 个，一个代表正转、一个代表反转。单击 按钮，选择 3 个按钮，分别为"正转""停止""反转"按钮，设置不同颜色以区分。输入组态画面效果图如图 9-7 所示。

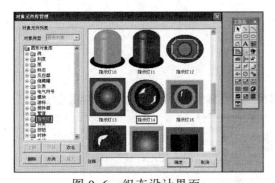

图 9-6　组态设计界面　　　　　　　　　　　图 9-7　组态设计界面

触摸屏与 PLC 变量对应关系见表 9-1 所示。

表 9-1　触摸屏与 PLC 变量对应关系

设　备	变		量		
HMI	正转按钮 SB1	停止按钮 SB2	反转按钮 SB3	电动机正转指示灯	电动机反转指示灯
PLC	M0	M1	M2	Y0	Y1

（3）用户窗口组态

按钮设置：3 个按钮进行排列对齐，双击 SB1 按钮，弹出"标准按钮构件属性设置"对话框，切换到"操作属性"选项卡，选中"数据对象值操作"复选框，选择"按 1 松 0"，如图 9-8 所示，单击 ? 按钮进行变量选择，选中"根据采集信息生成"单选按钮，通道类型为"M 辅助寄存器"，通道地址为"0"。然后单击"确认"按钮，如图 9-9 所示。SB2、SB3 按钮参照设置，对应的通道地址分别为"1"和"2"。

图 9-8　设置 SB1 按钮属性　　　　　　　图 9-9　SB1 按钮通道设置

指示灯设置：双击电动机正转指示灯，弹出"单元属性设置"对话框，切换到"数据对象"选项卡，单击"可见度"，如图 9-10 所示，单击 ? 按钮进行变量选择，选中"根据采集信息生成"单选按钮，通道类型为"Y 输出寄存器"，通道地址为"0"，然后单击"确认"按钮。如图 9-11 所示。电动机反转指示灯参照设置，对应的通道地址为"1"。

电动机设置：分别双击 2 台电动机，弹出"单元属性设置"对话框，切换到"数据对象"选项卡，单击"填充颜色"，单击 ? 按钮进行变量选择，选中"根据采集信息生成"单选按钮，通道类型为"Y 输出寄存器"，通通地址分别为"0""1"，然后单击"确认"按钮。

图 9-10　指示灯属性设置　　　　　　图 9-11　指示灯通道连接

文字标签设置：单击选中工具箱中的"标签"构件，拖出 3 个"标签"。双击标签弹出"标签动画组态属性设置"对话框，切换到"扩展属性"选项卡，在"文本内容输入"文本框中分别输入"HMI 控制电动机正反转"、"电动机正转"和"电动机反转"；其中，可以通过分别双击修改属性设置里面的"填充颜色"和"字符颜色"，设置标签背景和文字的颜色。

4　PLC 编程

为了实现触摸屏直接控制电动机正反转，在 GX Developer 编程软件中编写 PLC 程序，并下载到 PLC。PLC 程序样例如图 9-12 所示。

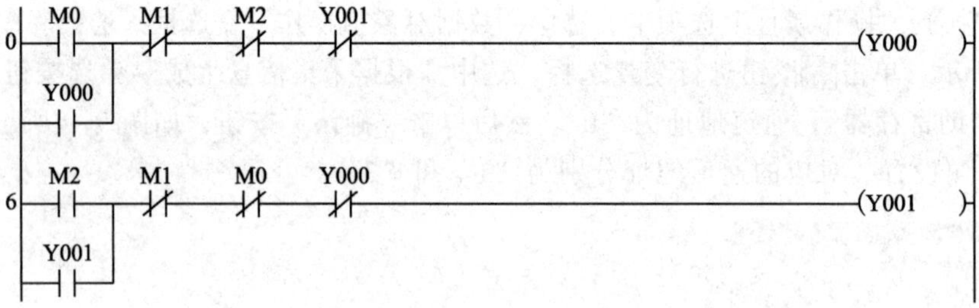

图 9-12　PLC 程序样例

5　调试运行

① 下载组态工程到触摸屏。

② 下载 PLC 程序到 PLC。

③ 用 SC-09 通信线连接 PLC 编程口和触摸屏的 RS-232 接口。

④ 联机调试操作。

练习与提高

1. 触摸屏上设置的按钮和 PLC 外部输入接口接入的按钮在实际控制上有何区别？各自的优缺点是什么？

2. 查看并记录"通用串口父设备"通信参数，在 PLC 编程软件中查看 PLC 通信参数。

3. 当 HMI 与 PLC 通信不上时，如何检查？（试增加通信状态显示，用于观察 PLC 与 HMI 是否正常通信）

4. 若不通过 PLC 编程，直接通过触摸屏控制电动机的正反转，如何设置实现？

任务3　HMI 和三菱 PLC 的 RS-485 串口通信控制电动机丫-△启动

任务目标

1. 掌握三菱 PLC 的 RS-485 串口通信方式及参数修改；
2. 能建立 HMI 和三菱 PLC 的 RS-485 串口通信连接；
3. 能进行 HMI 和三菱 PLC 的 RS-485 串口通信调试。

1　工作任务

现有 1 台 MCGS 触摸屏和 1 台三菱 FX2N 系列 PLC 通过 RS-485-BD 卡进行通信连接，控制 1 台电动机丫-△启动，要求按下触摸屏上的启动按钮 SB1 后，电动机先丫启动，延时设定时间后，电动机改成△运转；按下触摸屏上的停止按钮 SB2 后，电动机立即停止。试设计控制程序及触摸屏界面。本任务由 FX2N 系列 PLC、FX2N-485-BD 卡、MCGS 触摸屏、编程电缆和开关电源等组成。

2　电路设计

HMI 与三菱 FX2N 系列 PLC 通过 RS-485-BD 模块连接通信的电路原理图如图 9-13 所示，HMI 串口和 FX2N-485-BD 卡的接线方式如图 9-14 所示，HMI 的串口端子定义如图 9-15 所示。

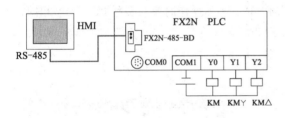

图 9-13　HMI 与三菱 FX2N 系列 PLC 连接
电路原理图

图 9-14　HMI 串口和 FX2N-485-BD
卡的接线方式

接口	PIN	引脚定义
COM1	2	RS-232 RXD
	3	RS-232 TXD
	5	GND
COM2	7	RS-485+
	8	RS-485-

图 9-15　HIMI 的串口端子定义

3　组态设计

（1）设备组态

在设备窗口中建立"通用串口父设备"，下面挂接"三菱_FX 系列串口"子设备，设置串口端口号为 1-COM2，通信比特率选择 9600、7 位数据位、1 位停止位、偶检验，如图 9-16 和图 9-17 所示，设置完毕后保存工程文件。

"三菱_FX 系列串口"子设备参数设置如图 9-18 所示。

图 9-16　通信连接设置

项目 9　人机界面（HMI）技术及应用

图 9-17　通用串口设备属性设置

设备属性名	设备属性值
[内部属性]	设置设备内部属性
采集优化	1-优化
设备名称	设备0
设备注释	三菱_FX系列串口
初始工作状态	1 - 启动
最小采集周期(ms)	100
设备地址	1
通讯等待时间	200
快速采集次数	0
协议格式	0 - 协议1
是否校验	0 - 不求校验
PLC类型	4 - FX2N

图 9-18　子设备参数设置

设备地址：PLC 设备地址，默认为 0，要与实际 PLC 设备地址相同。本任务设备地址设置为 1。

通信等待时间：通信数据接收等待时间，默认设置为 200ms，当采集速度要求较高或数据量较大时,设置值可适当减小或增大。

快速采集次数：对选择了快速采集的通道进行快采的频率。

协议格式：PLC 通信协议的格式，分协议 1 和协议 4 两种，设置格式要与 D8120 中的设置相对应。

是否检验：PLC 通信协议检验格式，有不求检验和求检验两种，设置格式要与 D8120 中的设置相对应。

PLC 类型：设置 PLC 的类型，默认设置为 FX0N，实际操作时要与实际 PLC 类型相同，否则会影响采集速度。本任务 PLC 类型设置为 FN2N。

设置完成后单击"确认"按钮退出。

（2）用户窗口设计

新建用户窗口组态工程，工程的用户窗口设计如图 9-19 所示

（3）用户窗口组态

设置启动按钮信号时，首先双击"启动按钮"，弹出"标准按钮构件属性设置"对话框，切换到"操作属性"选项卡，选中"数据对象值操作"复选框，选择"按 1 松 0"，如图 9-20 所示，单击 ? 按钮进行变量选择，选中"根据采集信息生成"单选按钮，通道类型为"M 辅助寄存器"，通道地址为"0"，读

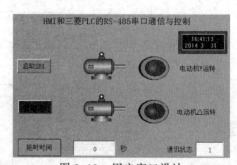

图 9-19　用户窗口设计

写类型为"读写"，然后单击"确认"按钮，如图 9-21 所示。停止按钮参照设置，通道地址改为"1"。

设置指示灯信号时，首先双击"Y启动电动机指示灯"弹出"单元属性设置"对话框，切换到"数据对象"选项卡，再单击"可见度"，如图 9-22 所示，单击 ? 按钮进行变量选择，选中"根据采集信息生成"单选按钮，通道类型为"Y输出寄存器"，通道地址为"1"，读写类型为"读写"，然后单击"确认"按钮，如图 9-23 所示。△启动电动机指示灯参照设置，通道地址改为"2"。

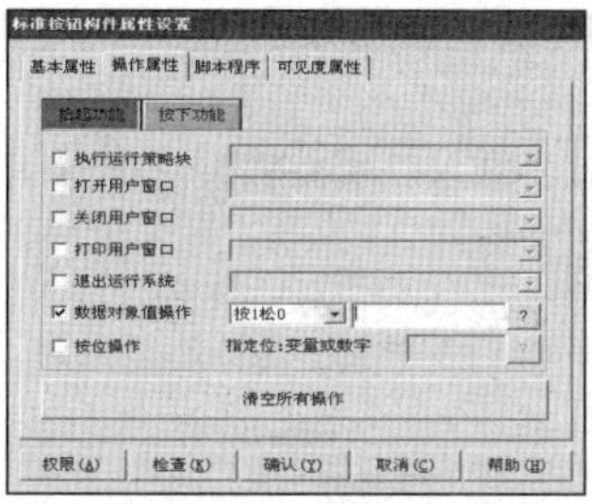

图 9-20　按钮操作属性设置

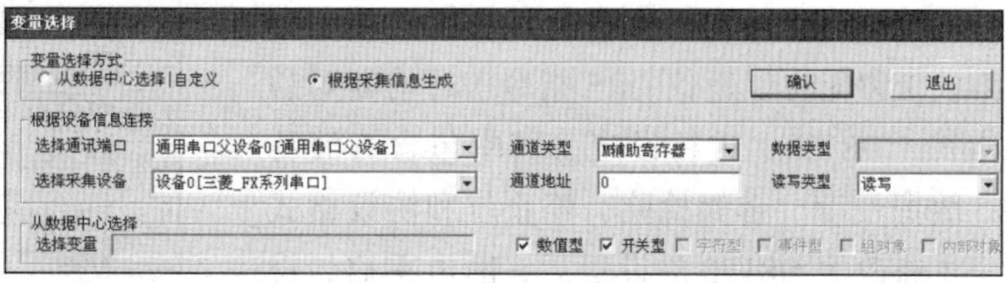

图 9-21　按钮通道连接设置

图 9-22　指示灯属性设置

图 9-23　指示灯通道连接设置

设置延时时间输入框时，首先在工具箱中单击 **abl** 按钮，选择合适大小，双击"输入框"，弹出"输入框构件属性设备"对话框，切换到"操作属性"选项卡，如图 9-24 所示，单击 按钮进行变量选择，选中"根据采集信息生成"单选按钮，通道类型为"D 数据寄存器"，数据类型为"16 位　无符号二进制数"，通道地址为"0"，读写类型为"读写"，然后单击"确认"按钮，如图 9-25 所示。

图 9-24　输入框通道连接设置

图 9-25　输入框通道连接设置

4　PLC 编程

（1）PLC 系统通信设置

本任务的 PLC 通信时，必须利用 GX Developer 编程软件设置 PLC 参数，PLC 参数如图 9-26 所示，下载时，PLC 参数和 MAIN 主程序一起下载到 PLC。注意："通用串口父设备"的通信参数设置必须与 PLC 一致，本例为：专用协议通信、7 位数据位、偶检验、1 位停止位、传输速率为 9600、格式 1。

（2）PLC 通信参数设置

三菱 FX 系列 PLC 在进行计算机连接（专用协议）和无协议通信（RS 指令）时均需对通信格式（D8120）进行设定。其中包含有波特率、数据长度、奇偶检验、停止位和协议格式等。在修改了 D8120 的设置后，断电重启，设置生效。PLC 的特殊寄存器 D8120 参数设置如图 9-27 所示。

D8120 设置 PLC 通信参数为 H4086（传输控制协议格式 1，专用协议，传输速率为 9600，7 位数据位，1 位停止位，偶检验，RS-485 连接。）；D8121 设置 PLC 设备地址为 1。

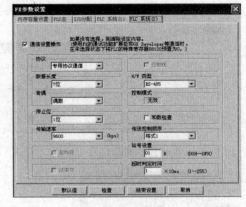

图 9-26　通过 GX 软件设置 PLC 参数

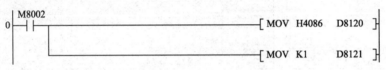

图 9-27　D8120、D8121 参数设置

5　调试运行

将触摸屏组态工程和三菱 PLC 程序分别下载到 MCGS 触摸屏和三菱 FX2N 系列 PLC，将 PLC 与触摸屏通过 RS-485 通信线进行连接，调试步骤如下：

① PLC 和触摸屏通电后，观察通信状态显示是否正常。

② 设置触摸屏上的丫-△转换时间。

③ 按下触摸屏上启动按钮，观察 PLC 的 Y0、Y1 点是否有输出。延时后，Y2 点是否有输出，按下停止按钮后，Y0、Y1、Y2 是否都复位。

④ 修改输入框内数据，PLC 断电后重新通电，观察输入框内数据。

练习与提高

1. 三菱 FX 系列 PLC 的串口通信和编程口通信有什么不同？串口通信与编程口通信相比较有何优势？

2. PLC 的 RS-485 与 RS-232 通信硬件结构有什么区别？

3. 若将三菱 PLC 改为汇川 PLC，如何实施此任务？比较汇川 H2U PLC 与 FX2N PLC 有何优势？

4. 试完成以下控制功能：按下 SB1，输出口 Y0、Y1 闭合，触摸屏上计时器开始显示计时数值，当 HMI 上时间到达某一设定值时，自动把 PLC 的输出口 Y0、Y1 断开；按下 SB2 系统全部停止。

任务 4　HMI 和汇川 PLC 的 MODBUS 通信控制电动机顺序启停

任务目标

1. 能建立 HMI 与汇川 PLC 的 MODBUS 通信；
2. 掌握汇川 PLC 的常用通信参数设置；
3. 掌握 HMI 中设定设备窗口通信参数的方法。

1　工作任务

现有 1 台 HMI 触摸屏和 1 台汇川 H2U 系列 PLC 通过 MODBUS 协议进行通信连接，控制 3 台电动机运转，要求按下触摸屏的启动按钮 SB1 后，电动机 M1 先启动，延时一段时间后，电动机 M2 启动，再延时一段时间后，电动机 M3 启动；按下触摸屏上的停止按钮 SB2 后，M3 立即停止，延时一段时间后，M2 停止，再延时一段时间后 M3 停止，延时时间在触摸屏上设置。试设计控制程序及触摸屏界面。本任务由汇川 H2U 系列 PLC、MCGS 触摸屏、编程电缆和开关电源组成。

2　电路设计

HMI 与汇川 H2U 系列 PLC 通过 RS-485 通信线连接，电路原理图如图 9-28 所示，HMI 串口和汇川 H2U 系列 PLC 的接线方式如图 9-29 所示。

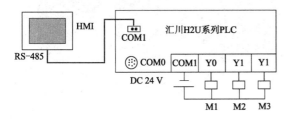

图 9-28　HMI 与汇川 H2U 系列 PLC
连接电路原理图

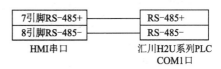

图 9-29　HMI 串口和汇川 H2U 系
PLC 的接线方式

3　组态设计

（1）设备组态

在设备窗口中建立"通用串口父设备"，下面挂接"莫迪康 ModbusRTU"子设备，设置串口端口号为 1-COM2，传输速率为 9600、8 位数据位、1 位停止位、偶检验，如图 9-30、图 9-31 所示，设置完毕后保存工程。

"莫迪康 ModbusRTU"子设备参数设置，如图 9-32 所示。

Modbus 协议通信时，必须对每台连接的设备设置设备地址，该任务中，设备地址为 2。设置完成后单击"确认"按钮退出。

（2）用户窗口设计

新建组态工程，工程的用户窗口设计如图 9-33 所示。

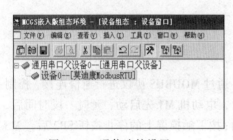

图 9-30 通信连接设置

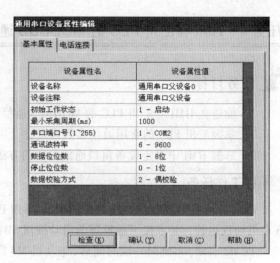

图 9-31 通用串口设备属性设置

设备属性名	设备属性值
[内部属性]	设置设备内部属性
采集优化	1-优化
设备名称	设备0
设备注释	莫迪康ModbusRTU
初始工作状态	1 - 启动
最小采集周期(ms)	100
设备地址	2
通讯等待时间	200
快速采集次数	0
16位整数解码顺序	0 - 12
32位整数解码顺序	0 - 1234
32位浮点数解码顺序	0 - 1234

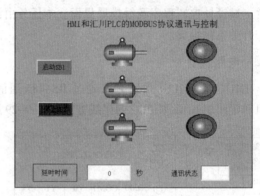

图 9-32 子设备参数设置

图 9-33 用户窗口设计

（3）用户窗口组态

设置启动按钮信号时，首先双击“启动按钮”，弹出“标准按钮构件属性设置”对话框，切换到“操作属性”选项卡，选中“数据对象值操作”复选框，选择“按 1 松 0”，如图 9-34 所示，单击[?]按钮进行变量选择，选中“根据采集信息生成”单选按钮，通道类型为“[0 区]输出继电器”，通道地址为“1”。读写类型为“读写”，然后单击“确认”按钮，如图 9-35 所示。停止按钮参照设置，通道地址改为“2”。

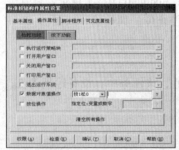

图 9-34 按钮设置

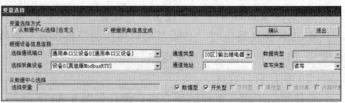

图 9-35 按钮连接设置

设置电动机 M1 输出指示灯信号时，首先双击“指示灯”，弹出“单元属性设置”对话框，切换到"数据对象"选项卡，再单击"可见度"，如图9-36所示，单击 ? 按钮进行变量选择，选中"根据采集信息生成"单选按钮，通道类型为"[0区]输出继电器"，通道地址为"64513"，读写类型为"读写"，然后单击"确认"按钮，如图9-37所示。M2、M3电动机指示灯参照设置，通道地址分别为"64514""64515"。

图9-36　指示灯设置

图9-37　指示灯连接设置

设置延时时间输入框时，首先双击"输入框"，弹出"输入框构件属性设置"对话框，切换到"操作属性"选项卡，如图9-38所示，单击 ? 按钮进行变量选择，选中"根据采集信息生成"单选按钮，通道类型为"[4区]输出寄存器"，数据类型为"16位 无符号二进制数"，通道地址为"1"，读写类型为"读写"，如图9-39所示，然后单击"确认"按钮。

图9-38　输入框设置

图9-39　输入框连接设置

 4 PLC 编程

（1）H2U系列PLC的MODBUS通信变量地址表见表9-2。

表9-2　H2U系列PLC的MODBUS通信变量地址表

变 量 名 称	起 始 地 址	线 圈 数 量
M0 ~ 3071	[0区]（　1　）	3 072
M8000 ~ M8255	[0区]（8 001）	256
Y0 ~ Y255	[0区]（64 513）	256
D0 ~ D8255	[4区]（　1　）	8 256

（2）PLC 和触摸屏变量关系

触摸屏与汇川 PLC 通过 MODBUS 协议通信时，建立数据变量分配，见表 9-3。启动按钮把信号传给 M0，停止按钮把信号传给 M1，Y0 控制 M1 电动机运转，Y1 控制 M2 电动机运转，Y2 控制 M3 电动机运转，输入框为延时时间输入框 D0。

表 9-3 数据变量分配

设 备	功			能		
HMI 触摸屏	启动	停止	控制 M1 电动机	控制 M2 电动机	控制 M3 电动机	延时
PLC 软元件	M0	M1	Y0	Y1	Y2	D0
MODBUS 地址	[0区]1	[0区]2	[0区]64 513	[0区]64 514	[0区]64 515	[4区]1

H2U 系列 PLC COM1 串行端口的通信相关参数设置：设置 PLC 的 3 个特殊寄存器 D8126、D8120、D8121 参数，采用 MODBUSRTU 从站模式，通信波特率和触摸屏的通信参数应设置一致。通信样例程序如图 9-40 所示。

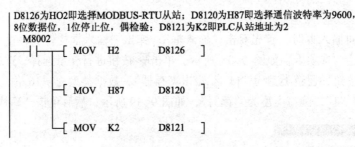

D8126为HO2即选择MODBUS-RTU从站；D8120为H87即选择通信波特率为9600，8位数据位，1位停止位，偶检验；D8121为K2即PLC从站地址为2

图 9-40 通信样例程序

5 调试运行

将触摸屏组态工程和汇川 PLC 程序分别下载到 MCGS 触摸屏和汇川 H2U 系列 PLC，将汇川 PLC 与触摸屏通过 RS-485 通信线进行连接，调试步骤如下：

① PLC 和触摸屏通电后，观察通信状态显示是否正常。

② 设置触摸屏上的延时时间。

③ 按下触摸屏上启动按钮，观察 PLC 的 Y0 点是否有输出。延时后，Y1 点是否有输出，再次延时后，Y2 点是否有输出，按下停止按钮后，Y0、Y1、Y2 是否依次延时复位。

④ 修改输入框内数据，PLC 断电后重新通电，观察输入框内数据。

练习与提高

1. 学习如何通过汇川 H2U 系列 PLC 手册查找 MODBUS 通信的相关参数设置，通过 MCGS 硬件手册查看通信硬件接线方式。

2. 如何实现触摸屏通过 MODBUS 协议控制两台汇川 H2U 系列 PLC？

3. 如何实现通过 MCGS 触摸屏实现与汇川 MD380 系列变频器进行通信控制？

🐿️ 任务目标

1. 理解和掌握汇川 PLC 的 RS-485 串口通信方式；
2. 能建立 2 台汇川 PLC 的 RS-485 串口通信连接；
3. 能进行 2 台汇川 PLC 的 RS-485 串口通信调试。

1️⃣ 工作任务

现有 1 台 MCGS 触摸屏和 2 台汇川 H2U 系列 PLC，2 台 PLC 之间通过 RS-485 接口采用 MODBUS 协议通信连接，2 台 PLC 各自控制 1 台电动机运转，要求通过触摸屏按下启动按钮 SB1 后，PLC1 的电动机先丫启动，延时设定时间后，电动机改成△运转。PLC2 的电动机先正转启动，延时设定时间后，电动机反转运行；按下触摸屏上的停止按钮 SB2 后，2 台 PLC 的电动机均立即停止，试设计控制程序及触摸屏画面。本任务由 2 台汇川 H2U 系列 PLC、MCGS 触摸屏、编程电缆、通信线和开关电源组成。

2️⃣ 电路设计

HMI 与 2 台汇川 H2U 系列 PLC 的连接电路原理图如图 9-41 所示，HMI 串口和 PLC 的 RS-422 接口通过 HMI 专用协议通信，2 台 PLC 之间通过 RS-485 接口连接，采用 MODBUS 协议通信。

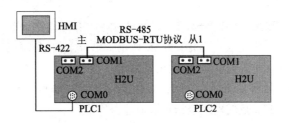

图 9-41　连接电路原理图

3️⃣ 组态设计

（1）设备组态

在设备窗口中建立"通用串口父设备"，下面挂接"三菱_FX 编程口"子设备，设置串口端口号为 0-COM1，传输速率为 9600、7 位数据位、1 位停止位、偶检验，设置完毕后保存工程文件。

（2）用户窗口设计

新建用户窗口组态工程，工程的用户窗口设计如图 9-42 所示。

（3）用户窗口组态

设置启动按钮信号时，双击"启动按钮"，弹出"标准按钮构件属性设置"对话框，切换到"操作属性"选项卡，选中"数据对象值操作"复选框，选择"按 1 松 0"，如图 9-43 所示，单击 🔲 按钮进行变量选择，选中"根据采集信息生成"单选按钮，通道类型为"M 辅助寄存器"，

通道地址为 "0"。读写类型为 "读写"，然后单击 "确认" 按钮，如图 9-44 所示。停止按钮参照设置，通道地址改为 "1"。

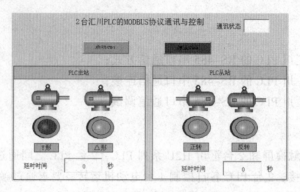

图 9-42　用户窗口设计界面

图 9-43　按钮操作设置

图 9-44　按钮通道连接设置

设置指示灯信号时，双击 "Y启动电动机指示灯" 弹出 "单元属性设置" 对话框，切换到 "数据对象" 选项卡，再单击 "可见度"，如图 9-45 所示，单击 ? 按钮进行变量选择，选中 "根据采集信息生成" 单选按钮，通道类型为 "Y输出寄存器"，通道地址为 "1"，读写类型为 "读写"，然后单击 "确认" 按钮，如图 9-46 所示。△启动电动机指示灯参照设置，通道地址为 "2"，正转电动机指示灯地址为 "3"，反转电动机指示灯地址为 "4"。

图 9-45　指示灯设置

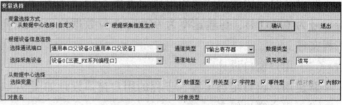

图 9-46　指示灯通道连接设置

设置Y-△延时时间输入框时，双击 "输入框"，弹出 "输入框构件属性设置" 对话框，切换到 "操作属性" 选项卡，如图 9-47 所示，单击 ? 按钮进行变量选择，选中 "根据采集信息生成" 单选按钮，通道类型为 "D 数据寄存器"，数据类型为 "16 位　无符号二进制数"，通道地址为“0”，读写类型为“读写”，然后单击“确认”按钮，如图 9-48 所示。正反转延时输入框参照设置，通道地址改为“1”。

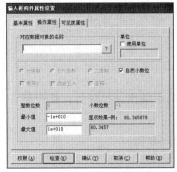

输入框构件属性设置
基本属性
操作属性
可见度属性
对应数据对象的名称
单位
使用单位
十进制
十六进制
二进制
自然小数位
前导0
四舍五入
密码
整数位数
小数位数
最小值
-1e+010
显示效果-例：80.345678
最大值
1e+010
80.3457
权限(A)
检查(K)
确认(Y)
取消(C)
帮助(H)

图 9-47　输入框设置

变量选择
变量选择方式
从数据中心选择|自定义
根据采集信息生成
确认
退出
根据设备信息连接
选择通讯端口
通用串口父设备0[通用串口父设备]
通道类型
D数据寄存器
数据类型
16位 无符号二进
选择采集设备
设备0[三菱_FX系列编程口]
通道地址
0
读写类型
读写
从数据中心选择
选择变量
数值型
开关型
字符型
事件型
组对象

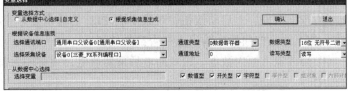

图 9-48　输入框通道连接设置

4 PLC 编程

PLC 系统通信设置。本任务的 PLC 编程中，第 1 台 PLC 为主站，第 2 台 PLC 为从站。主站通信程序如图 9-49 所示。

将主站PLS的COM1通信口配置为MODBUS主站协议，传输速率为9600，
8位数据位，N无检验，2位停止位格式
M8002
MOV H20 D8126
MOV H89 D8120
网络2
对1号从站写操作，从站D100寄存器存储主站D10开始的连续5个变量。
M0
MODBUS H106 K100 K5 D10

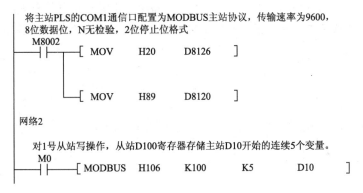

图 9-49　主站通信程序

从站通信程序如图 9-50 所示。

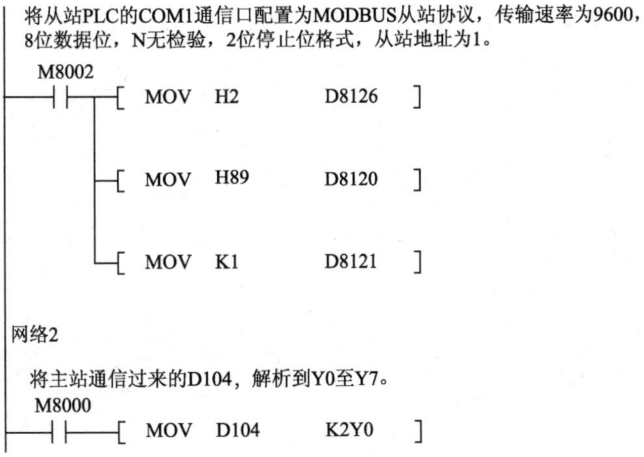

将从站PLC的COM1通信口配置为MODBUS从站协议，传输速率为9600，
8位数据位，N无检验，2位停止位格式，从站地址为1。
M8002
MOV H2 D8126
MOV H89 D8120
MOV K1 D8121
网络2
将主站通信过来的D104，解析到Y0至Y7。
M8000
MOV D104 K2Y0

图 9-50　从站通信程序

5 调试运行

将触摸屏组态工程和 PLC 程序分别下载到 MCGS 触摸屏和汇川 H2U 系列 PLC，将汇川 PLC 与触摸屏通过通信线进行连接，2 台 PLC 的 COM1 口通过 RS-485 双绞线连接。调试步骤如下：

① PLC 和触摸屏通电后，观察通信状态显示是否正常。

② 设置触摸屏上的 Y-△、正反转转换时间。

③ 按下触摸屏上启动按钮，观察 2 台 PLC 的输出点是否都有输出。延时后，是否都有动作，按下停止按钮后，输出点是否都复位。

④ 修改输入框内数据，PLC 断电后重新通电，观察输入框内数据。

练习与提高

1. 汇川 H2U 系列 PLC 的主站和从站在通信时设置上有什么不同？必须要编写哪些参数？

2. 汇川 PLC 的 RS-485 接口分为 COM1 和 COM2，编程设置时有什么区别？

3. 若本任务的通信指令改为 RS 通信指令，请尝试编写该任务的程序。

4. 本任务中，若要把从站的正反转运行次数反馈到触摸屏上显示出来，如何编程调试？

项目⑩

🔁 PLC 技术的应用

本项目通过多个工程案例的介绍，深入浅出地介绍了 PLC、触摸屏、伺服变频器等集成的综合应用。主要包括典型丝杆平台的 PLC 控制系统、双色印刷机的 PLC 控制系统、PID 脉宽调制温度控制、啤酒生产线上双容水箱的 PLC 控制系统以及全自动切带机的 PLC 应用系统等。

任务 1　HMI+PLC+伺服驱动器+丝杆定位系统控制

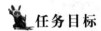 **任务目标**

1. 建立 HMI 与三菱 FX2N 系列 PLC 通信；
2. 掌握三菱 MR-J2S-10A 伺服驱动器在位置控制模式中参数的设置；
3. 掌握 PLC 与伺服驱动器的连接及程序编写与调试。

二十大报告
知识拓展 10

1　工作任务

以 HMI 作为显示监控，按下触摸屏上的启动按钮，电动机旋转，拖动工作台从原点开始向右行驶，到达 A 点，停 5 s，然后继续向右行驶；到达 B 点，停 5 s，然后继续向右行驶；到达 C 点，停 3 s，电动机反转返回原点，再停 1 s，如此循环运行，按下触摸屏上停止按钮，工作台停止运行，复位后工作台返回原点，按启动按钮重新启动。原点为行程开关，A、B、C 处为接近开关，丝杆顶部安装编码器测工作台的移动距离。要求工作台移动的速度要达到 10 mm/s，丝杆的螺距为 5 mm。系统结构示意图如图 10-1 所示。

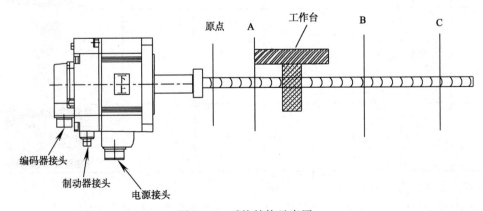

图 10-1　系统结构示意图

2 系统集成

伺服系统是现在定位控制中使用非常广泛的一个系统，具有控制精度高、转速快、带负载能力强等特点。伺服系统在定位控制中应包含 3 个方面的设备：一是伺服电动机，二是伺服驱动器，三是控制的上位机，控制的上位机可以是 PLC，还可以是专用的定位控制单元或模块，如 FX2N-1PG、FX2N-10GM、FX2N-20GM 等。

三菱通用交流伺服驱动器 MR-J2S 系列是在 MR-J2 系列的基础上开发的具有更高性能和更高功能的伺服系统，其控制模式有位置控制、速度控制和转矩控制以及它们之间的切换控制方式可供选择。

系统由三菱 FX2N-32MT、三菱 MR-J2S-10A 伺服驱动器、伺服电动机 HC-MFS13B、DC 24 V 电源、编码器、接近开关、限位开关、开关电源、IT5100E 等组成。触摸屏 IT5100E 实现实时监视与控制。丝杆平台安装实物图如图 10-2 所示。

图 10-2　丝杆平台安装实物图

主要部件选用清单见表 10-1。

表 10-1　主要部件选用清单

序　号	名　　称	型　号	单　位	数　量	外　观
1	可编程控制器	FX2N-32MT	只	1	
2	伺服驱动器	MR-J2S-10A	台	1	
3	人机界面	汇川 IT5100E	个	1	

系统控制主电路如图 10-3 所示。

PLC 与触摸屏、伺服驱动器连接所用的内存与内部继电器分配见表 10-2。

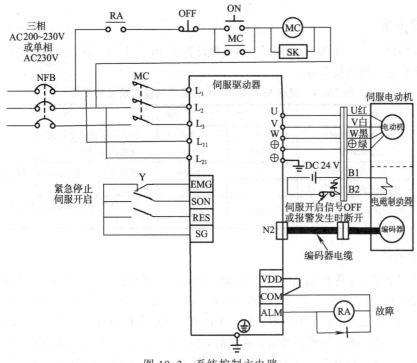

图 10-3　系统控制主电路

表 10-2　内存与内部继电器分配

名　称	定　义	名　称	定　义
编码器	X0, X1	复位按钮	M52
C 点接近开关	X2	输出脉冲	Y0
B 点接近开关	X3	方向	Y1
A 点接近开关	X4	工作指示	M20
原点限位开关	X6	复位指示	M10
启动按钮	M50	原点指示	M11
停止按钮	M51	移动距离	D20

系统控制回路如图 10-4 所示。

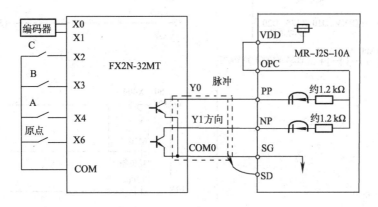

图 10-4　系统控制回路

3 参数设置

首先将伺服设置参数 No.19=000E，然后再设置表 10-3 中的参数，设置完毕后，把系统断电，重新启动，则参数有效。

表 10-3　伺服 MR-J2S-10A 位置控制模式设置的参数

参　数	名　　称	出　厂　值	设　定　值	说　　明
No.0	控制模式选择	0 000	0 000	设置为位置控制模式
No.2	自动调整	0 105	0 105	设置为自动调整
No.3	电子齿轮分子	1	16 384	设置为上位机发出 5 000 个脉冲电动机转一周
No.4	电子齿轮分母	1	625	
No.21	功能选择 3	0 000	0 001	用于选择脉冲串输入信号波形（设定脉冲加方向控制）

4 程序设计

根据控制要求，工作台移动的速度要达到 10 mm/s，丝杆的螺距为 5 mm，电动机转一周要 5 000 个脉冲，则计算出产生脉冲的频率 f 为 10 000 Hz（f=10/5×5 000）。M50 为启动信号，M51 为停止信号，X0、X1 为编码器，X2、X3、X4、X6 为检测信号，脉冲从 Y0 输出，Y1 为控制方向。脉冲距离由编码器检测，赋值给 D20。PLC 要发出脉冲由 D0 决定。程序 0～15 步初始化复位，16～43 步利用 C235 高速计数器计数显示工作台移动距离，44～76 步为原点检测、启动、停止、复位的联锁，77～95 步利用 PLSY 指令驱动伺服移动，96 步至结束为原点移动至 A 处停 5 s，A 到 B 处再停 5 s，B 到 C 处再停 3 s，C 处返回至原点停 1 s。Y1 得电工作台右移，Y1 失电伺服反转，工作台返回。控制 PLC 的部分梯形图如图 10-5 所示。

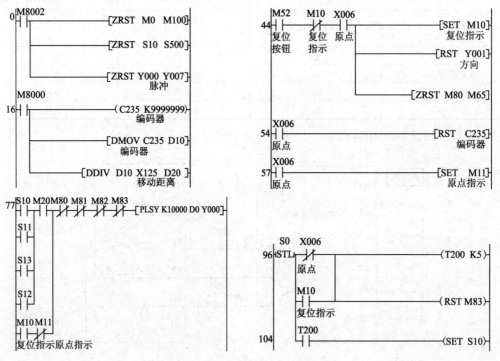

图 10-5　控制 PLC 的部分梯形图

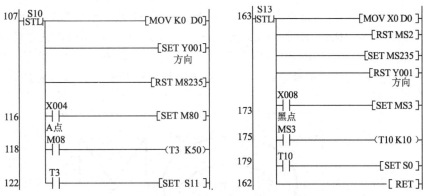

图 10-5 控制 PLC 的部分梯形图（续）

汇川触摸屏 IT5100E 的界面设置如图 10-6 所示，动态显示工作台的运动距离。

图 10-6 汇川触摸屏 IT5100E 的界面设置

5 调试运行

进行 HMI 与 PLC 的通信连接，PLC 与伺服的连接，然后启动运行。观测工作台的运行情况，工作台从原点开始向右行驶，到达 A 点，停 5 s，然后继续向右行驶；到达 B 点，停 5 s，然后继续向右行驶；到达 C 点，停 3 s，电动机反转返回原点，再停 1 s，如此循环运行，按下触摸屏上停止按钮，工作台停止运行，复位后工作台返回原点，按启动按钮重新启动。

练习与提高

1. 在电动机往返运行中，取消中间的停止时间，看是否会影响控制的精度，如产生较大的误差，应如何消除？

2. 如何用一个 PLC 控制两个或多个伺服电动机同步运行，即当主电动机速度改变时，其他电动机也跟着同步运行。设计控制方案并调试运行。

3. 请设计以下系统：触摸屏第一次通电后，触摸屏上的指示灯 HL1、HL2、HL3 均亮 0.5 s 灭 1 s，并以流水灯方式循环闪烁（按 HL1→HL2→HL3→HL1……的顺序循环），设备处于“待机”工作状态。按下触摸屏上的 S3“设定”，HL1、HL2、HL3 以 2 Hz 闪烁，在触摸屏第二页上显示两轴伺服系统需要绘制的曲线图形如图 10-7 所示。按下启动按钮 S1，指示灯 HL1 以 2 Hz 闪烁，系统启动，双轴伺服系统在给定的白板纸上进行图样绘制。绘制完成后，返回原点待机，指示灯 HL1、HL2、HL3

以待机状态闪烁；系统运行中，按下停止按钮 S2 后，电动机立即停止，触摸屏上的指示灯 HL1、HL2、HL3 亮 0.5 s 灭 1 s，并以流水灯方式循环闪烁（按 HL3→HL2→HL1→HL3……的顺序循环），设备处于"停机"工作状态。再次启动时，从停机断点处继续运行；在回原点待机状态下可以按 S4，取消设定的计划曲线图形。

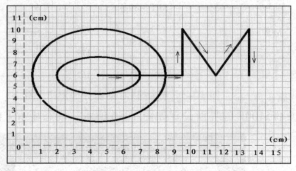

图 10-7　计划曲线

任务 2　HMI+PLC+变频器调速系统控制

任务目标

1. 建立 HMI（或变频器）与三菱 FX2N 系列 PLC 通信；
2. 掌握 PLC 与变频器的连接、程序编写。

1　工作任务

　　双色印刷机（见图 10-8）要求采用机组式组合模式，更能够适合包装、画册的精品印刷需求。同时要采用气动水墨机构、快速上版、水和酒精润湿系统选配等，使印刷质量和工作效率更值得期待，易于操作，精度高，采用了双机通信。上位机采用三菱 FX2N-80MR+32EX+4D/A，主要负责主传动的控制，各机组离合压的控制，以及气泵、气阀的控制等；下位机采用三菱 FX2N-64MR+4A/D，主要负责水辊电动机的变频控制，主传动的变频调速输出，调版电动机数据采集等。同时选用了一台汇川 IT5100E 触摸屏，主要负责水辊电动机速度显示，调版显示，以及整机故障显示等。

图 10-8　双色印刷机

2 系统集成

变频器和 PLC 的连接控制有以下几种方法：

① 使用多段速度控制，使用 PLC 的 I/O 点，分几种速度。变频器的输入信号包括：运行、停止、正转/反转等数字量输入信号。变频器通常利用继电器接点或晶体管集电极开路形成与上位机连接，并得到这些运行信号，如图 10-9 所示。

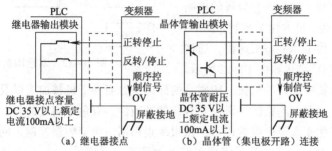

图 10-9 PLC 的 I/O 与变频器连接

② 使用 PLC 的 D/A 转换器，输出 4～20 mA 的电流信号或 0～10 V 电压器给变频器，控制变频器的输出频率，如图 10-10 所示。当变频器和 PLC 的电压信号范围不同时，可以通过变频器的内部参数进行调节。当需要使用变频器高速区域时，可以通过调节 PLC 的参数或电阻的方式将输出电压降低。

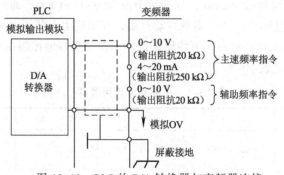

图 10-10 PLC 的 D/A 转换器与变频器连接

③ 使用通信方式向变频器发送频率信息。包括串行通信和安装板卡，即可通过 RS-485 通信口控制。

三菱 FX 系列 PLC 与三菱各系列变频器的 RS-485 通信协议是一致的。为了实现 RS-485 通信，需要在 PLC 侧加入特殊适配器或者功能扩展板；在变频器侧，可以利用 PU 接口（PU 接口就是一个 RJ-45 接口，见图 10-11）或者选件 FR-A5NR。

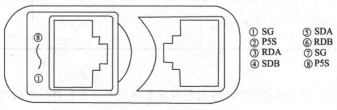

图 10-11 变频器的 PU 口

双色印刷机每个机组既要考虑到安全控制，其中包括本位机组的急停、安全按钮；还要考虑方便操作，其中包括每个机组均应有正点、反点按钮。因此，一方面输入点增加很多；另一方面，走线也很不方便。采用双机通信，可以很好地解决此问题，各机组的走线可以按照就近原则，进入离它较近的控制柜内，既节省了走线，也方便了控制。其中，上位机与下位机采用了 RS-485 通信，通信方便可靠。双色印刷机结构如图 10-12 所示。

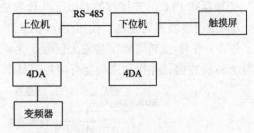

图 10-12　双色印刷机结构

印刷机是一个精度较高的机械，印刷品的好坏一方面在于机械加工以及安装的精度；另一方面，也取决于水路、墨路的平衡以及合压的准确性。双色印刷机的每一色组，都有水路和墨路装置。为了便于水辊速度的调节，每根水辊都用一个变频器控制，同时，主电动机速度也需要变频器调节。因此，为了实现多路速度调节，采用了三菱 4DA 数-模转换器，它将 PLC 给出的数字量，根据相应的算法，转换成 0~10 V 直流电压输出，很好地实现了多路速度调节要求。

在印刷过程中，调版是一个比较烦琐的过程。尤其对多色印刷机来说，各组版对正的精度会对印刷品产生很大的影响。如果套印不准，印刷品就会出现字面重叠或影像不清。一般来说，印版轴向调节范围为−2~+2 mm，周向调节范围为−1~+1 mm。如果使用手动调版，会浪费很多时间，而且精度不高。为了实现自动打版，在版辊上安装了电位器，通过电位器将模拟量传送给 4AD，经过 PLC 处理，可将版辊的转动精度很好地控制在打版范围内。

主要部件选用清单见表 10-4。

表 10-4　主要部件选用清单

序　号	名　称	型　号	单　位	数　量	外　观
1	可编程控制器	FX2N-48MR	个	2	
2	模块	FX2N-4A/D；FX2N-4D/A	个	各 1	
3	变频器	三菱 D700	台	1	
4	人机界面	汇川 IT5100E	个	1	

3　参数设置

与 PLC 连接后，对变频器 D700 进行相关参数的设置。首先进行参数出厂值的恢复，然后进行主要参数的设置，具体参数及操作如下：

（1）参数出厂值恢复（见表10-5）

表10-5　参数出厂值恢复

设置步骤	操　　作	显　　示
1	电源接通时显示的监视器画面	0.00
2	按 $\dfrac{PU}{EXT}$ 键，进入 PU 运行模式	PU 显示灯亮
3	按 MODE 键，进入参数设定模式	P0
4	旋转旋钮，将参数编号为 Pr。CL 的参数设定为 ALLC	ALLC
5	按 SET 键，读取当前的设定值。	0
6	旋转旋钮，将值设定为 1	1
7	按 SET 键确定	闪烁

（2）主要参数设置（见表10-6）

表10-6　主要参数设置

序　　号	参数代号	初　始　值	设　置　值	功　能　说　明
1	P1	120	50	上限频率（Hz）
2	P2	0	0	下限频率（Hz）
3	P3	50	50	电动机额定频率
4	P4	50	50	多段速度设定（高速）
5	P5	30	30	多段速度设定（中速）
6	P6	10	10	多段速度设定（低速）
7	P7	5	5	加速时间
8	P8	5	5	减速时间
9	P73	1	0	控制模式选择（0～10 V）
10	P79	0	2	运行模式选择（外部控制模式）
11	P125	50	50	变频器 0～10V 增益控制对应输出频率斜率
12	P160	9 999	0	扩展功能显示选择（显示所有参数，开放隐藏参数）

4 程序设计

印刷机整体的电气设计还是比较复杂的，对时间的要求也很严格。在机器的很多地方装有接近开关，用来检测不同的时间点。整个程序可分为给纸部分和离合压部分。

（1）给纸设计

在印刷过程中，走纸的好坏是影响机器质量的一个重要环节。所谓走纸的好坏，指的是无歪张，双张等现象，如果有歪张，双张现象，在高速情况下，就会将走坏的纸，卷入机器内，从而破坏胶皮，给用户带来很大损失。此过程流程如图10-13所示。

按照上述流程编制的程序，在低速没有问题，但速度增高至 7 000 r/h 后，就会出现歪张锁不住现象。究其原因，主要是因为光头反应时间和磁铁动作时间滞后造成。程序在执行过程中，采用循环扫描方式，为了让电磁铁输出提前，采用了中断和三菱编程指令的输入/输出刷新指令，使电磁铁输出立即执行，提前了电磁铁动作时间，即使在 12 000 r/h 的速度下，也能很好锁住有故障的纸张，解决了给纸的一大难题。

（2）离合压设计

离压、合压在印刷中具有很重要的作用。离合压的准确性，对印刷品质量的好坏有着直接的影响。合压过早，会弄脏压印辊筒，给操作带来很多不便；离压过早，会使最后一张纸印不上完整的图案，造成纸张浪费。

离压、合压流程图如图 10-14 所示。

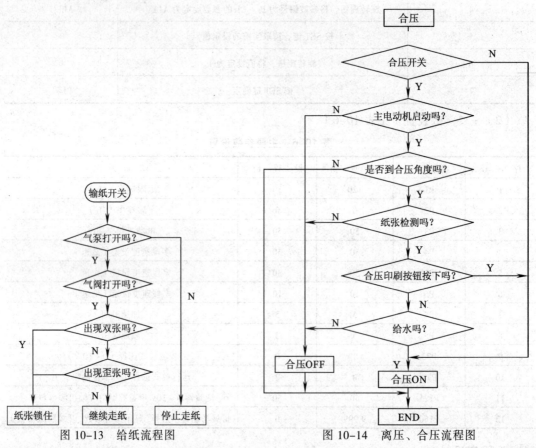

图 10-13　给纸流程图　　　　　图 10-14　离压、合压流程图

印刷时，版辊筒与胶皮辊筒先合压，胶皮辊筒与压印辊筒后合压。合压全部采用了气动装置，每个气缸都有一个动作时间。由于印刷速度是多段速，在 3 000~12 000 r/h 之间，根据用户需要可选择不同的速度。但是，气缸动作时间是一定的，齿轮转过角度是一定的，因此，机器速度不同时，合压时间也不同。为了解决此问题，根据理论计算值，找出对于不同机器速度时，机器的延时时间。采用比较指令，当机器段速与理论值相等时，延时相应的时间，使压印辊筒与胶皮辊筒准确合压。经过多次试验，离压、合压都没有问题。

（3）人机界面设计

在人机界面中，设计了多幅界面，包括整体图形、故障显示、机器速度和计数显示、水辊速度显示、调版监控等。故障显示使用指示器，给出位元件即可实现闪动效果，让操作者很方便地知道故障部位，整体感很好。在水辊速度显示中，设计了一个柱状图，可以显示水量增加大小，只需按下柱状图，就可增加水量，同时也可方便监控，如图10-15所示。

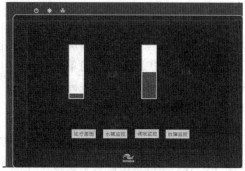

图10-15　水辊监控界面

5 调试运行

采用"触摸屏+三菱 FX 系列 PLC+变频器"的控制方案，系统运行可靠、维护方便、操作简便直观，大大提高了印刷机的档次，受到用户好评。

练习与提高

1. 在电动机运行中，高速时看是否会影响控制的精度，如产生较大的误差，应如何消除？

2. 如何用 PLC 与变频器进行协议通信连接？设计控制方案并调试运行。

3. 请用"触摸屏+PLC+变频器"设计图10-16所示系统：触摸屏显示变频器速度数据，并完成设定的速度曲线。

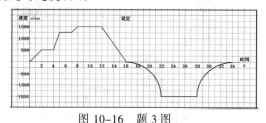

图10-16　题3图

任务3　HMI+PLC+智能仪表控制

任务目标

1. 建立 AI 智能仪表与三菱 FX2N 系列 PLC 通信；
2. 掌握 PLC 与智能仪表的连接；
3. 掌握智能仪表参数的设置，PLC 程序编写；
4. 掌握啤酒生产线双容水箱的调试与维护。

1 工作任务

以 HMI 作为显示监控，选用 PLC 加 AI 智能仪表，对啤酒生产线上双容水箱的温度、压力、液位、流量等参数进行智能控制，并可以进行调节。啤酒生产线上双容水箱工作流程示意图如图 10-17 所示。

2 系统集成

目前，以带有通信功能的智能仪表与 PLC、触摸屏组成的小型控制系统因具有构建方便、可扩展性好、简单可靠等特点，在实际生产中得到了广泛应用。智能仪表硬件采用了先进的模块化设计，不同的模块完成不同的功能，可以完成诸如数据采集、数据处理、控制运算、算法和数据输出等功能，把控制任务下放到现场，实现真正意义上的分布式控制。智能仪表的 RS-485 接口采用更易于将智能仪表通过通信网络组成集散控制系统。

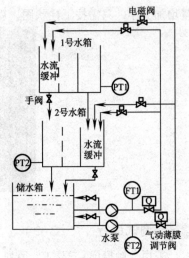

图 10-17　啤酒生产线上双容水箱
工作流程示意图

智能仪表连接有两种方案，如图 10-18 所示。

图 10-18（a）是直接以智能仪表为主控制设备的，显示的是串级控制结构形式，在单回路控制时，智能仪表可以分别作为不同回路的控制器。这些智能仪表可以通过 RS-485 总线连接，通过 RS-232/485 转换器与计算机（或人机界面）通信。这里要注意的是，作为副控制器的智能仪表需要具有外给定功能，在购买该设备时需要说明。图 10-18（b）中，采用 RS-485 总线连接的智能仪表不直接与计算机（或人机界面）通信，而是与 PLC 的 RS-485 接口通信，而 PLC 的串口再与计算机（或人机界面）通信。

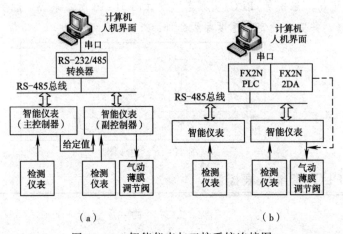

（a）　　　　　　　　　　　　　（b）

图 10-18　智能仪表与工控系统连接图

本系统选配的仪表包括 2 台差压式液位计，1 台压力变送器，2 台涡街流量计，2 台气动薄膜调节阀，4 台电磁阀，智能仪表选择厦门宇电的 AI-708P，PLC 为三菱 FX2N-32MR，触摸屏为深圳汇川的 IT5100E。

PLC 作为主控制器，智能仪表的作用是 PLC 的 I/O 通道。PLC 通过通信的方式从智能仪表获得过程的测量值，PLC 的控制输出再由通信方式由智能仪表来输出，当然，也可以通过 PLC 的 D/A 转换器输出。图 10-18（b）所示系统结构在硬件上可以省略 D/A 转换器，更主要的是可以确保人机界面上显示的过程变量值与智能仪表面板上显示的数值完全一致。人机界面只是起监控、管理与参数设置等作用。经过 D/A 转换器送到气动薄膜调节阀，数字量输出经过 PLC 的继电器输出口去控制电磁阀。模拟量控制功能的实现通过调用相应的 PID 功能指令实现。

主要部件选用清单见表 10-7。

表 10-7　主要部件选用清单

序　号	名　　称	型　号	单　位	数　量	外　观
1	可编程控制器 PLC	FX2N-32MR	个	1	
2	智能仪表	AI708P	台	1	
3	人机界面	IT5100E	个	1	

3 参数设置

AI708P 智能仪表用于需要按一定时间规律自动改变给定值进行控制的场合。在进行调试前，要先接好模块电源和串行通信线，把模块地址、波特率和各种参数设置正确，Addr 参数必须和模块地址一致，串口号、波特率、数据位位数、停止位位数、检验方式必须和 PLC 的设置一致。

仪表通电后进入基本显示状态（见图 10-19），此时仪表上、下显示窗分别显示测量值（PV）和给定值（SV），下显示窗还可交替显示以下字符表示状态：①"oral"，表示输入的测量信号超出量程；②"HIAL"、"LoAL"、"HdAL"或"LdAL"时，分别表示发生了上限报警、下限报警、偏差上限报警、偏差下限报警；③"StoP"表示处于停止状态；"HoLd"和"rdy"分别表示暂停状态和准备状态。

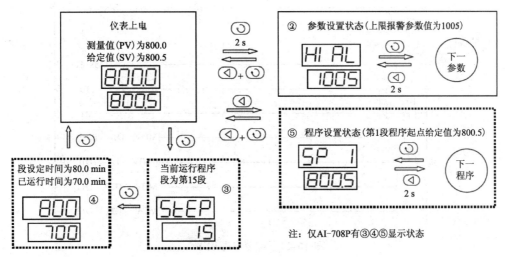

图 10-19　仪表显示画面

通信格式：AI 智能仪表通信的数据格式为 1 位起始位，8 位数据位，无检验位，2 位停止位。传输速率为 9600。每台 AI 智能仪表都有一个地址代号，一台上位机通过 RS-485 接口可在一条通信线路上和 32 台 AI 智能仪表通信，需连接更多的仪表时，可采用中继器进行扩展。AI 智能仪表采用十六进制数据格式来表示各种指令代码和数据，AI 智能仪表软件通信指令经过优化设计，只有两条：一条为读指令；另一条为写指令，能百分之百完整地对仪表进行操作。

读写指令分别如下：

读：地址代号+ 52H+要读参数代号+ 0+ 0+ CRC 校验码。

写：地址代号+ 43H+要写参数代号+ 写入数低字节+ 写入数高字节+ CRC 检验码。

参数代号：仪表的参数用一个 8 位的二进制数来表示，它在指令中表示要读写的参数名称。

地址代号：为了在一个通信接口上连接多台 AI 智能仪表，需要给每台智能仪表编不同的号码，这一号码约定为通信地址代号，AI 智能仪表的有效地址代号为 0~100，仪表代号由参数 Addr 决定。AI 智能仪表重要参数设置如图 10-20 所示。

参数代号	参数名	含义	参数代号	参数名	含义
0011	SV	给定值	11H	oP1	输出方式
0111	HIAL	上限报警	15H	Baud	波特率
0211	LoAL	下限报警	16H	Addr	通信地址
0611	CtrL	控制方式	18H	run	运行参数
0BH	Sn	输入规格	19H	Loc	参数封锁

图 10-20 参数设置

4 程序设计

根据控制要求，PLC 与仪表通信时，程序要进行通信设置、地址读写、求和检验，部分参考程序如图 10-21 所示。

汇川触摸屏 IT5100E 的界面可自行设置，动态显示仪表的运行情况。

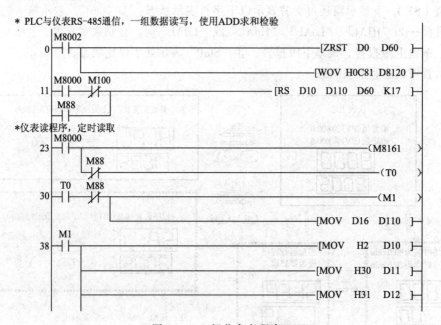

图 10-21 部分参考程序

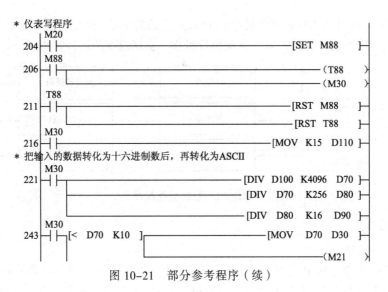

图 10-21 部分参考程序（续）

5 调试运行

经过多个企业应用表明，系统具有功能灵活完善、配置合理、成本低廉等优点，很好地满足了啤酒生产线过程控制的要求，实现了双容水箱的温度、压力、液位、流量等参数的智能控制。

练习与提高

1. 如何进行 AI 智能仪表参数的设置？

2. 如何用 AI 智能仪表直接和触摸屏通信，实时监控现场情况，设计控制方案并调试运行。

任务 4　PID 脉宽调制温度控制系统设计

任务目标

1. 了解温度变送器的应用和安装；
2. 掌握 PID 脉宽温度控制系统的设计和调试；
3. 掌握 FX2N-4AD 模块的调试与维护。

1 工作任务

采用标准输出 4～20 mA 的 SBWZ-PT100 温度变送器对系统温度信号进行采集，采集后的模拟量经 FX2N-4AD 功能模块转换为 PLC 可读的数字量，通过 PLC 自带的 PID 指令对温度当前值和设定值的偏差进行运算，再通过 PWM（脉宽调制指令）控制电热器的导通时间，直至温差为零，电热器不工作，实现了温度的闭环控制。

2 系统组成

系统整体框图如图 10-22 所示，使用 PLC 作为控制核心，温度变量经温度传感器（温度变送器）采集后，再经过 A/D 转换器转换成 PLC 可读的数字量，PLC 将它与温度设定值比较，并按某种控制规律对误差进行运算，驱动执行机构，实现温度的闭环控制。

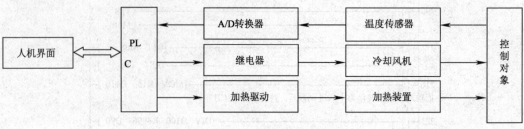

图 10-22　系统整体框图

3　硬件选择

（1）PLC 的选择

PLC 的选择主要应从 PLC 机型、容量、I/O 模块、电源模块、特殊功能模块、通信联网能力等方面加以综合考虑。本任务选用三菱公司生产的 FX2N-48MR 作为温度控制系统的 PLC 主单元。

（2）温度传感器的选择

选择中低温区最常用的一种 Pt100 热电阻作为传感器。测量精度高、性能稳定，其中铂热电阻的测量精确度是最高的。

（3）模拟量输入模块的选择

温度由 Pt100 铂热电阻温度传感器检测后输出的是电阻信号，且是模拟量，而 PLC 所能处理的是数字量，因此选择 FX2N-4AD 作为整个系统的 A/D 转换器。FX2N-4AD 模块出厂时预设的模拟量与数字量之间的比例关系见表 10-8（增益：数字量 0 所对应的模拟量；偏移：数字量 1 000 所对应的模拟量），增益和偏移还可以通过程序来自行修改。

表 10-8　FX2N-4AD 模块出厂时预设的模拟量与数字量之间的比例关系

项　　　目	预　设　0	预　设　1	预　设　2
增益	0	4 mA	0 mA
偏移	5V	20 mA	20 mA
输入范围	DC-10 ~ +10 V	DC 4 ~ 20 mA	DC-20 ~ +20 mA

（4）温度变送器的选择

由于 FX2N-4AD 所能识别的信号是 DC -10 ~ +10 V 或 DC -20 ~ +20 mA，所以铂热电阻温度传感器采集到的温度信号必须要通过外围电路的转换与调理，在此选用 SBWZ-Pt100 热电阻温度传感器实现该功能。SBWZ-Pt100 可将热电阻信号转换成与温度信号成线性的 4 ~ 20mA 的输出信号，根据表 10-8 选择预设 1，当前温度和 FX2N-4AD 最终转换得到的数字量的比例关系：FX2N-4AD 转换的数字量=当前温度 × 10。

（5）加热驱动器及驱动的选择

选用电热管作为系统的加热器件，其具有使用寿命长、抗氧化性能好、电阻率高、价格便宜等优点。

加热驱动器的选择对系统的控制效果、可靠性及使用寿命有着较大的影响。由于在本控制系统中，所选用 PLC 采用继电器输出方式，所以选用固态继电器为驱动控制器件。

（6）人机界面的选择

选择三菱的 A960G0T 触摸屏来作为本系统的人机界面，利用触摸屏来控制系统的启动、停止，输入温度设定值，实时监控温度的变化，改变 PID 的各项数据等操作，使操作更加方便，并且节省了 PLC 的 I/O 输入点。

4 系统安装

SBWZ-Pt100 温度传感器端子 5 接 24 V 电源正端、端子 4 为 4～20 mA 电流输出端。端子 1、2、3 接热电阻。温度控制系统原理接线图如图 10-23 所示。

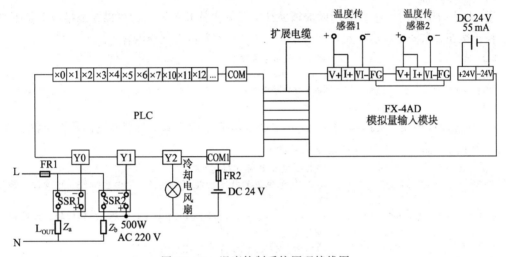

图 10-23　温度控制系统原理接线图

5 软件设计

（1）温度控制技术的选择

三菱 FX2N-48MR 可编程控制器拥有自己的 PID 指令，只需进行一些简单的参数设置即可，与开关量控温法相比，系统的控制精度有较人的提高。

（2）PLC 内存地址及内部继电器分配

PLC 内存地址及内部继电器分配见表 10-9。

表 10-9　内存地址及内部继电器分配

序　　号	内存地址及内部继电器	描　　述
1	D4	FX2N-4AD 特殊模块识别码
2	D10、D11	通道 1、通道 2 采集数据的平均值
3	D20	当前温度值
4	D150	PID 输出值
5	D160	调整后的 PID 输出
6	D200	温度设定值
7	D300~D306	PID 参数

序　号	内存地址及内部继电器	描　述
8	M0、M1、M2	FX2N-4AD 特殊模块识别
9	M3、M4	启动停止按钮
10	M5	程序启动
11	M10~M25	FX2N-4AD 错误状态信息
12	M6、M7、M8	控制电风扇的运行
13	M100、M101、M102	限制 PID 输出值的上下限

（3）程序设计

① 系统的启动与停止。利用内部辅助继电器来代替开关输入，可以在触摸屏上按下启动、停止按钮，节省 I/O 输入点。其指令表如下（/**/内容为注释内容）：

```
LD   M3           /*按下 M3 启动系统*/
OR   M5
ANI  M4           /*按下 M4 停止系统*/
OUT  M5
```

② 特殊功能模块。FX2N-4AD 的识别，FX2N-4AD 把两个温度传感器输出转换为数字量，并把两个通道的数据求平均。其指令表如下：

```
LD   M8002           /*PLC 通电初始脉冲接通*/
FROM K0 K30 D4 K1    /*将"0"号位置的特殊功能模块的 ID 号由 BFM#30 中读出，保存
                       在 D4 中*/
CMP  K2010 D4 M0     /*将 FX2N-4AD 的识别码 K2010 与 D4 中的 ID 码比较，如果相同
                       M1=1*/
LD   M1              /*确认为 FX2N-4AD 特殊功能模块*/
TOP  K0 K0 K3311 K2  /*将 H3311 写入 BFM#0，通道1、通道2 为 4~20 mA 输入；33
     为 CH3、         CH4 通道关闭*/
TOP  K0 K1 K4 K2     /*设定通道1、通道2 平均值采样次数为 4，即在一个扫描周期里
     采样            4 次*/
FROM K0 K29 K4M10 K2 /*将 BFM#29 里的 16 位故障码分别放入 M10~M25 下*/
ANI  M10            /*当 M10、M20 均为 0 时确认 FX2N-4AD 模块无故障*/
ANI  M20
FROM K0 K5 D10 K2    /*将通道1、通道2 采集的数据放入 D10、D11 中*/
MEAN D10 D20 K2      /*把 D10、D11 求平均值放到 D20 中，即当前温度的数字量（当前
                       温度×10）*/
```

③ PID 参数设定。其指令表如下：

```
LD   M5             /*开始 PID 参数设定*/
MOVP K1000 D300     /*采样时间设为 1 s，即每隔 1 s 采样温度当前值放入 PID 式子
                       中进行运算*/
MOVP K1 D301        /*动作方向设为 1，逆动作，即当前值小于设定值时动作*/
MOVP K50 D302       /*设置滤波常数为 50*/
MOVP K10000 D303    /*设置比例增益 10000(%)*/
MOVP K15000 D304    /*设置积分时间为 5000(%)*/
MOVP K0 D305        /*设置微分增益为 0*/
MOVP K0 D306        /*设置微分时间为 0*/
PID D200 D20 D300 D150 ·/*PID 指令其中 D200 为温度的设定值，D20 为温度当前值，D300
                       为 PID 调节所需要的参数，D300 为它们的首地址，该程序中用到 7
                       个，即 D300~D306，D150 为 PID 运算的输出值*/
```

④ PID 输出值上下限调节。其指令表如下：

```
LD   M5                      /*启动 PID 输出值上下限调节*/
ZCP  K0 K5000 D150 M100      /*将 PID 输出值限制范围在 0~5000*/
LD   M100                    /*当 D150 小于 0 时*/
MOV  K0 D160                 /*D160 为 0*/
LD   M101                    /*当 D150 大于或等于 0 小于或等于 5000 时*/
MOV  D150 D160               /*D160 为 D150 的值*/
LD   M102                    /*当 D150 大于 5000 时*/
MOV  K5000 D160              /*D160 为 5000*/
```

⑤ PWM 指令控制电热器的导通时间。其指令表如下：

```
LD   M5                      /*启动 PWM 指令*/
PWM  D160 K5000 Y000         /*脉宽调制指令其中 PID 的输出 D160 作为脉宽调制指令的高平，
                               脉冲的周期设置为 5s，就是在脉宽调制指令中以 5s 为周期；Y0
                               接固态继电器 SSR1，用于控制电热管的导通与关断，实现温度
                               的自动调节*/
LD   Y000                    /*驱动固态继电器 SSR1*/
OUT  Y001                    /*固态继电器 SSR1、SSR2 同时接通和断开，即用两个电热管一起
                               控制温度*/
LD   M5
CMP  D20 D200 M6             /*比较当前温度和温度设定值，如果大于温度设定值，M6 接通，控
                               制电风扇降温*/
LD   M6
AND  M5                      /*系统停止不能接通电风扇*/
OUT  Y2
LD   M4                      /*系统停止参数复位*/
ZRST D0 D400
END                          /*程序结束*/
```

6 调试运行

系统按图 10-23 连接好以后，建立人机界面如图 10-24 所示。

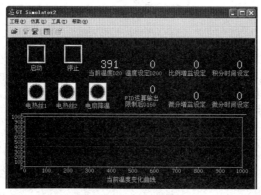

图 10-24 人机界面

当前温度为 39.1 ℃，即 A/D 转换器转换来的数字量为 391。将温度设定为 800 就相当于 80 ℃，并设定 PID 的参数，然后按下启动按钮，系统启动，开始进行温度当前值采集和 PID 运算。

当温度升高到 40.5 ℃时，PID 运算输出 5 000，电热管持续导通，温度持续升高（见

图 10-25）；温度上升到 77.2 ℃，PID 输出为 3 296，即电热管在每 5 s 导通 3 s，使温度缓慢上升；温度为 79.7 ℃时，PID 输出为 893，即电热管在 5 s 的周期里导通 1 s（见图 10-26）；如果当前温度超过温度设定值，风机就导通降温。

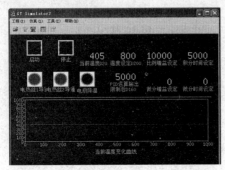

图 10-25　当前温度为 40.5 ℃时状态

图 10-26　温度趋于设定值

使用 FX2N-48MR 自带的 PID 指令，能使温度控制系统更加稳定，控制精度更高。使用 PWM 脉宽调制指令，进一步提高了系统控制精度。利用触摸屏作为人机界面，控制系统的启动、停止，输入温度设定值，实时监控温度的变化，临时改变 PID 的各项数据不用一直更改梯形图，就可以改变温度设定值等数据，使操作更加方便。

练习与提高

1. 本设计 PLC 输出为继电器输出，它与晶体管输出区别是什么？
2. 怎样进行 A/D 参数的设置和修改？
3. 如果进行直接加热，请设计控制方案。

任务 5　自动切带机电气系统的调试与维护

任务目标

1. 了解全自动切带机的应用和安装；
2. 掌握进带、卷绕、打孔、热切的控制；
3. 掌握切带机整机的调试与维护。

1　工作任务

认识全自动切带机的使用操作和工作流程，通过全自动切带机电气系统的调试与维护，掌握在塑编机械中卷绕、进带、打孔、热切（圆切）等控制方法的实现，并实现 PLC 与伺服控制、HMI 等的结合应用。

2　认识切带机

切带机主要在机械、轻工、包装等行业中，对编织带进行切断，通常采用人工定尺，人工或机械切断、人工计量，这种工作方式生产效率低，切带尺寸精度不高，特别当人工切断时，由于用力不均，断头有毛刺，加工出的产品质量难以保证。针对上述情况，本任务设计了一台由微型计算机控制并能自动供料的切带机，从进带、定尺、切带、计数均实现了全自动先进控制，提高了产品质量和劳动生产率。

切带机主要有手动切带机、半自动切带机、全自动微型计算机切带机三大类。其主要机械组成部分主要有进带压辊、走带压辊、热刀装置、打孔气动装置等，电气系统部分组成主要有热刀电路、走带电气控制线路、打孔电气控制线路等。图 10-27 为目前市场上主要切带机外形图。

（a）WY-QD50LH 型切带机

（b）小型台式切带机

（c）手动/半自动切带机

（d）手摇切带机

图 10-27　主要切带机外形图

3　全自动切带机的电气硬件选型和程序设计

（1）电气硬件选型与控制要求

全自动切带机主要由主控制器（PLC 与 HMI）、送带机构（伺服控制）、打点机构和切断机构 4 部分组成。

① 主控制器（PLC 与 HMI）是用来采集设定值并发出各种控制信号的控制中心。在选择 PLC 时，尽量优化考虑控制 I/O 点数，以及本身功能实现的要求，最终选择了三菱 FX1S-10MT 型 PLC。

② 送带机构（见图 10-28）用以将编织带送进刀口进行切断，它由两个橡皮辊组成，其中上辊为从动辊，可旋转且固定于一支架。该支架相对于机架可弹性调节，它使两辊之间的压力得以调节；下辊固定于机架，并由伺服电动机驱动旋转；上下两辊之间的压力使编织带随下辊的旋转而进给，以达到定量送带的目的。

③ 打点机构完成编织带上根据不同工艺要求的打点穿孔；对于一带多点的参数通过触

摸屏设置后再传输给 PLC 实现处理控制。

图 10-28　送带机构结构示意图

④ 切断机构用以切断编织带，它由驱动机构和热刀刀片组成，刀片通过一曲柄由气缸带动来完成切断动作，这一动作也作为切断计数的依据。如此，在微型计算机控制器的控制下，各部分协调工作，切断系统便能在无人操作的情况下全自动地完成切带功能。

图 10-29 是改造后全自动切带机基本操作流程图。

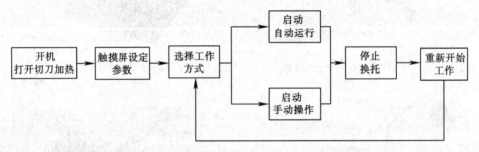

图 10-29　改造后全自动切带机基本操作流程图

经过选型后的系统由切带机机械装置、三菱 FX1S 可编程控制器、台达伺服控制器（带光电编码器）、工业嵌入式触摸屏（HMI）等构成，如图 10-30 所示。

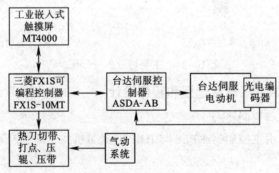

图 10-30　系统构成图

（2）PLC 程序与 HMI 设计

① PLC 与触摸屏的参数定义，见表 10-10。

② 程序设计流程图如图 10-31 所示。

③ 程序设计功能如下：

程序块 1（见图 10-32）。

表 10-10　PLC 与触摸屏的参数定义

触摸屏参数	PLC 元件	触摸屏参数	PLC 元件	触摸屏参数	PLC 元件
当前产量	D216	第 1 点距离	D98	伺服驱动器正转	Y0
设定数量	D218	第 2 点距离	D102	伺服驱动器反转	Y1
每托数量	D222	第 3 点距离	D104	打点电磁阀	Y2
手动/自动	M106	…	…	切断电磁阀	Y3
启动	M101	第 44 点距离	D186	压辊电磁阀	Y4
停止	M102	第 45 点距离	D188	压带电磁阀	Y5
前进	M111	切带机型	D228		
后退	M112	剪切时间	D240		
推带	M121	设定段数	D214		
打点	M114	裁剪长度	D224		
切带	M115	点动速度	D230		
压辊	M119				
压带	M120				

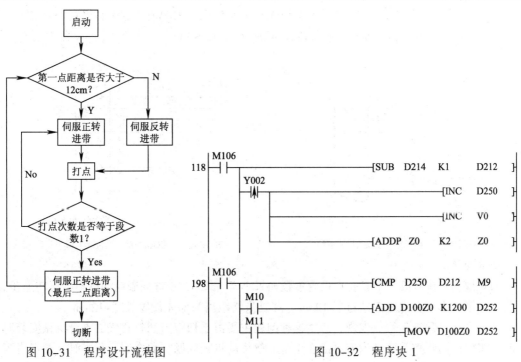

图 10-31　程序设计流程图　　　　　图 10-32　程序块 1

在触摸屏参数设置时，对于一根带子可以打孔的数目最多可以设置 45 个点，就是有 44 个点与点之间距离参数的设置。如果用不同的数据寄存器设置，并把值输给伺服控制器执行，在编程中将是非常烦琐的，选用了变址寄存器的写法可以省略很多赋值和运算语句。

程序块 2（见图 10-33）。

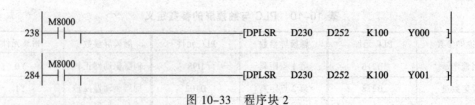

图 10-33　程序块 2

分别是代表控制伺服控制器执行电动机正转和反转的，DPLSR 是高速脉冲指令，最快脉冲可以达到几百千赫的频率，在选用 PLC 时要尽量选用晶体管输出型的 PLC，以此能达到高频率的响应速度。以 M8029 的状态代表高速脉冲输出结束的标志。

4　调试运行

下面列举在联机调试中出现的问题和如何解决这些问题。

调试问题 1：

问题现场：PLC 在利用 COM1 口时，与触摸屏通信错误。

解决方法：PLC 与触摸屏 COM1 口和 COM0 口的串口数据线连接方式是不一样的。两个口分别为公头和母头，以方便区分，引脚的差别仅在于 PIN7 和 PIN8。

COM0 口为 9 针公头，图 10-34 所示为 COM0 口引脚注释。

COM1 口为 9 针母头，图 10-35 所示为 COM1 引脚注释，与 COM0 口的区别仅在于 PC RXD，PC TXD 被换成了 RS-232 连接的硬件流控 RTS PLC，CTS PLC。

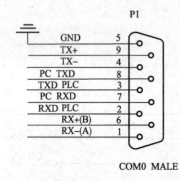

图 10-34　COM0 接头引脚注释　　　　图 10-35　COM1 接头引脚注释

调试问题 2：

问题现场：在对第一个打孔点设置参数如果小于 12 cm，步进伺服电动机不会反转退步，导致实际第一个打孔点距离超过了 12 cm，并且最终距离为原先设置长度 +12 cm。

解决方法：观察运行后发现，产生这种问题主要由于切带刀和打孔气缸本身机械安装时之间有 12 cm 的距离，这是没有办法在设备上解决的机械问题。故在编写程序时，要考虑当第一个打孔点设置参数如果小于 12 cm，必须让步进伺服电动机进行反转退步，并进行合理运算，反转退步的距离应该是（12 cm-原先设置长度）。在打完最后一个孔时到切带，还必须把开始扣掉的距离重新加上。

图 10-36 是在主流程控制中，加入了第一个打孔点设置参数的比较，看是否大于 12 cm，从而来选择分支运行。

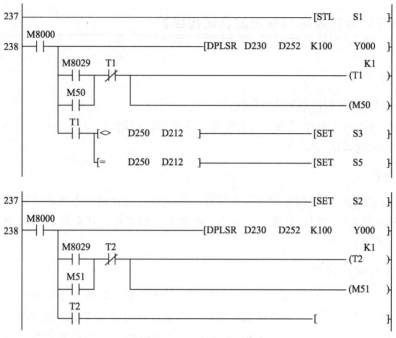

图 10-36 主流程程序

调试问题 3：

问题现场：PLC 参数与触摸屏参数不匹配，数据比例调整不对称。

解决方法：在进行 PLC 参数与触摸屏参数的设置后，实现工程数据的调整，PLC 参数与触摸屏参数存在反比例的关系。并且可以把某些数据写入 PLC 软元件内存中，如图 10-37 所示。如 D200=5000，代表伺服控制器输出频率。

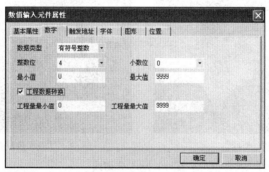

图 10-37 HMI 数值输入的工程数据转换

练习与提高

1. 了解全自动切带机的动作流程。

2. 查阅资料，比较本任务全自动切带机的优缺点。

3. 了解伺服驱动器参数设置。

4. 了解触摸屏中工程数据处理的方法和注意事项。

5. 调研目前市场上同时打多孔切带机的控制形式。

任务6　全自动分切线电气系统的调试与维护

任务目标

1. 了解全自动分切线的应用和安装；
2. 掌握收卷纠偏、放卷纠偏、张力控制、主牵引的控制；
3. 掌握整机的调试与维护。

1 工作任务

认识全自动分切线的使用操作和工作流程，通过全自动分切线电气系统的调试与维护，掌握在塑编机械中卷绕、纠偏、张力、牵引等控制方法的实现，并实现 PLC 与变频器、伺服控制、HMI 等的结合应用。

2 认识全自动分切线

分切卷绕系统是一种常用的控制系统，广泛应用于造纸，印刷、染织等生产过程中，本系统由 1 台交流电动机和 1 台直流电动机驱动，交流电动机转速由变频器控制，为了控制前后张力，采用放卷张力控制器和收卷张力控制器各 1 台，放卷张力控制器控制磁粉离合器，从而调节放卷辊的转速。收卷张力控制器控制直流电动机的转速，当交流电动机转速增加时，前后张力控制器分别控制磁粉离合器和直流电动机，使前后张力趋于平衡。为防止所卷产品纵向偏移，在前后各安装气动纠偏装置和光电纠偏装置。

分切线（见图 10-38）生产控制系统是由独立的 4 个子设备相互连接组成。它们分别是放卷、主牵引、收卷、分切。这几个子设备连接成生产线后可完成卷材的加工、处理等。

（a）薄膜分切线　　　　　　　　　　　　　（b）收放卷装置

图 10-38　分切线

（1）主要技术资料

分切线技术资料包括：侧视图、俯视图、系统原理图、相关技术指标、控制面板图、电气原理图、三菱变频器使用说明书、三菱张力控制器使用说明书、气液纠偏控制器使用说明书、直流调速器使用说明书等。

（2）系统控制原理

本系统为计算机控制的收放卷生产线系统，该系统由机械装置、HMI、PLC、张力控制器、变频器、直流调速机、纠偏控制器等组成。可以通过自动操作和手动操作控制生产线的运行。

系统采用三菱公司 FX2N-64MR、FX2N-4DA、FX2N-4AD 分别作为下位机、D/A 转换器块、A/D 转换器。PLC 是本系统的核心，负责现场信号采集和处理，检测信号由变送器送入 PLC 的 A/D 转换器，参数设定值通过 D/A 转换器送入目标控制器，控制变频器和张力控制器的给定值，达到控制张力和电动机转速的目的。

上位机采用 HMI 或组态王 6.5 作为生产线的监控层，用可视化界面，实时动态地显示生产线各个环节的工作状态，并可配打印进行瞬时和定时报表打印，还可在设备出现故障或被控量超出控制范围时发出声光报警，对现场生产过程进行实时监控和操作。系统控制原理图如图 10-39 所示。

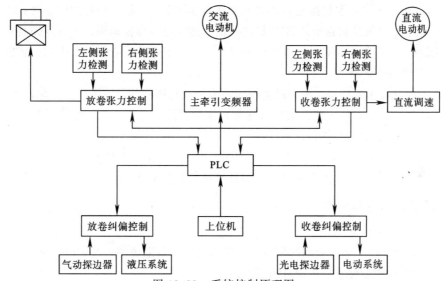

图 10-39　系统控制原理图

张力系统工作原理：张力控制器可分成手动张力控制、半自动（卷径检出式）张力控制及全自动张力控制。手动张力控制器是依收料或出料卷径的变化而分阶段调整离合器或制动器的励磁电流，从而获得一致的张力；半自动张力控制器又称卷径检出式或开波式张力控制器，用于收料及放料自动检出卷径，从而调整卷料的张力；全自动张力控制器是由张力检测器来直接测定卷料的张力，然后把实际张力变成张力信号传回张力控制器，从而自动调整离合器或制动器的励磁电流来控制卷料的张力。

纠偏系统工作原理：自动纠偏装置又称卷筒纸（薄带）边缘位置控制器，英文缩写为 EPC。根据感受边缘位置方式的不同，又可分为气动 - 液压自动纠偏装置和光电 - 液压电动纠偏装置。它们分别采用微气流放大原理及光电转化放大原理。而执行部分都是应用液压、电动伺服控制技术，从而对卷筒的基材进行自动导向和纠偏。广泛应用于各种金属薄膜、塑料薄膜以及其他卷筒材料的生产过程（如造纸、制箔、塑料复合印刷、塑料印刷、涂布机、分切机、印染、胶卷、钢带轧制等行业）中自动导向及纠偏控制。

（3）开机操作步骤

① 按通分切线的总电源，启动监控画面，检查画面显示是否正常。

② 检查设备的机械部分：主要检查机械装置是否对中、机构是否正常、设备的传动润滑情况是否良好、油箱液位是否正常、纠偏装置边缘探边侧安装是否牢固对齐、辊筒是否干净等。

③ 运行前电气装置检查：主要检查供电电源是否正常、控制柜内接线是否完好、控制面板显示是否正常、分切线上传感器及执行器有无异常。

④ 在手动方式下，采用点动控制，检查主牵引传动是否正常，收、放卷是否正常，检查放卷部分的张力控制及显示是否正常，检查收卷及直流调速装置是否正常。

⑤ 启动收放卷纠偏系统，查看纠偏动作是否可靠；气压是否在 400~600 kPa 范围内，若气压不在此范围内，调到此范围内。

⑥ 人工在放卷位置上装夹好材料，并按规定的工艺路径，将卷材正确的穿过收、放卷张力检测辊部分，手工将卷材按正确方向缠绕在收卷轴上，并注意材料的中心对齐。

⑦ 启动 PLC 电气控制系统及 HMI 控制画面，进入运行监控画面，打开纠偏装置及收放卷张力控制系统。在监控界面上，按工艺要求，正确设置收、放卷张力，牵引线速度，初始卷径，材料厚度等工艺参数。

⑧ 将工作方式选为自动，按下启动按钮，生产线将按照预设的参数，自动连续运行。

⑨ 在设备自动运行中，注意观察实际被控量的情况，是否正常，若有意外情况发生，按下急停开关或切断整机电源。

⑩ 生产完毕，停止自动运行，关闭纠偏系统和张力控制，切断整机电源。

注意查看整个系统是否能稳定运行，如有异常及时对出现的异常情况进行排除。

3 纠偏电路的控制调试

（1）放卷纠偏工作原理

放卷纠偏采用气动–液压自动纠偏装置。它由边缘位置监测器（又称气流喷嘴）、微差压放大器、液压伺服控制器及液压油缸组成。

检测器检测薄膜的边缘位置，薄膜边缘的左右移动引起气流喷嘴压力大小的变化，经过微气流差动放大，推动伺服阀使液压油缸动作，达到自动控制的目的。

控制器将微气流放大原理与液压伺服技术综合在一起，由一个微型电动机油泵和恒压风机，产生液压能源及自动控制用的气源，缩小了体积，节约了能源。控制器采用一对上下气流喷嘴检测薄膜边缘的横向位移，具有抗干扰能力强、灵敏度高和线性度好等特点。微气流放大器采用差动放大原理，提高了放大倍数，增加了灵敏度及稳定性。当电网电压发生波动以及气流变化时都不会影响控制器的控制精度。经过调试能够满足工艺要求。

放卷纠偏技术性能指标：

电动机：功率 0.75 kW，电压 380 V，转速 2 950 r/min。

油泵：流量 8 L/min（也可 12 L/min）。

工作压力：2.5 MPa，一般用 0.8 ~ 1.4 MPa。

恒压风机：风压 200mmH$_2$O，风量 38 L/min。

油缸：行程 150 ~ 250 mm（根据具体情况而定）。

最大推力：600 kgf（5 880 N）。

调节速度范围：0 ~ 120 mm/s（油缸速度）。

重复精度：0.1 ~ 0.3 mm。

（2）收卷纠偏工作原理

收卷纠偏采用光电纠偏控制器。在物料卷绕过程中，由光电传感器检测物料边缘的位置，以拾取物料边或线位置偏差信号。再将位置偏差信号传递给光电纠偏控制器进行逻辑运算，向机械执行机构发出控制信号，驱动机械执行机构，修正物料运行时的左右蛇形偏差，保证物料直线运动。左、右限位开关防止系统失控。

收卷纠偏技术指标：

跟踪标志宽度：

① 对线工作标志线宽度 > 2 mm。

② 对边工作边标志侧保持 5 mm 以上同色区。

光电传感器与物料的距离：（123 ± 2）mm。

响应时间：10 ms。

灵敏度：± 0.1mm。

纠偏速度：15 ~ 30 mm/s。

输出容量：由电动机的输出功率决定。

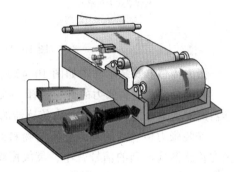

光电传感器的位置：安装在收卷车上，随车移动，距离卷轴距离大于 2 倍料宽。光电纠偏控制器驱动"直流电动机+滚珠丝杠"，使收卷车跟踪物料，始终保持料边与卷轴垂直，最终使收料卷整齐，如图 10-40 所示。

图 10-40　纠偏控制器在收卷端的应用

4 张力控制电路的控制调试

（1）张力控制原理

在许多包装机械设备上，如分切机、印刷机、复合机等在卷材的生产加工过程中，即在收卷和放卷的过程中，卷筒直径是变化的，直径的变化会引起卷材张力的变化，张力太小，卷材容易松弛产生横向漂移；张力太大，则又会导致卷材表面起皱甚至断裂。因而在收卷和放卷的过程中，为保证生产的质量及效率，需要对张力的变化情况进行在线检测和实时控制，以实现对张力的有效控制，满足实际生产的要求，保持恒定的张力是很重要的。

① 放卷张力控制分类：

被动放卷方式：放卷轴上无主动力，它的动作要靠其他设备牵引，这样的方式称为被动放卷。张力控制执行器主要有磁粉离合器、气动抱闸。

主动放卷方式：放卷轴上自身提供动力，它的动作不需要其他设备牵引，这样的方式称为主动放卷。控制执行器主要有直流电动机、交流电动机、力矩电动机（直流、交流力矩电动机）、伺服电动机等。

② 收卷张力控制分类（都是主动收卷）：动力+阻尼；直流电动机；力矩电动机；交流电动机；伺服电动机。

③ 张力传感器：就是通过检测机械形变，将其转化为电信号的装置。

张力传感器示意图如图 10-41 所示。

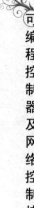

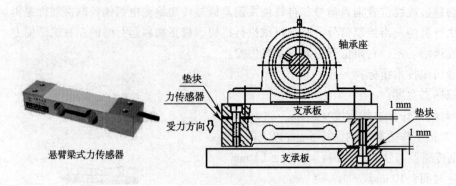

图 10-41　张力传感器示意图

张力传感器安装示意图如图 10-42 所示。

在需要检测物料张力的部位选择一根导辊或轴，将导辊两端的轴承座安装固定在张力传感器的上支承板上，然后将张力传感器的底座（下支承板）固定在机器上。

安装张力传感器的轴或导辊与物料间形成的两个夹角最好为 30° 左右，如果角度太小，张力传感器检测到的信号就小，灵敏度将降低，影响张力控制效果。当角度为 30° 时，由勾股定律可知 $1/2f=1/2f_1$，同理 $1/2f=1/2f_2$，即 $f=f_1=f_2$，所以张力传感器所检测的力则为物料上的张力。

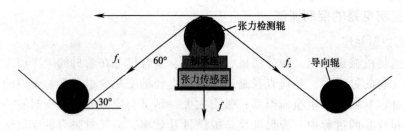

图 10-42　张力传感器安装示意图

（2）放卷张力控制

放卷的张力由放卷装置中的磁粉离合器的制动转矩控制，随着卷绕物的卷径不断减小必须不断减小制动转矩，用张力检测器来检测卷绕物的张力，由张力控制仪自动控制磁粉离合器的转矩，使张力恒定。当励磁电流保持不变时，转矩将会稳定地传递，不受滑差的影响。因此，只要控制电流，即能控制转矩的大小。可用很小的励磁电流控制很大的传递功率。在转矩超载情况下，磁粉离合器自动滑差运行起到过载保护作用。所以，本系统选用磁粉离合器的被动放卷方式。

放卷张力控制电气原理图如图 10-43 所示，张力控制器接收 PLC 的张力信号，再通过左右边的两个张力检测器检测的信号与给定信号比较，控制磁粉离合器的制动阻尼大小从而控制放卷张力，使其与设定值保持一致。同时输出张力信号到 PLC 的 A/D 转换器上，显示于上位机，供作业员操作观察。

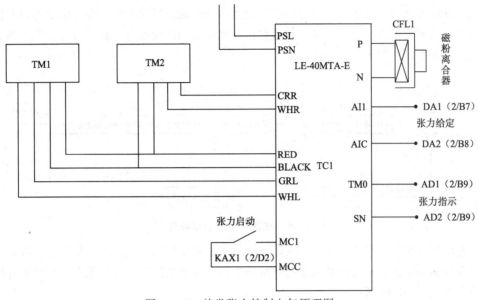

图 10-43 放卷张力控制电气原理图

磁粉离合器是利用电磁效应下的磁粉来传递转矩的，具有励磁电流和传递转矩成线性关系、响应速度快、结构简单、无冲击、无振动、无噪声、无污染等优点，是一种多用途、性能优越的自动控制元件，磁粉离合器外形如图 10-44 所示。

图 10-44 磁粉离合器外形

（3）收卷张力控制

根据电动机转矩的变化与卷材卷径成正比的原理来实现恒张力控制。可以不需要磁粉制动器/磁粉离合器，直接采用直流调速器控制直流电动机，再通过张力控制仪及张力传感器，就可以实现恒张力控制。在保证工艺要求的条件下，具有经济、可靠、运行平稳、负载能力强、维修成本低的特点。故本系统采用经济实用的直流电动机收卷方式。

所卷产品的张力通过张力检测辊，作用在荷重传感器上，张力控制器通过荷重传感器检测实时张力，并与设定张力进行比较、运算，产生控制信号，驱动磁粉制动器或直流电动机执行张力的控制。该部分采用三菱 LE-40MTA-E 张力控制器。

A/D、D/A 转换器用来转换交、直流电动机的转速及放卷辊与收卷辊的张力，变送器把转速和张力信号送入 A/D 转换器，再从上位机上读出。D/A 转换器用来把上位机设定的交、直流电动机及前后张力控制器的参数设定值转换成控制信号，分别控制转速和张力。

在收卷端通过张力检测装置传送信号给直流驱动电源，当检测的张力与给定张力不相等时，调节直流驱动电源，改变直流电动机的电枢电压从而改变张力，直到与给定张力相等。收卷张力控制原理框图如图 10-45 所示。

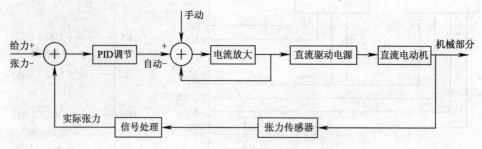

图 10-45　收卷张力控制原理框图

收卷电气控制原理与放卷相似，也是通过 PLC 给定信号与检测的张力信号相比较，但控制的是直流驱动电源，从而控制直流电动机的电枢电压改变速度，调节张力。收卷张力控制电气原理图如图 10-46 所示。

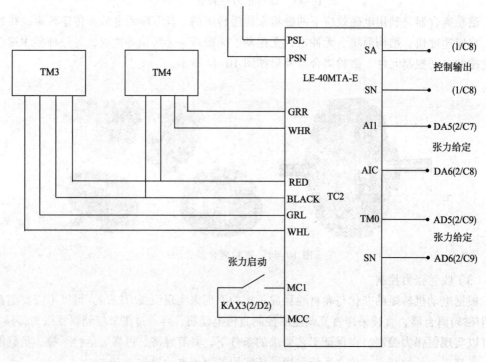

图 10-46　收卷张力控制电气原理图

5　主牵引电路的控制调试

牵引的目的是提供动力给放卷，因此就应满足运行平稳、调速范围广等特点。分切线采用交流变频调速，运用三菱公司的 FR-A540-1.5K 变频器来驱动三相交流电动机。该产品功率可达 1.5 kW，采用先进磁通矢量控制方式，实现自动调整功能，可拆卸接线端子，维护方便；内含柔性 PWM，实现更低噪声运行；内置 RS-485 通信口、PID 等多种先进功能。

在变频技术还没有成熟以前，通常采用直流控制，以获得良好的控制性能。随着变频技术的日趋成熟，出现了矢量控制变频器、张力控制专用变频器等一些高性能的变频器。其控制性能已能和直流控制性能相媲美。由于交流电动机的结构、性价比、使用、维护等很多方面都优于直流电动机，变频控制正在被越来越广泛的应用，有取代直流控制的趋势。

横切与计米的控制：横切采用 PLC 逻辑控制；计米采用 PLC 的计数器累计长度脉冲信号，换算成长度。

6 分切线的整机控制调试

（1）触摸屏的人机交互组态界面设计

触摸屏参数界面（见图 10-47），包括：当前卷径，设定数量，张力设定、显示，速度设定、显示；启动、停止控制画面；运行启停、纠偏启停等。

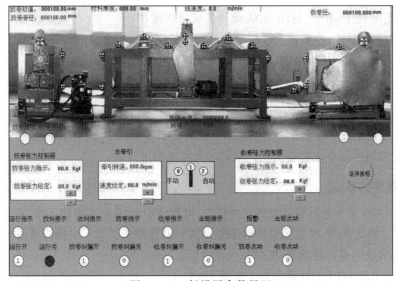

图 10-47 触摸屏参数界面

（2）PLC 的 I/O 端口检查与调试

PLC 置于停机状态，先检查输入信号是否正常，再检查输出是否正常。

（3）分切线的整机调试要求

① 检查整机机械、电气、气动等部分是否正常。

② 检查机械传动、润滑、密封等部分是否正常。

③ 检查电柜、控制台开关位置是否正常。

④ 接通电源、气动等动力，观察相关指示灯是否正常。

⑤ 可编程控制系统、张力控制系统、纠偏系统是否正常。

⑥ 采用手动方式，逐一对整机各部分空运转试车，有故障则查找原因排除。

⑦ 整机空运转各部分联合试车，检查有无异常，以排除机械、电气上的故障。

⑧ 按工艺要求，装上物料，先低速后正常速度，开车试运行，并记录有关运行参数，有异常，可停车检查；经正常开车，无异常后，可以认为设备正常。

练习与提高

1. 了解目前市场上分切线的主要用途和控制方式。
2. 叙述卷绕与牵引控制的张力测试与纠偏测试所用方法。
3. 其他同类设备中卷绕与牵引控制的张力测试与纠偏测试的方法有哪些？
4. 简述分切线组态界面设计中数值输入与输出的编写方法。
5. 比较卷绕与牵引控制采用双伺服、双变频、或一伺服一变频的方式。

任务 7 PLC+特殊功能模块+变频器实现温度调速控制

 任务目标

1. 掌握汇川 H2U-4PT、H2U-4DA 模块的调试与维护；
2. 掌握汇川 MD320 变频器在模拟量进行调速控制模式中参数的设置；
3. 掌握汇川 PLC、H2U-4PT、H2U-4DA 模块的程序编写与调试。

1 工作任务

以 PLC 作为核心，由 H2U-4PT 模块测量当前温度，通过 H2U-4DA 模块将被测温度转换成模拟量（电压或电流）输出，此模拟量输出作为变频器 MD320 的模拟量的输入，实现随着温度的变化变频器的频率也随着变化，从而达到温度调速控制。

2 系统硬件的认识

汇川 H2U-4PT 是 4 通道温度检测扩展模块，可配合 H2U 系列主模块工作，实现 4 路 Pt100 温度信号检测，将之换为 12 位精度的数字量，供 PLC 主模块读取。主模块通过 FROM/TO 指令访问本扩展模块内寄存器的 BFM 单元。

（1） 汇川 H2U-4PT 的性能指标（见表 10-11）

表 10-11 汇川 H2U-4PT 的性能指标

项　　目	指　　标	
温度检测传感器	Pt100	
温度检测范围	摄氏：-100 ~ +600℃	华氏：-148 ~ +1 112℉
输入通道数	4 通道	
转换速度	15ms/通道	
数字输出	12 位：-2 048~+2 047	
分辨率	0.1 ℃	
总精度	±1%全范围	
占用 I/O 点数	8 点	
转换特性	数字输出 +6000 -100℃ -1 000 +600℃ 温度输入/℃	数字输出 +11 120 -148℉ -1 480 +1 112℉ 温度输入/℉

（2）汇川 H2U-4PT 的电源规格（见表 10-12）

表 10-12　汇川 H2U-4PT 的电源规格

项　目	指　标
模拟电路	DC 24 V−15%/+20%，最大允许纹波电压 5%。电流消耗 80 mA(取自于主模块的 24V/COM，或其他的 DC 24 V 电源)
数字电路	DC +5 V 50 mA（通过模块扩展电缆，取自主模块电源内部电源）

（3）接线端子布局图（见图 10-48）

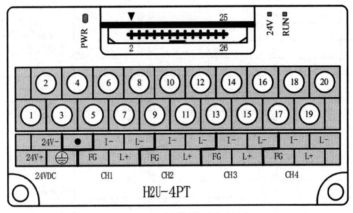

图 10-48　接线端子布局图

（4）输入信号与扩展电缆的接线

模拟输入信号通过双绞线连接到扩展模块的输入端口，布线时不要与交流电源线或干扰信号的线路靠近，信号源及其屏蔽线的外壳与 H2U-4PT 的信号接地端 FG 相连，共同接地，如图 10-49 所示。

（5）4PT 模块的 BFM 区

PLC 主模块是通过读取 4PT 模块的寄存器缓存单元（BMF 区）的方式读取数字化 A/D 转换结果，通过改写特定 BFM 区的方式来设置模块状态。PLC 主模块通过读写指令 FROM/TO 访问这些 BFM 单元。

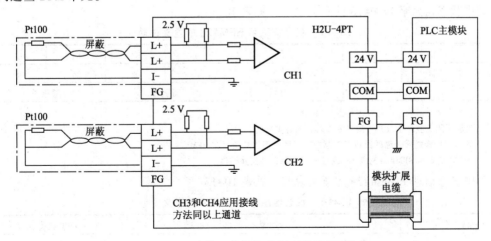

图 10-49　输入信号与扩展电缆接线图

BFM 的每个寄存器宽度为 16 位（即 1 字），按照 4PT 模块的 BFM 区定义见表 10-13。

表 10-13　4PT 模块的 BFM 区

BFM	R/W 属性	内　　容	
#0	—	保留	
#1	WR	通道 1	平均滤波常数，即用于平均计算的采样值个数，设定范围 1 ~ 4 096，默认值 8。若要高速采集，可设定为 1
#2	WR	通道 2	
#3	WR	通道 3	
#4	WR	通道 4	
#5	R	通道 1	通道 1 ~ CH4 在 0.1 ℃ 单位下的平均温度
#6	R	通道 2	
#7	R	通道 3	
#8	R	通道 4	
#9	R	通道 1	通道 1 ~ CH4 在 0.1 ℃ 单位下的当前温度
#10	R	通道 2	
#11	R	通道 3	
#12	R	通道 4	
#13	R	通道 1	通道 1 ~ CH4 在 0.1 ℉ 单位下的平均温度
#14	R	通道 2	
#15	R	通道 3	
#16	R	通道 4	
#17	R	通道 1	通道 1 ~ CH4 在 0.1℉ 单位下的当前温度
#18	R	通道 2	
#19	R	通道 3	
#20	R	通道 4	
#21 ~ #26	—	保留	
#27	R	4PT 模块软件版本	
#28	R/W	数字范围错误锁存（可检测热电阻断线）	
#29	R	错误状态	
#30	R	扩展模块识别码，H2U-4PT 的识别码为 K2040	
#31	—	保留，不可访问	

其中状态信息字 BFM#28 的意义说明，见表 10-14。

表 10-14　状态信息字 BFM#28 的意义说明

b15 ~ b8	b7	b6	b5	b4	b3	b2	b1	b0
未用	高	低	高	低	高	低	高	低
	CH4		CH3		通道 2		通道 1	

低：当温度测量值低于最低可测量温度时，锁存 ON。

高：当温度测量值高于最高可测量温度时，锁存 ON。

　　若出现错误之后，温度回到正常范围，则错误仍然被锁存在 BFM#28 中。

　　用 TO 指令向 BFM#28 写入 K0 或者关闭电源，可清除错误。

其中状态信息字 BFM#29 的意义说明，见表 10-15。

表 10-15　状态信息字 BFM#29 的意义说明

BFM#29 位号	ON 状态	OFF 状态
b0	存在错误。b1~b3 中任一个非 0，A/D 转换停止	无错误

BFM#29 位号	ON 状态	OFF 状态
b1	保留	保留
b2	（不可能）	电源正常
b3	模块硬件故障	硬件正常
b10	数字输出超出指定范围	数字输出值正常
b11	采样滤波常数超出 1~256 范围	采样滤波常数正常
b12	保留	保留
BFM#29 的其他 bit4~bit7，bit13~bit15 等没有定义		

注意：模块的外部 24 V 电源失电，PLC 主模块的系统标志 M6708 会置位。编程时可定时检查该标志，能及时发现该现象。

（6）系统的通信连接图（见表 10-50）

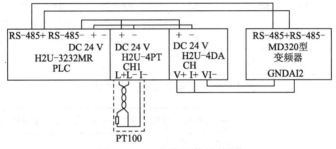

图 10-50　系统通信连接图

3　变频器参数设置

首先将变频器进行参数初始化的设置 FP-01=1，接着在变频器中设置有关的参数，相关参数如表 10-16 所示。参数设置采用操作面板进行。

表 10-16　变频器参数设置

功 能 码	名 称	设 定 值	备 注
F0-01	控制方式	2	V/F 控制
F0-02	命令源选择	2	串行口命令通道（LED 闪烁）
F0-03	主频率源 X 选择	3	频率由 AI2（模拟量输入）给定
FD-05	通信协议选择	1	标准的 MODBUS 协议

4　程序设计

以 PLC 作为核心，由 H2U-4PT 模块测量当前温度，通过 H2U-4DA 模块将被测温度转换成模拟量（电压或电流）输出，此模拟量输出作为变频器 MD320 的模拟量的输入，实现随着温度的变化变频器的频率也随着变化，从而达到温度调速控制。

（1）PLC 与变频器进行 MODBUS-RTU 通信协议梯形图如图 10-51 所示。

（2）PLC 访问 H2U-4PT 模块测量到的当前温度，梯形图如图 10-52 所示。

（3）PLC 访问 H2U-4DA 模块，并将 4PT 测量到的当前温度写到 4DA 中，由 4DA 转换成 4~20 mA 模拟量给变频器作为频率信号，实现随着温度的变化变频器的频率也随着变化，从而达到温度调速控制，梯形图如图 10-53 所示。

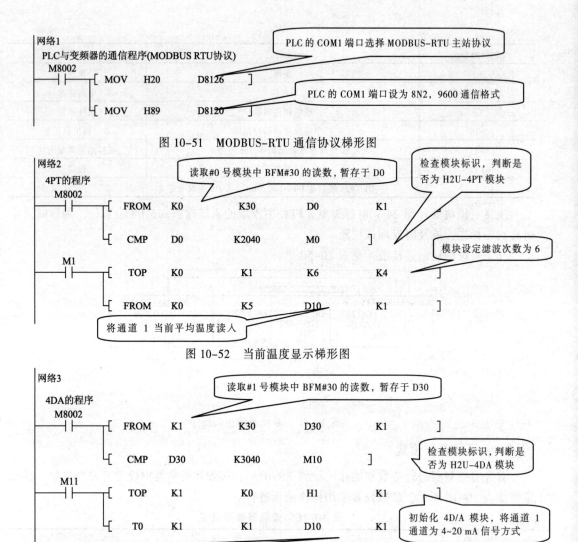

图 10-51　MODBUS-RTU 通信协议梯形图

图 10-52　当前温度显示梯形图

图 10-53　4DA 模块显示梯形图

（4）PLC 与变频器进行 MODBUS-RTU 通信协议，向变频器发出正转运行和停机控制命令，梯形图如图 10-54 所示。

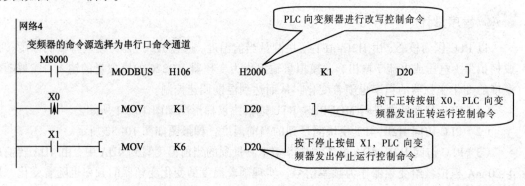

图 10-54　变频器正转停机梯形图

5 调试运行

将上述程序在汇川 AutoShop 编程环境直接下载到 PLC 中，按下正转按钮 X0，变频器的频率随着当前温度的变化而变化。按下停止按钮 X1，变频器立刻停止运行。

练习与提高

1. 如果变频器命令源选择中采用端子命令控制方式，变频器的参数设置及 PLC 的程序设计该如何？设计控制方案并调试运行。

2. 将 4DA 的给定变频器的模拟量输出改为 DC 0~10 V，变频器的频率有何改变？现象如何？

3. 将本任务要求中 PLC 与变频器之间的通信用 RS 指令来代替 MODBUS 指令。设计控制方案并调试运行。

参 考 文 献

[1] 张万忠. 可编程控制器应用技术[M]. 2 版. 北京：化学工业出版社，2005.

[2] 张文明，华祖银. 嵌入式组态控制技术[M]. 2 版. 北京：中国铁道出版社，2014.

[3] 高勤. 可编程控制器原理及应用[M]. 北京：电子工业出版社，2008.

[4] 史宜巧，孙业明，景绍学. PLC 技术及应用项目教程[M]. 北京：机械工业出版社，2009.

[5] 李稳贤，田华. 可编程控制器应用技术[M]. 北京：冶金工业出版社，2008.

[6] 张文明，基于 PLC 的温度控制系统的设计[J]. 安徽农业科学，2011（10）.

[7] 瞿彩萍. PLC 应用技术[M]. 北京：中国劳动社会保障出版社，2006.

[8] 高钦和. PLC 应用开发案例精选[M]. 2 版. 北京：人民邮电出版社，2008.

[9] U2U 系列可编程控制器用户手册. 汇川技术股份有限公司，2010.

[10] 殷庆丛，李洪群. 可编程控制器原理与实践[M]. 北京:清华大学出版社,2010.

[11] 李清新. 伺服系统与机床电气控制[M]. 北京：机械工业出版社，2002.

[12] 孙德胜，李伟. PLC 操作实训：三菱[M]. 北京：机械工业出版社，2007.

[13] FX3U 微型可编程控制器用户手册. 三菱电机自动化有限公司，2005.

[14] 松下变频器 VF-8Z 使用手册. 上海松下电工自动化控制有限公司，2004.